职业教育创新型系列教材

数控车削加工技术

孙　静　邵永录　主编
张李铁　主审

化学工业出版社
·北京·

内 容 简 介

《数控车削加工技术》内容包括光轴、阶梯轴、锥堵心轴、螺纹轴、手柄、夹紧套、复杂零件、抛物线零件的加工和自动编程与加工，共分为9个项目，30个任务，依据生产一线实际的零件介绍加工工艺，代表性强，可使学生掌握零件数控车削加工工艺制订、数控机床操作技术、数控编程技术，提高学生数控车削加工技术技能。为方便教学，配套微课讲解，扫描书中二维码可以观看。

本书适用于高职高专院校机械类专业的数控车削加工技术课程教学，也可供机械类工程技术人员参考使用。

图书在版编目（CIP）数据

数控车削加工技术/孙静，邵永录主编. —北京：化学工业出版社，2023.5

ISBN 978-7-122-42767-0

Ⅰ. ①数… Ⅱ. ①孙… ②邵… Ⅲ. ①数控机床-车床-车削-加工工艺 Ⅳ. ①TG519.1

中国国家版本馆CIP数据核字（2023）第058004号

责任编辑：韩庆利　　装帧设计：刘丽华

责任校对：李　爽

出版发行：化学工业出版社（北京市东城区青年湖南街13号　邮政编码100011）

印　　刷：北京云浩印刷有限责任公司

装　　订：三河市振勇印装有限公司

787mm×1092mm　1/16　印张12　字数294千字　2023年10月北京第1版第1次印刷

购书咨询：010-64518888　　售后服务：010-64518899

网　　址：http://www.cip.com.cn

凡购买本书，如有缺损质量问题，本社销售中心负责调换。

定　　价：39.00元

前言

本教材适用于高职高专院校机械类专业的数控车削加工技术课程教学，也可供相近的工程技术人员参考使用。

本教材遵循高职高专的人才培养目标，力求贯彻理实一体原则，突出数控车床操作技术、数控车床编程技术、数控工艺与工装设计制造与使用能力的培养。

本书依据生产一线实际的零件介绍加工工艺，实物特征更明显，代表性强。载体零件涵盖了数控车削加工技术要求的知识点。强化了行业和生产的针对性和实用性，强化了实践教学。

为使教材达到学生喜欢看、看得懂、用得上的原则，各项目载体采用任务驱动的理实一体模式，中间穿插图片、技能要点、知识巩固等内容，并将教材与教学资源对接。

本书以轴类、套类、盘类、综合件的手工编程、自动编程为主线安排内容，使学生掌握零件数控车削加工工艺制订、数控机床操作技术、数控编程技术，提高学生数控车削加工技术技能。

本教材由孙静、邵永录主编，罗洁、张宗仁、宿华龙参编，多名专业教师提出宝贵意见，对提高教材质量帮助很大，在此表示感谢。

由于编者水平有限，书中难免存在缺点，敬请批评指正。

编　者

目录

项目一

光轴切削加工

［光轴零件介绍］

光轴是形状最简单的一种轴类零件，也是大部分机械产品连接部件应用中最广泛的一种轴类零件。根据应用场合不同，光轴的直径也各不相同。

认识数控机床

任务一　认知数控车床

一、预备知识

1. 数控机床工作原理

1952年美国帕森公司与美国麻省理工学院成功试制世界上第一台由大型立式仿形铣床改装而成的三坐标立式数控铣床。

我国从1958年开始研究数控车床，于1966年成功研制晶体管数控系统，并生产出了数控线切割机床、数控铣床等产品。

数控技术是一种将数字计算技术应用于机床的控制技术。它把加工的要求、步骤与零件尺寸用代码化的数字表示，通过信息载体输入数控装置。经过处理与计算，它发出各种控制信号，控制机床的动作，按图纸要求的形状与尺寸，自动地将零件加工出来。数控机床的工作原理（工作过程）如图1-1所示。

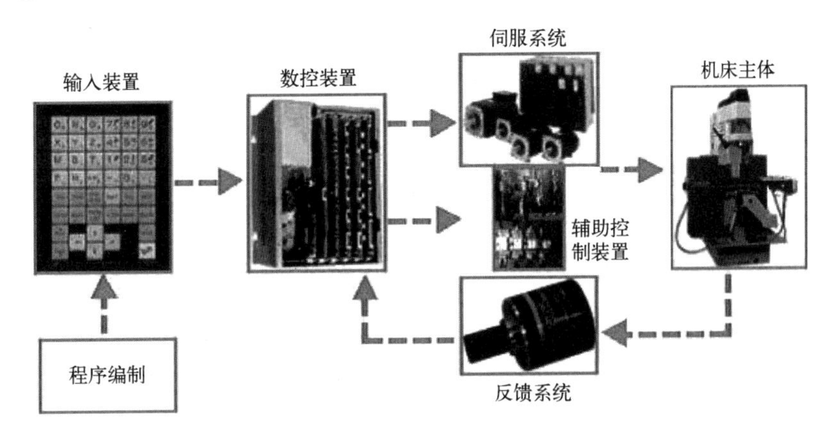

图1-1　数控机床的工作原理（工作过程）

2. 数控机床分类

（1）按加工方式分类

① 切削机床类。如数控车床、铣床、镗床、钻床和加工中心等，如图1-2所示为常见数控切削机床。

② 成形机床类。如数控冲压机、弯管机、折弯机等。

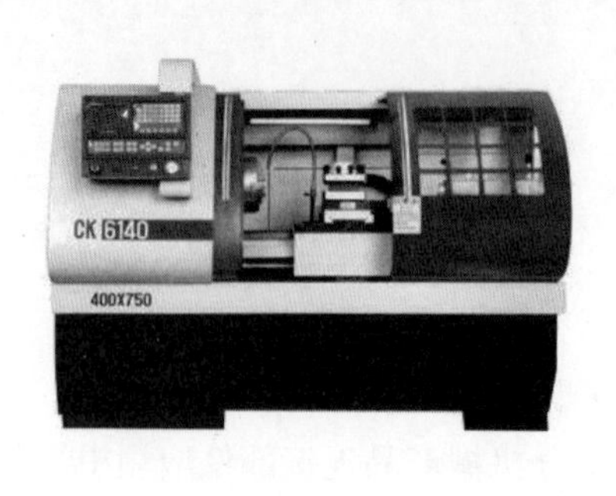

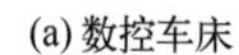
(a) 数控车床

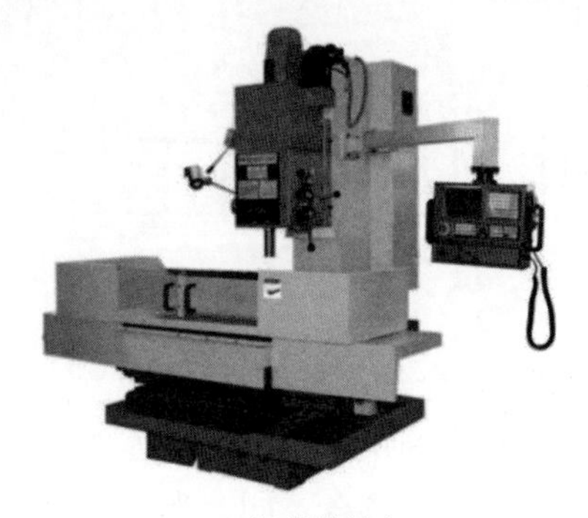
(b) 数控铣床

图 1-2　常见数控切削机床

③ 特种加工机床类。如数控电火花、线切割、激光加工机床等。

④ 其他机床类。如数控等离子切割、火焰切割、点焊机、三坐标测量机等。

（2）按控制系统分类

① 点位控制数控机床——点位控制又称为点到点控制。其特点如下：

a. 只控制刀具对工件的定位；

b. 定位过程中的运动轨迹及移动速度没有严格要求；

c. 移动过程中不进行切削。

主要有数控钻床、数控坐标镗床和数控冲剪床等，其采用的数控系统称为点位数控系统。

② 直线控制数控机床——直线切削控制又称为平行切削控制。其特点如下：

a. 具有准确定位的功能；

b. 要求从一点到另一点之间按直线切削移动；

c. 能控制位移的切削速度。

移动时，要进行切削加工。主要有数控镗铣床、数控车床和加工中心等。

③ 轮廓控制数控机床——轮廓控制又称为连续轨迹控制。其特点如下：

a. 能够对两个或两个以上运动坐标的位移及速度进行曲线或曲面的切削，即能同时控制两个或两个以上的轴，它具有插补功能；

b. 能对位移和速度进行严格的不间断控制。

主要有两坐标及两坐标以上的数控铣床、可加工曲面的数控车床、加工中心等。

（3）按伺服系统控制方式分类

① 开环伺服系统数控机床。数控系统将零件的程序处理后，输出数据指令给伺服系统，驱动机床运动，没有来自位置传感器的反馈信号。

采用步进电机的伺服系统，较为经济，但是速度及精度都较低。用于小型、简易数控机床。其特点是：无检测反馈装置；单向信号；不能纠错，精度不高；反应迅速；调试维修方便，工作稳定。

② 闭环伺服系统数控机床。带有检测装置，直接对工作台的直线位移量进行检测，与插补器的指令进行比较，并根据其差值不断地进行误差修正。可以消除由于传动部件制造中存在的精度误差给工件加工带来的影响。

二、基础理论

1. 数控车床主体结构的特点

① 采用静刚性、动刚性、热刚性均较优越的机床支撑构件。

② 采用高性能的无级（或有限级）变速主轴伺服传动系统。

③ 采用高效率、高刚性和高精度的传动组件，例如：滚珠丝杠螺母副、静压蜗杆副、塑料滑动导轨、滚动导轨、静压导轨等。

④ 采取减小机床热变形的措施，保证机床的精度稳定，获得可靠的加工质量。

2. 数控车床主体结构的组成

数控车床一般由床身、主轴箱、刀架进给系统、液压系统、冷却系统、中拖板、尾架、控制面板等组成。

中拖板是用来支撑刀架和控制刀架沿*X*轴和*Z*轴方向精密运动的部件；是用伺服电机直接通过滚珠丝杠驱动溜板和刀具，实现进给运动。

数控车床是典型的机电一体化设备，主要由加工程序、输入装置、数控装置、伺服系统、反馈装置、辅助控制装置和机床本体组成，如图1-3所示为数控车床的组成。

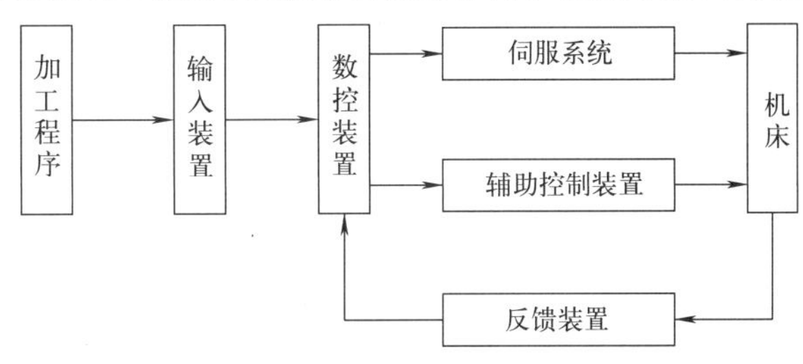

图1-3　数控车床的组成

3. 操作面板示例

HNC-818A系统的控制面板如图1-4所示，操作面板一般由LCD显示器、MDI键盘、机床控制面板三部分组成。

图1-4　HNC-818A系统的控制面板

4. 数控系统

数控系统是数控车床的核心，其性能的优劣决定了加工能力的强弱。数控系统一般由输入/输出装置、数控装置、伺服装置、检测和反馈装置四部分组成。

① 输入/输出装置：人和数控车床之间建立联系的装置。

② 数控装置：接受并处理输入的信号，并将代码加以识别、存储、运算后输出相应的脉冲信号，再把这些信号传送给伺服装置。数控装置是数控车床的大脑和中枢，是核心部分。由输入/输出接口、运算器、内部存储器组成。

③ 伺服装置：是数控系统的执行部分，其性能决定了数控系统的精度和快速响应程度。伺服装置把从数控装置输入的脉冲信号通过放大和驱动执行机构完成相应的动作。

④ 检测和反馈装置：检测位移和速度，将反馈信号送到数控装置。数控车床的加工精度主要是由检测反馈装置的精度决定的。

三、任务训练

1. 开机与关机

开机：打开总电源开关→开通机床侧面强电电源开关→按下机床控制面板上绿色的控制器接通开关，等待系统启动→打开急停开关，复位。

关机：按下机床控制面板上的急停按钮→按下POWER OFF按钮关闭系统电源→关闭机床电源（关闭机床电源前，先将刀架移动至机床导轨中部，即位于卡盘与尾座之间，以利于机床重心平衡，下次使用装卸工件与刀具以及返回参考点等工作）。

2. 机床操作

数控车床操作面板是数控车床的重要组成部件，是操作人员与数控车床（系统）进行交互的工具，操作人员可以通过它对数控车床（系统）进行操作、编程、调试，对机床参数进行设定和修改，还可以通过它了解、查询数控车床（系统）的运行状态，是数控车床特有的一个输入、输出部件。主要由显示装置、NC键盘（功能类似于计算机键盘的按键阵列）、机床控制面板（Machine Control Panel，MCP）、状态灯、手持单元等部分组成。

数控车床基本操作

① 切换显示界面：通过数控系统操作面板上的“程序”“设置”“录入”“刀补”“诊断”“位置”按钮，切换系统显示屏的显示界面。如图1-5所示。

② 切换机床运行方式：通过数控车床操作面板上的“自动”“单段”“手动”“增量”“回参考点”按钮，进行机床运行方式切换，实现程序运行、单段试切、机床调整、手轮操作、返回机床参考点操作。如返回参考点，单击“参考点”按钮，先点击+X，然后点击+Z，直到指示灯亮时，表示已经完成机床回零操作。如图1-6所示。

图1-5 数控系统操作面板

图1-6 数控车床操作面板

③ 数控车床操作步骤：开机—返回参考点—程序输入—对刀操作—程序校验—试切加工—程序调整、参数修调—关机。

四、知识巩固

① 数控车床与普通机床区别是什么？

② 简述数控车床操作步骤。

③ 数控车床主轴启停和转速大小是如何控制的？

五、技能要点

1. 手眼配合

在操作机床过程中必须看着数控系统显示屏和刀具的移动位置，两者兼顾才能准确到达指定位置。

2. 倍率开关切换

数控机床操作面板有不同的移动速率，操作者使用手轮操作机床时必须注意观察倍率开关的挡位，这样才能平稳安全地移动机床工作台。

任务二　数控车床坐标系使用

数控车床坐标系

一、预备知识

数控车床主要用于加工轴类、盘类等回转体零件。通过数控加工程序的运行，可自动完成内外圆柱面、圆锥面、成形表面、螺纹和端面等工序的切削加工，并能进行车槽、钻孔、扩孔、铰孔等工作。车削零件如图1-7所示。

图1-7　车削零件

随着数控机床制造技术的不断发展，为了满足不同用户的加工需要，数控车床的品种规格繁多，功能愈来愈强，从数控系统控制功能看，数控车床可分为以下几种。

（1）全功能型数控车床　它一般采用交、直流伺服电机驱动形成闭环或半闭环控制系统，主电机一般采用交流伺服电机。具有CRT（或LCD）图形显示、人机对话、自诊断等功能。具有高刚度、高精度和高效率等优点。

（2）经济型数控车床　早期的经济型数控车床是在普通车床基础上改造而来，功能较简单；现在的经济型数控车床功能有了较大提高。出于经济因素考虑，经济型数控车床并不过于追求机床功能，与全功能型数控车床相比，其主运动、进给伺服控制相对简单，数控系统档次较低，主体刚度及制造精度较全功能型数控车床低，结构简单，功能较少。

（3）车削中心　车削中心是以全功能型数控车床为主体，并配置刀库、换刀装置、分度装置、铣削动力头和机械手等，实现多工序复合加工的机床。车削中心与一般数控车床的主要区别是：车削中心具有动力刀架和C轴功能，可在一次装夹中完成更多的加工工序，提高加工精度和生产效率。

（4）FMC车床　它是一种由数控车床、机械手或机器人等构成的柔性加工单元。它能实现工件搬运、装卸的自动化和加工调整准备的自动化。

本门课程数控车削加工内容主要针对HNC-21/22T 世纪星卧式数控车床系统进行编程加工，其编程语言为广泛使用的ISO码。

二、基础理论

1. 机床坐标系设定

为简化编程和保证程序的通用性，对数控机床的坐标轴和方向命名制定了统一的标准，规定直线进给坐标轴用 *X*、*Y*、*Z* 表示， 常称基本坐标轴。根据笛卡儿坐标系的规定，*X*、*Y*、*Z*坐标轴的相互关系用右手定则决定，如图1-8所示，图中大拇指的指向为*X*轴的正方向，食指的指向为*Y*轴的正方向，中指的指向为*Z*轴的正方向，而围绕*X*、*Y*、*Z*轴旋转的圆周进给坐标轴分别用*A*、*B*、*C*表示。

根据右手螺旋定则，如图1-8所示，以大拇指指向+*X*、+*Y*、+*Z*方向，则食指、中指等的指向是圆周进给运动的+*A*、+*B*、+*C*方向。

对数控车床而言（如图1-9所示）：

——*Z*轴与主轴轴线重合，沿着*Z*轴正方向移动将增大零件和刀具间的距离；

——*X*轴垂直于*Z*轴，对应于转塔刀架的径向移动，沿着*X*轴正方向移动将增大零件和刀具间的距离；

——*Y*轴（通常是虚设的）与*X*轴和*Z*轴一起构成遵循右手定则的坐标系统。

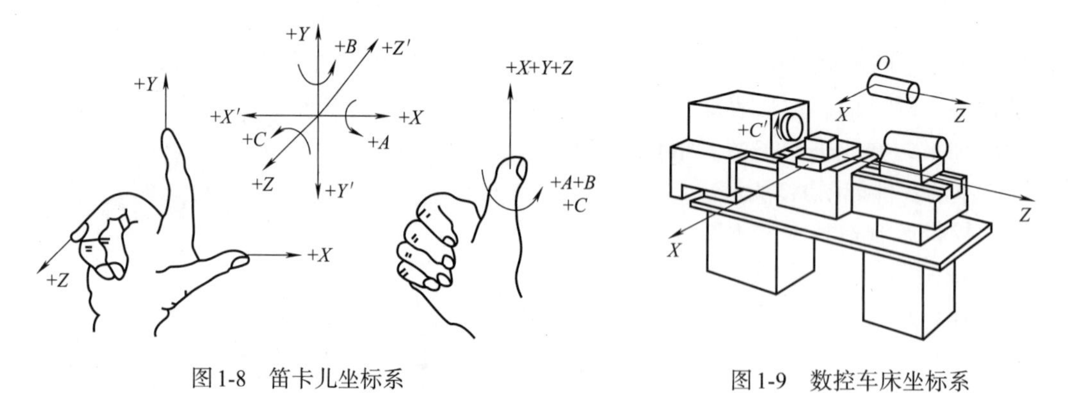

图1-8　笛卡儿坐标系　　图1-9　数控车床坐标系

2. 机床原点的设定

机床原点是指在机床上设置的一个固定点，即机床坐标系的原点。它在机床装配、调试时就已确定下来，是数控机床进行加工运动的基准参考点。

机床参考点是用于对机床运动进行检测和控制的固定位置点。

机床参考点的位置是由机床制造厂家在每个进给轴上用限位开关精确调整好的，坐标值已输入数控系统中。因此参考点对机床原点的坐标是一个已知数。

通常在数控铣床上机床原点和机床参考点是重合的；而在数控车床上机床参考点是离机床原点最远的极限点。

3. 编程坐标系

编程坐标系是编程人员根据零件图样及加工工艺等建立的坐标系。

编程坐标系一般供编程使用，确定编程坐标系时不必考虑工件毛坯在机床上的实际装夹位置。如图1-10所示，其中O_2即为编程坐标系原点。

4. 工件坐标系

工件坐标系是编程人员根据零件图样及加工工艺等建立的坐标系。工件坐标系一般供编程使用，确定工件坐标系时不必考虑工件毛坯在机床上的实际装夹位置。工件坐标系的原点是根据加工零件图样及加工工艺要求选定的。如图1-11所示。

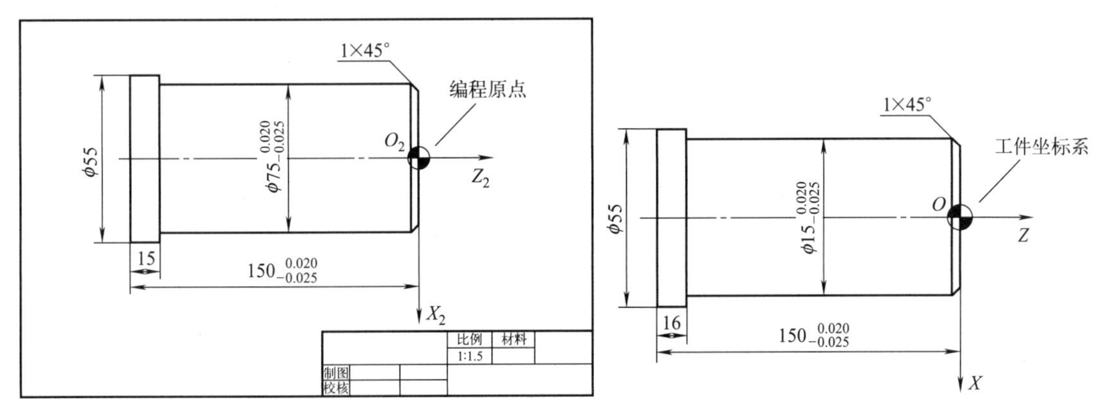

图1-10　编程原点的选择　　　　图1-11　工件坐标系

三、任务训练

1. 数控车床手动操作

① 手动进给。启动数控车床→默认［手动］按键→调节进给修调［100%］按键→按下［+X］［–X］［+Z］［–Z］四个方向按键之一→刀架按照方向按键移动进给。

说明：移动快慢可以用进给修调［100%］两边的［+］［–］按键调整，最高150%，最低0%，当调到0%时，刀架不移动。

② 手动快速进给。启动数控车床→默认［手动］按键→调节快速修调［100%］按键→同时按下［快进］按键和方向按钮［+X］［–X］［+Z］［–Z］四个方向按键之一 →刀架按照方向按键快速移动。

说明：快速移动速度的快慢可以用快速修调［100%］两边的［+］［–］按键调整，最高100%，最低0%，当调到0%时，刀架不移动。

③ 机床回零。启动数控车床→默认［手动］按键→手动移动刀架到机床机械零点的左侧→按下［回参考点］按键→按下［+X］按键→刀架回到+X零点（指示灯从闪烁到熄灭）→按下［+Z］按键→刀架回到+Z零点（指示灯从闪烁到熄灭即可）。

④ 手动换刀。按下［手动方式］按键→手动操作刀架移动到安全位置→按［刀位选择］按键，选择刀号→按下［刀位转换］按键→执行换刀一次。

⑤ 手动主轴转动与变速。

方式一：按下［手动］按键→按下［F3］按钮进入MDI 桌面→输入M03S500→按下［Enter］按键→按下［循环启动］按键→主轴以500r/min正转→在MDI界面上输入M05→按下［Enter］按键→按下［循环启动］按键→主轴停转。

方式二：在［手动］［增量］［单段］［自动］四种任意一种方式下→按下［主轴正转］按键→主轴以500r/min的转速正转→用主轴修调［100%］调整转速高低→按下［主轴停止］

按键→主轴停转。

说明：主轴转速的高低用主轴修调［100%］两边的［+］［-］按键调整转速的高低，最高150%，最低0%（主轴修调到0%时，转速是原转速的一半）。手动调整转速时，必须用方式一的办法，经过MDI 桌面，输入新的转速改变转速。

⑥ 手轮方式。默认［手动］按键→按下［增量］按钮→［X、Y、Z轴］选择旋钮，选择其中的X轴→选择［×1］［×10］［×100］［×1000］四个倍率之一 →转动手轮（顺时针旋转远离工件，逆时针旋转接近工件）→刀架沿X轴移动→［X、Y、Z轴］选择旋钮，选择其中的Z轴→刀架沿Z轴移动。

说明：［X、Y、Z轴］选择旋钮中的Y轴选择无效。

2. *X*或*Z*行程超程解除

显示屏最上方显示X或Z行程超程报警→长按［超程解除］按键→显示屏最上方显示原来的操作状态→转换到［手动］或［手轮］按键方式→反方向移动X或Z行程一段距离→超程报警解除。

3. 对刀操作

对刀操作

为了建立工件坐标系与机床坐标系的联系，要求学生掌握一个操作机床的基本操作，而这个操作是由加工中所使用的刀具来完成的，把这个过程称为对刀。

所采用的对刀方法称为简易对刀法，也称为中心对刀法，就是让刀具找到工件的中心，并在数控系统中让系统记住刀具在当前机床坐标系中的位置，这样就能让刀具找到工件上各个点的坐标，完成工件的正确加工。数控车床上机实践操作步骤如表1-1所示。

表1-1 利用试切法的零件端面中心对刀操作

序号	操作模块	操 作 步 骤
1	安装工件	①选取训练用毛坯棒料 ②在保证目标加工零件尺寸需求的前提下，尽量缩短工件伸出夹具卡爪外的距离 ③先使用卡盘扳手轻度夹紧工件，然后进行找正零件的安装，以保证工件与主轴的同轴度，可通过试运转主轴直观感受同轴情况，如不满足要求可采用顶挤或敲击方式找正工件同轴度 ④使用卡盘扳手夹紧工件，使用后将卡盘扳手放置到床头箱上
2	安装刀具	①使用刀具配套的内六角扳手，先将菱形刀片放到刀杆上，然后旋紧螺钉，安装好刀具 ②将已经装配好刀片的90°数控偏刀的刀杆靠装到刀架1号位上，确保刀杆紧贴刀架侧壁，使用刀架扳手，锁紧两个螺钉，将90°偏刀安装到刀架上
3	Z方向对刀	①返回参考点，将机床功能状态置为“回参考点”，然后点击+X按钮，再点击+Z按钮，机床开始返回参考点，待+X、+Z按钮上的指示灯亮起，则完成返回参考点 ②在数控系统面板上，点击“MDI录入”按钮，输入“M03S500”，点击屏幕右下方“输入”按钮下方的软开关键，然后按下机床操作面板上的绿色的“循环启动”按钮，机床主轴开始旋转 ③先设置机床功能状态为增量方式，然后用车刀车削零件端面，注意要沿X方向进刀切削，且沿X方向退刀离开工件，不能进行Z向移动刀具 ④按下数控系统面板上的“Off刀补”按钮，在弹出的刀补界面中，选择1号刀，然后按下屏幕工具条“试切长度”对应的软开关键，输入试切长度值为“0”，按下数控系统面板上的“Enter”确认按钮，注意此时“Z偏置”对应1号刀的值将发生变化

续表

序号	操作模块	操 作 步 骤
4	X方向对刀	①先设置机床功能状态为增量方式，然后用车刀车削零件端面，注意要沿Z方向进刀切削，且沿Z方向退刀离开工件一段距离，便于测量尺寸，不能进行X向移动刀具 ②使用游标卡尺测量切削段的直径尺寸，如“36.20”，按下数控系统面板上的“Off刀补”按钮，在弹出的刀补界面中，选择1号刀，然后按下屏幕工具条“试切直径”对应的软开关键，输入试切直径值为“36.20”，按下数控系统面板上的“Enter”确认按钮，注意此时“X偏置”对应1号刀的值将发生变化

四、知识巩固

① 根据加工图纸为光轴设定坐标系。

② 以对一把刀为例说明车床对刀的步骤。

③ 工件编程坐标系与工件加工坐标系的区别。

五、技能要点

① 对刀操作：对刀试切时最好先试切端面，为Z轴建立坐标零点。

② 使用游标卡尺测量时读数要准确，才能保证工件加工时X方向误差小。

任务三　光 轴 加 工

一、预备知识

1. 增量坐标与绝对坐标

在加工程序中，有绝对尺寸指令和增量尺寸指令两种表达方法。

绝对尺寸指机床运动部件的坐标尺寸值相对于坐标原点给出，如图1-12所示。增量尺寸指机床运动部件的坐标尺寸值相对于前一位置给出，如图1-13所示。

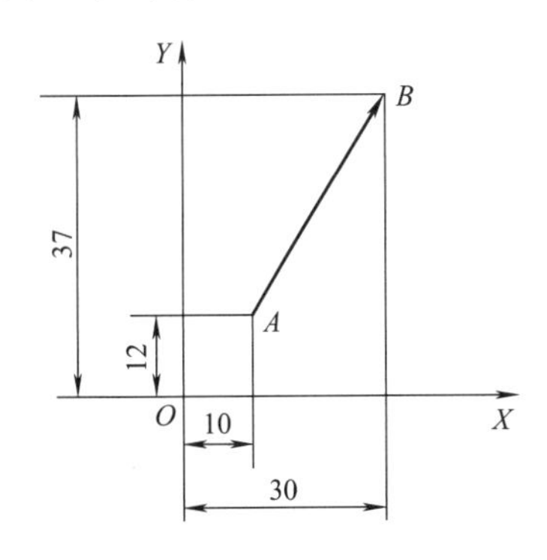

图1-12　绝对坐标

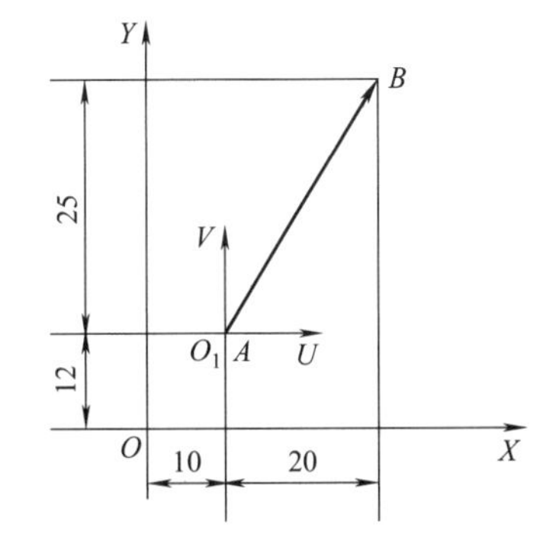

图1-13　增量坐标

指令格式：

在数控车床上，X、Z坐标表示绝对坐标，U、W坐标表示增量坐标。应用实例如下：

绝对坐标编程实例：G01　X30　Y37　F100

增量坐标编程实例：G01　U30　W37　F100

2. 切削液的选用

切削液又称冷却液，有冷却、润滑、冲洗、防锈的作用。在切削加工过程中合理地使用切削液，能够改善加工工件的表面粗糙度，减少15%~30%的切削力，还会使切削温度降低100~150℃，从而提高刀具寿命、提高生产效率和加工质量。

（1）切削液的种类及特点

车削工具

切削液分以下两类。

① 乳化液　乳化液是在乳化油中加入15~20倍的水稀释而成（主要作用是冷却），其比热容大、流动性好，润滑防锈能力较差。

② 切削油　主要成分是矿物油，例如10号机油、20号机油、硫化油、轻机油、煤油等（主要作用是润滑），其比热容小、流动性差，润滑防锈能力好。

（2）切削液的选用原则

① 依据工艺特点、加工性质、工件和刀具材料等条件选用。

a. 粗加工应选用乳化液，主要作用是冷却。

b. 精加工应选用高浓度的乳化液或切削油，主要作用是润滑。

c. 半封闭式加工。应选用黏度较小的乳化液，主要作用是冷却、润滑和冲屑。

② 根据工件材料选用。

零件的常用材料

a. 一般钢材，粗车时选用乳化液，精车时选用硫化油。

b. 车削铸铁、铸铝等脆性金属材料时，一般不用冷却液，精车时可选用煤油或7%~10%的乳化液。

c. 车削有色金属或铜合金时，不宜采用含硫的切削液，以免腐蚀工件。

d. 车削镁合金时，严禁使用切削液，以免失火（用压缩空气冷却）。

e. 车削难加工材料时（不锈钢、耐热钢等），应选用极压切削油或极压乳化液。

③ 根据刀具材料选用。

a. 高速钢粗加工时选用乳化液，精加工时选用极压切削油或高浓度的极压乳化液。

b. 硬质合金：一般不使用切削液，在加工硬度高、强度好、导热性差的材料或细长轴时，可选用切削液。

（3）使用切削液时的注意事项

① 油状乳化液必须用水稀释后搅拌均匀才能使用。

② 切削液必须充分地浇注在切削加工区域。

③ 硬质合金车刀切削时，如果使用切削液，必须从加工一开始就连续充分地加足切削液，不得在加工中途打开切削液或中断切削液，否则硬质合金刀具会因为突然冷热不均而产生裂纹。

④ 添加极压添加剂（硫、氯等）和防锈剂，以提高润滑和防锈能力。

二、基础理论

1. 程序段格式及组成

程序输入与校验

程序段格式举例：

N30 G01 X88.1 Y30.2 F500 S3000 T02 M08

N40 X90

程序由开始符、结束符及程序主体组成。

程序名由英文字母O和1~4位正整数组成；程序段一般由%、P开头，程序主体是由若干个程序段组成的，每个程序段一般占一行。

程序结束指令可以用M02或M30。一般要求单列一段。

加工程序的一般格式举例：

车削程序编写

```
O0022                                 //程序名
%                                     //开始符
N10 M03 S600
N20 T0101 M08
N30 G00 X50 Z0
N40 G01 U-50  F120                    // 程序主体
……
N180 M30                              // 结束符
```

拓展知识：

① FANUC 系统中，程序段一般都是O开头；

② FANUC 系统中，程序行之间以“;”隔开。

2. 代码分类

在程序段中，必须明确各个代码含义，见表1-2。

表1-2　数控车床代码

功　能	代　码
沿图样的轨迹移动	准备功能字G
进给速度	进给功能字F
主轴速度	主轴转速功能字S
使用刀具	刀具功能字T
机床辅助功能(切削液等)	辅助功能代码M
程序顺序号	程序行号代码N
移动目标点	终点坐标值X、Y、Z

程序指令G00、G01

（1）快速定位指令G00

快速定位指令格式：G00 X（U）__ Z（W）__

说明：

X，Z——绝对编程时，快速定位终点在工件坐标系中的坐标；

U，W——增量编程时，快速定位终点相对于起点在X轴和Z轴的位移量。

（2）直线插补指令G01

线性进给指令格式： G01 X（U）__Z（W）__F__

说明：

X，Z——绝对编程时，终点在工件坐标系中的坐标；

U，W——增量编程时，终点相对于起点在X轴和Z轴的位移量；

F——合成进给速度。

G01指令刀具以联动的方式，按F规定的合成进给速度，从当前位置按线性路线（联动直线轴的合成轨迹为直线）移动到程序段指令的终点。

三、任务训练

1. 任务要求

加工零件，毛坯选择直径为35mm的棒料，如图1-14所示。

注：粗精加工分开。为了保证零件的尺寸精度，还需要对零件进行精车加工，零件的精车一般余量都很小，所以用G01指令沿着零件轮廓切削完成。

程序编写实例

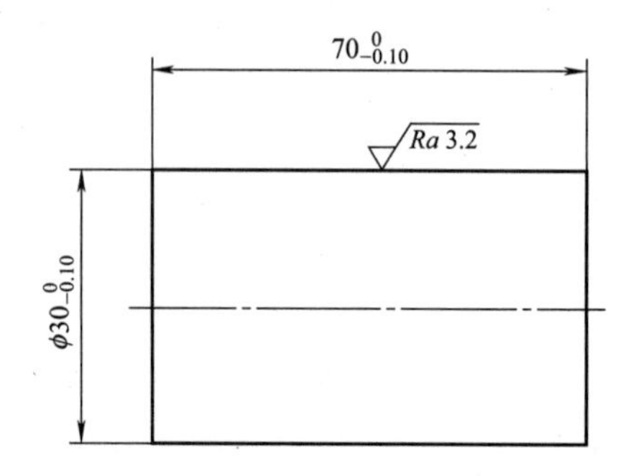

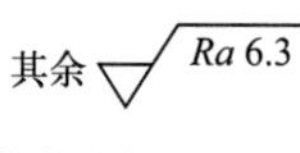

技术要求：
1.去除毛刺；
2.未标注倒角倒钝。

图1-14 光轴

2. 工艺卡填写

数控车削加工中必须使用工艺卡，见表1-3。

表1-3 机械加工工艺卡

材料	45	零件图号	001	系统	HNC-818	工序号	
序号	工步内容	G指令	T刀具	切削用量			
				s/(r/min)		f/(mm/r)	a_p/mm
1	粗车右端面与外圆柱	G80	T0101	500		0.15	2~3
2	精车右端面与外圆柱（先平端面、外圆柱）	G01	T0101	800		0.06	0.4~1.6
3	切断	G01	T0303	400		0.08	

3. 刀具卡填写

数控车削加工中同样需要刀具卡，见表1-4。

表1-4 刀具卡

零件名称	光轴			零件图号	001
序号	刀具名称及规格	刀尖半径/mm	数量	加工表面	
1	90°偏刀	0.8	1	外圆柱表面、右侧端面	
2	90°精车刀	0.4	1	外圆柱表面、右侧端面	
3	3mm刀宽槽刀	0.2	1	切断工件	

4. 程序编写

数控车削加工中的光轴加工程序，见表1-5。

表1-5 加工程序（右侧加工）

序号	程 序 段	说 明
1	O3367	程序名称

续表

序号	程　序　段	说　　明
2	%1234	程序段名
3	G21 G94	初始化程序环境,公制单位mm,分进给
4	T0101	调1号刀,调1号刀补
5	M03 S500	主轴正转,转速500r/min
6	G00 X50 Z0.2	快速进刀到平端面起点
7	G01 X-1 F100	平端面加工,留精加工余量0.2mm
8	G00 X32 Z5	进刀到粗加工循环起点
9	G01 Z-73 F100	粗车外圆,长度含槽刀宽度
10	X34	径向退刀
11	G00 Z5	轴向退刀
12	X30.4	进刀
13	G01 Z-73 F80	半精车外圆,留精加工余量0.4mm
14	X34	径向退刀
15	G00 Z5	轴向退刀
16	G00 X150 Z150	快速到换刀点
17	T0202 S800	换2号刀,进行2号补偿,转速800r/min
18	G00 X35 Z0	精加工起点
19	G01 X-1 F60	端面精加工
20	G00 X30 Z5	快速到精车端面外
21	G01 Z-73 F60	加工到2mm
22	X45	平端面退刀
23	G00 X150 Z150	退刀到换刀点
24	T0303 S400	换切断刀,转速400r/min
25	G00 X50 Z-73	进刀到切槽起点
26	G01 X-1 F50	切断工件
27	G00 X150 Z150	到换刀点
28	M05	主轴停止
29	M30	程序结束

5. 加工操作

光轴的加工操作过程，见表1-6。

表1-6　光轴加工操作过程

序号	操作模块	操 作 步 骤
1	安装工件	①选取训练用毛坯棒料 ②在保证目标加工零件尺寸需求的前提下,尽量缩短工件伸出夹具卡爪外的距离,80~90mm ③先使用卡盘扳手轻度夹紧工件,然后进行找正零件的安装,以保证工件与主轴的同轴度,可通过试运转主轴直观感受同轴情况,如不满足要求可采用顶挤或敲击方式找正工件同轴度 ④使用卡盘扳手夹紧工件,将卡盘扳手放置到床头箱上
2	安装刀具	①使用刀具配套的内六角扳手,先将菱形刀片放到刀杆上,然后旋紧螺钉,安装好刀具 ②将已经装配好刀片的90°数控偏刀的刀杆靠装到刀架1号位上,确保刀杆紧贴刀架侧壁,使用刀架扳手锁紧两个螺钉,将90°偏刀安装到刀架上

续表

序号	操作模块	操作步骤
3	对刀	以零件右端面中心为工件坐标系；使用90°偏刀进行平端面对Z方向对刀操作，再试切外圆，测量尺寸，对X方向进行对刀操作
4	程序输入 程序核验	①创建程序，输入程序 ②检查程序正确性 ③使用机床程序检验功能
5	试切加工	①将机床功能设置为单段模式 ②降低进给倍率 ③关上仓门，执行“循环启动”键 ④手扶“急停按钮”，如发生意外情况，迅速拍下“急停按钮”
6	尺寸检验	使用精度为0.02mm的游标卡尺，对加工完成的零件表面进行尺寸检测

四、知识巩固

① G00指令与G01指令在使用过程中的区别有哪些？

② 应用G01指令时应注意哪些？

五、技能要点

① 在执行G00指令时，为了避免刀具与工件发生碰撞。常见的做法是，将X轴移动到安全位置，再执行G00指令。

② 根据加工路径选择G00和G01指令。

任务四　光轴倒角、切断加工

一、预备知识

1. 车刀的基本几何参数

（1）车刀的三面、二刃和一尖（如图1-15所示）

三面：前刀面A_r、主后刀面A_a、副后刀面A_a'。前刀面是切屑沿其流出的表面；主后刀面是与过渡表面相对的面；副后刀面是与已加工表面相对的面。

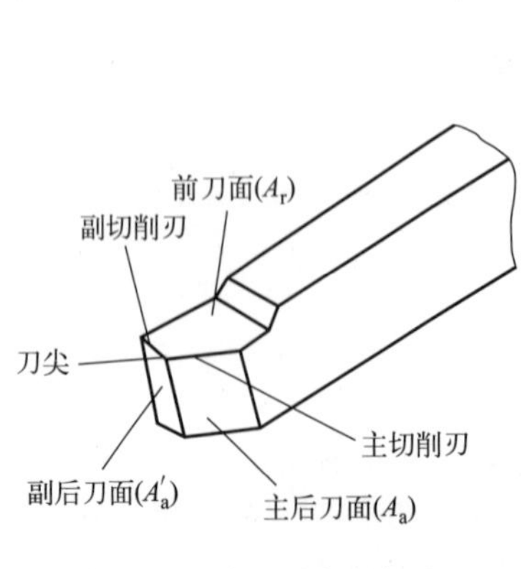

图1-15　车刀的车削部分

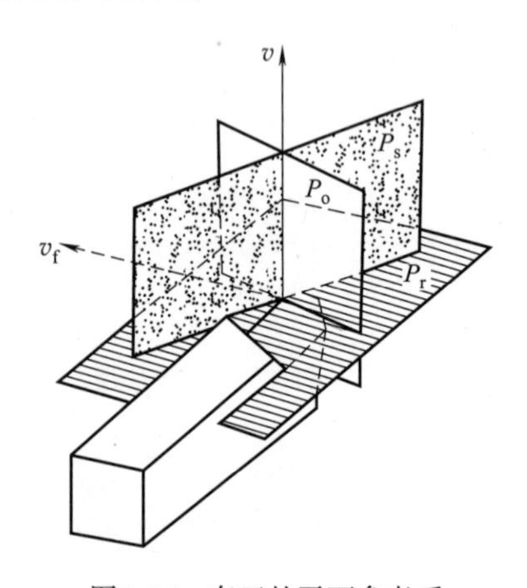

图1-16　车刀的平面参考系

二刃：主切削刃、副切削刃。主切削刃是前刀面与主后刀面相交形成的切削刃；副切削刃是前刀面与副后刀面相交形成的切削刃。

一尖：车刀刀尖（数控车刀的刀位点）。

（2）车刀的平面参考系（如图1-16所示）

基面P_r：过切削刃选定点并垂直于主运动方向的平面。

切削平面P_s：过切削刃选定点与切削刃相切并垂直于基面P_r的平面。

正交平面P_o：过切削刃选定点同时垂直于切削平面P_s和基面P_r的平面。

（3）一般车刀的基本几何参数（如图1-17所示）

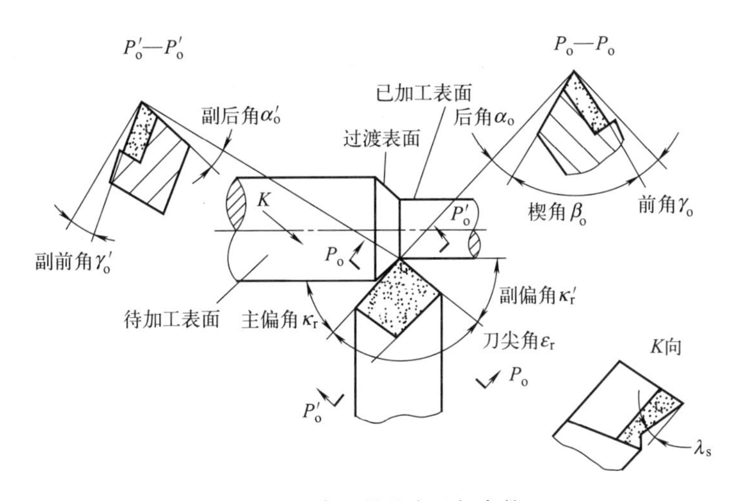

图1-17　车刀的基本几何参数

前角γ_o：在主切削刃选定点的正交平面P_o内，前刀面与基面之间的夹角。

后角α_o：在正交平面P_o内，主后刀面与基面之间的夹角。

副后角α_o'：在正交平面P_o内，副后刀面与基面P_r的夹角。

主偏角κ_r：主切削刃在基面上的投影与进给方向的夹角。

刃倾角λ_s：在切削平面P_s内，主切削刃与基面P_r的夹角。

副偏角κ_r'：在正交平面P_o内，副切削刃与假定进给运动反方向的夹角。

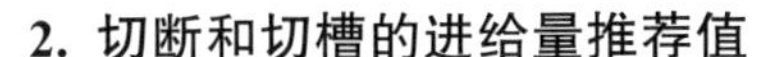

2. 切断和切槽的进给量推荐值

常用普通车刀的进给量推荐值如表1-7所示。

切断刀、切槽刀对刀

表1-7　切断和切槽的进给量推荐值

工件直径/mm	切刀宽度/mm	加工材料	
		碳素钢、合金结构钢	铸铁、铜合金及铝合金
		进给量f/(mm/r)	
≤20	3	0.06～0.08	0.11～0.14
>20～40	3～4	0.10～0.12	0.16～0.19
>40～60	4～5	0.13～0.16	0.20～0.24
>60～100	5～8	0.16～0.23	0.24～0.32
>100～150	8～10	0.18～0.26	0.30～0.40
>150	10～15	0.28～0.36	0.40～0.55

常用硬质合金数控车刀切削碳素钢时的参考推荐值，如表1-8所示。

表1-8　常用硬质合金数控车刀切削碳素钢时的参考推荐值

刀具	参数						
	前角(γ_o)	后角(α_o)	副后角(α_o')	主偏角(κ_r)	副偏角(κ_r')	刃倾角(λ_s)	刀尖半径(r_ε)/mm
外圆粗车刀	0°~10°	6°~8°	1°~3°	75°左右	6°~8°	0°~3°	0.5~1
外圆精车刀	15°~30°	6°~8°	1°~3°	90°~93°	2°~6°	3°~8°	0.1~0.3
外切槽刀	15°~20°	6°~8°	1°~3°	0°	1°~1°30′	0°	0.1~0.3
公制螺纹刀	0°	4°~6°	2°~3°	60°	60°	0°	0.12P
通孔车刀	15°~20°	8°~10°	磨出双重后角	60°~75°	15°~30°	-6°~-8°	1~2
盲孔车刀	15°~20°	8°~10°		90°~93°	6°~8°	0°~2°	0.5~1

二、基础理论

倒角加工

1. 倒角加工顺序及刀具选择

（1）倒角加工刀具的选择　图纸加工倒角为45°，可以选择机床上45°外圆偏刀加工。

（2）倒角加工　倒角加工应安排在光轴加工之后。

2. 倒角加工基本指令

（1）倒直角（斜直线）

格式：G01 X（U）__ Z（W）__ C__ F__

说明：

X、Z——绝对编程时终点在工件坐标系中的坐标；

U、W——增量编程时终点相对于起点在X轴和Z轴的位移量；

C——倒角值，如C2则为2×45°；

F——合成进给速度。

（2）倒圆角

格式：G01 X（U）__ Z（W）__R__F__

说明：

X、Z——绝对编程时终点在工件坐标系中的坐标；

U、W——增量编程时终点相对于起点在X轴和Z轴的位移量；

F——合成进给速度；

R——倒角圆弧的半径值。

3. 工件切断

工件切断

（1）刀具选择　在下料或者工件加工完成后需要切断工件，工件切断要选择切断刀完成。如图1-18所示，切断刀刀宽一般都是2mm、3mm、4mm、5mm，要根据零件形状选择合适刀宽。

（2）切削速度确定　在工件切断时进给速度要比加工工件时进给速度低，具体根据工件材料、主轴转速和刀具强度选进给速度，根据加工经验，一般切削碳钢时，转速300r/min，可

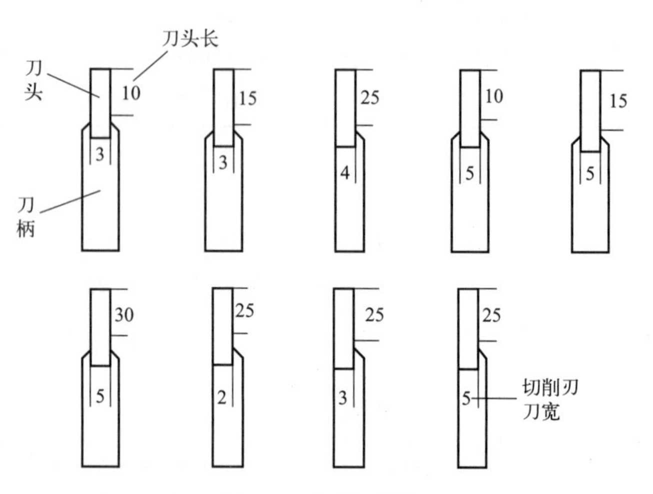

图1-18　切断刀形状

以选择切削进给速度为50~80mm/min。

切断时刀具要先沿着Z向定位，之后沿着X向进给，在靠近工件附件以进给速度切削，使用G01指令沿X轴直到X=0即可完成切断，如图1-19所示。

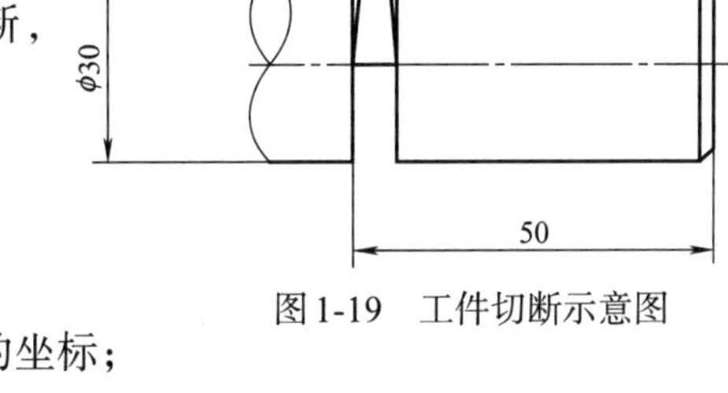

图1-19　工件切断示意图

（3）切断指令

格式：G01 X（U）__ F__

说明：

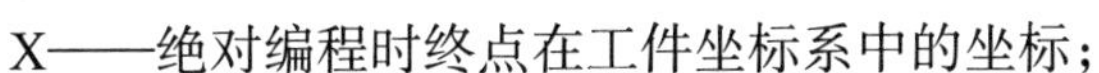
X——绝对编程时终点在工件坐标系中的坐标；

U——增量编程时终点相对于起点在X轴的位移量；

F——合成进给速度。

三、任务训练

1. 倒角、切断编程

（1）倒角编程

采用CR法，如G01 X30 Z0 C2 F60（C2倒角）或G01 X30 Z0 R2 F60（倒2mm圆角）可以加工倒角或倒R2圆弧。

采用轮廓法，如：G01 X26 Z0 F60

G01 X30 Z−2 F60

……

（2）切断编程

切断编程使用G01 X（U）__F__指令格式，如：

G00 X40 Z−50

G01 X0 F60

2. 加工操作

加工操作过程见表1-9。

表1-9　倒角、切断加工操作过程

序号	操作模块	操 作 步 骤
1	安装工件	①选取训练用毛坯棒料 ②在保证目标加工零件尺寸需求的前提下，尽量缩短工件伸出夹具卡爪外的距离，70~80mm ③先使用卡盘扳手轻度夹紧工件，然后进行找正零件的安装，以保证工件与主轴的同轴度，可通过试运转主轴直观感受同轴情况，如不满足要求可采用顶挤或敲击方式找正工件同轴度 ④使用卡盘扳手夹紧工件，将卡盘扳手放置到床头箱上
2	安装刀具	①使用刀具配套的内六角扳手，先将菱形刀片放到刀杆上，然后旋紧螺钉，安装好刀具 ②将已经装配好刀片的90°数控偏刀的刀杆靠装到刀架1号位上，确保刀杆紧贴刀架侧壁，使用刀架扳手，锁紧两个螺钉，将90°偏刀安装到刀架上 ③将30mm长刀片的3mm宽度数控切断刀安装到2号位上，确保刀杆紧贴刀架侧壁，使用刀架扳手锁紧两个螺钉，将切断刀安装到刀架上

续表

序号	操作模块	操 作 步 骤
3	对刀	以零件右端面中心为工件坐标系 ①使用90°偏刀进行平端面对Z方向对刀操作，再试切外圆，测量尺寸，对X方向进行对刀操作 ②使用数控切断刀，采用X向与Z向上与对刀表面贴刀的方法进行对刀，确认前刀所建立的工件坐标系
4	程序输入 程序核验	①创建程序，输入程序 ②检查程序正确性 ③使用机床程序检验功能
5	试切加工	①将机床功能设置为单段模式 ②降低进给倍率 ③关上仓门，执行“循环启动”键 ④手扶“急停按钮”，如发生意外情况，迅速拍下“急停按钮”
6	尺寸检验	使用精度为0.02mm的游标卡尺，对加工完成的零件表面进行尺寸检测

四、知识巩固

① 倒角加工起始点如何确定？

② 倒角加工指令有哪些？

③ 工件切断时如何选择进给速度和转速大小？

五、技能要点

1. 倒角起点选择合理性

为了计算坐标方便，一般倒角起点都设在倒角的延长线上，可以距离工件端面1~2mm。

2. 工件切断

工件切断时，所选用的切断刀刀头长度要大于工件切断位置的直径，否则不能保证工件一定切断。

项目二

阶梯轴切削加工

[阶梯轴结构分析]

阶梯轴是传动轴中最基本的一种轴类零件，其在工作过程中如轴颈（多数都是和滑动轴承配合的轴颈）往往要承受摩擦、磨损，使轴类零件运转精度下降，而且承受载荷比较复杂。进行零件结构工艺性与技术要求分析是非常必要的。图2-1所示的阶梯轴零件由不同的外圆柱表面、端面组成，具有一定的尺寸精度要求，所以在加工过程中要合理地编排加工工艺，保证阶梯轴足够的精度要求。

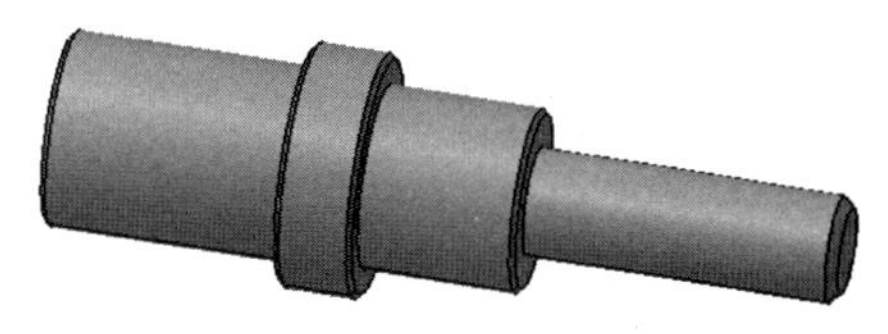

图2-1　阶梯轴

任务一　循环指令切削光轴

一、预备知识

1. 工序的划分

在数控机床上加工零件时，工序一般相对集中，要求在一次装夹中尽可能完成大部分或全部工序。

（1）按安装次数划分工序　以一次安装完成的那一部分工艺内容为一道工序。该方法一般适用于加工内容不多的工件，加工完毕就能达到待检状态。

（2）按所用刀具划分工序　以同一把刀具完成的那一部分工艺内容为一道工序。这种方法适用于工件的待加工表面较多、机床连续工作时间较长、加工程序的编制和检验难度较大等情况。在专用数控机床和加工中心上常用这种方法。

（3）按粗、精加工划分工序　考虑工件的加工精度要求、刚度和变形等因素来划分工序时，可按粗、精加工分开的原则来划分工序，即以粗加工中完成的那部分工艺内容为一道工序，精加工中完成的那部分工艺内容为另一道工序。

（4）按加工部位划分工序　以完成相同型面的那一部分工艺内容为一道工序。有些零件加工表面复杂，表面结构差异较大，可按其结构特点（如内形、外形、曲面等）划分多道工序。

2. 车削加工时工序划分的原则

（1）按所用刀具划分工序　采用这种方式可以提高车削加工的生产效率。

（2）按粗、精加工划分工序　采用这种方式可以保证数控车削加工的精度。

程序指令
G80

二、基础理论

1. 外径粗车单一循环指令G80

该指令主要用于内外圆柱面的粗加工，本任务只要求掌握外圆柱面的切削加工。

指令格式：G80 X__Z__ F__

如图2-2所示，执行该循环指令时，刀具将从循环起点A出发，经过切削起点B、切削终点C、退刀点D，最后返回循环起点A，构成一个矩形进给轨迹。图中虚线表示快速移动，实线表示按指令速度F移动。

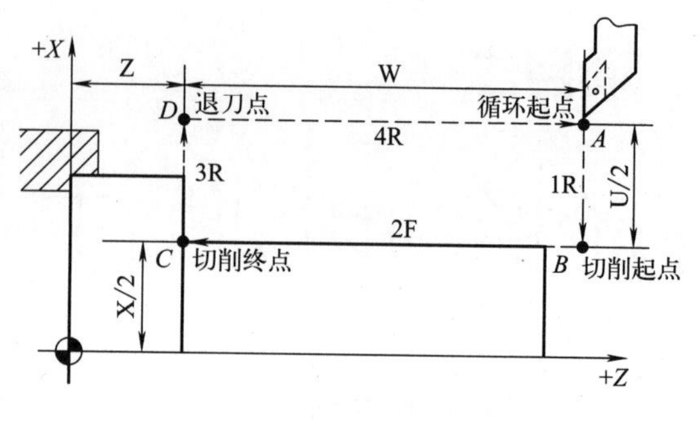

图2-2 圆柱面切削循环

说明：

① 绝对编程时，*X*、*Z*为切削终点*C*在工件坐标系下的坐标；

② 增量编程时，*X*、*Z*为切削终点*C*相对于循环起点*A*的有向距离，图形中用U、W表示；

③ F为指定的进给速度，该指令为模态指令，具有续效性。

2. 粗精加工分开

精加工

G80指令一般都是零件的粗车加工指令，为了保证零件的尺寸精度还需要对零件进行精车加工，零件的精车一般余量都很小，所以用G01指令沿着零件轮廓切削完成。

三、任务训练

1. 任务要求

加工零件，如图2-3所示，毛坯选择直径为40mm的棒料。

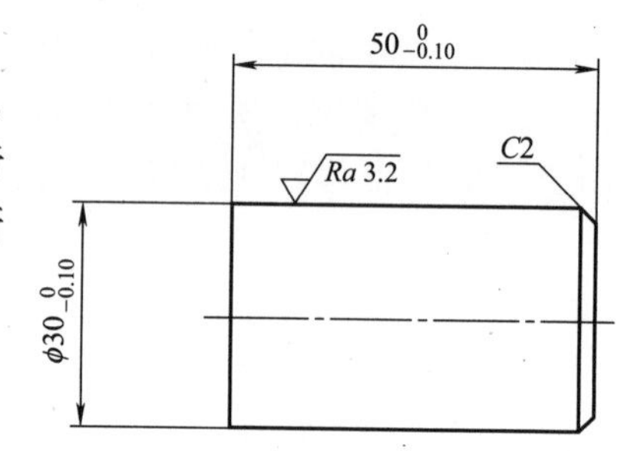

技术要求：
1.去粗毛刺；
2.未标注倒角倒钝。
其余 Ra 6.3

图2-3 带倒角光轴

2. 工艺卡填写（见表2-1）

表2-1 机械加工工艺卡

材料	45	零件图号	001	系统	HNC-818	工序号
序号	工步内容	G 指令	T 刀具	切削用量		
				s/(r/min)	*f*/(mm/r)	a_p/mm
1	粗车右端面与外圆柱	G80	T0101	500	0.15	2~3
2	精车右端面与外圆柱 （先平端面，再精车倒角、外圆柱）	G01	T0101	800	0.06	0.4~1.6
3	切断	G01	T0303	400	0.08	

3. 刀具卡填写（见表2-2）

表2-2 刀具卡

零件名称	光轴			零件图号	001
序号	刀具名称及规格	刀尖半径/mm	数量	加工表面	
1	90°偏刀	0.8	1	外圆柱表面、右侧端面	
2	90°精车刀	0.4	1	外圆柱表面、右侧端面	
3	3mm刀宽槽刀	0.2	1	切断工件	

4. 编写程序

带倒角光轴的加工程序见表2-3。

表2-3 加工程序卡

序号	程序段	说明
1	O3366	程序名称
2	%1234	程序段名
3	G21 G94	初始化程序环境，公制单位mm，分进给
4	T0101	调1号刀，调1号刀补
5	M03 S500	主轴正转，转速500r/min
6	G00 X50 Z0.2	快速进刀到平端面起点
7	G01 X-1 F100	平端面加工
8	G00 X50 Z5	进刀到粗加工循环起点
9	G80 X36 Z-53 F100	初次切削，直径余量为4mm
10	X32	二次切削，直径余量为4mm
11	X30.4	第一次半精加工切削，直径余量为1.6mm
12	G00 X150 Z150	快速到换刀点
13	T0202 S800	换2号刀，进行2号补偿，转速800r/min
14	G00 X50 Z0	快移到精加工起点
15	G01 X-1 F60	端面精加工
16	G00 X32 Z2	快速移动到精车表面外
17	G01 X22 F60	移动到倒角延长线处
18	G01 X30 Z-2 F60	倒角
19	G01 Z-53	精加工，余量为0.4mm
20	X45	平端面退刀
21	G00 X150 Z150	退刀到换刀点
22	T0303 S400	换切断刀，转速400r/min
23	G00 X50 Z-53	进刀到切槽起点
24	G01 X-1 F50	切断工件
25	G00 X150 Z150	到换刀点
26	M05	主轴停止
27	M30	程序结束

5. 加工操作

带倒角光轴的加工操作过程见表2-4。

表2-4 带倒角光轴加工操作过程

序号	操作模块	操作步骤
1	安装工件	①选取训练用毛坯棒料 ②在保证目标加工零件尺寸需求的前提下，尽量缩短工件伸出夹具卡爪外的距离，60~70mm ③先使用卡盘扳手轻度夹紧工件，然后进行找正零件的安装，以保证工件与主轴的同轴度，可通过试运转主轴直观感受同轴情况，如不满足要求可采用顶挤或敲击方式找正工件同轴度 ④使用卡盘扳手夹紧工件，将卡盘扳手放置到床头箱上

续表

序号	操作模块	操作步骤
2	安装刀具	①使用刀具配套的内六角扳手，先将菱形刀片、条状槽刀片放到刀杆上，然后旋紧螺钉，安装好90°偏刀、槽刀刀具 ②将已经装配好刀片的90°数控粗车刀的刀杆靠装到刀架1号位上，确保刀杆紧贴刀架侧壁，使用刀架扳手，锁紧两个螺钉，将90°粗车刀安装到刀架上 ③将90°精车刀安装到2号位上，确保刀杆紧贴刀架侧壁，使用刀架扳手锁紧两个螺钉，将切断刀安装到刀架上 ④将30mm长刀片的3mm宽度数控切断刀安装到3号位上，确保刀杆紧贴刀架侧壁，使用刀架扳手锁紧两个螺钉，将切断刀安装到刀架上
3	对刀	以零件右端面中心为工件坐标系 ①使用90°粗车刀进行平端面对*Z*方向对刀操作，再试切外圆，测量尺寸，对*X*方向进行对刀操作 ②使用90°精车刀，采用*X*向与*Z*向上与对刀表面贴刀的方法进行对刀，确认前刀所建立的工件坐标系 ③使用数控切断刀，采用*X*向与*Z*向上与对刀表面贴刀的方法进行对刀，确认前刀所建立的工件坐标系
4	程序输入 程序核验	①创建程序，输入程序 ②检查程序正确性 ③使用机床程序检验功能
5	试切加工	①将机床功能设置为单段模式 ②降低进给倍率 ③关上仓门，执行“循环启动”键 ④手扶“急停按钮”，如发生意外情况，迅速拍下“急停按钮”
6	尺寸检验	使用精度为0.02mm的游标卡尺，对加工完成的零件表面进行尺寸检测

四、知识巩固

① G01切削光轴与G80切削的区别是什么？
② 应用G80指令应该注意哪些？
③ 零件精加工切削用量如何选择？

五、技能要点

1. 循环起点设定

循环起点设定一定要合理，进刀时不能碰到零件表面，要求*Z*方向一定要远离工件端面，*X*方向要大于工件毛坯直径。

2. 端面对刀余量确定

确定Z_0时要留出粗精加工余量，可预留0.5~1.0mm。

任务二 单侧阶梯轴加工

一、预备知识

1. 加工顺序的确定

（1）先粗后精 按照粗车→半精车→精车的顺序逐步提高加工精度。粗车应当在较短的时间内将工件加工余量切掉。一方面提高金属的切除率，另一方面满足精车的余量均匀性的要求。如图2-4所示。

（2）先近后远　按加工部位相对于对刀点的距离远近而言。一般情况下，先加工离对刀点近的几何体，再加工离对刀点远的几何体，以减少空行程时间；还有利于保持工件的刚性，改善切削条件。如图2-5所示。

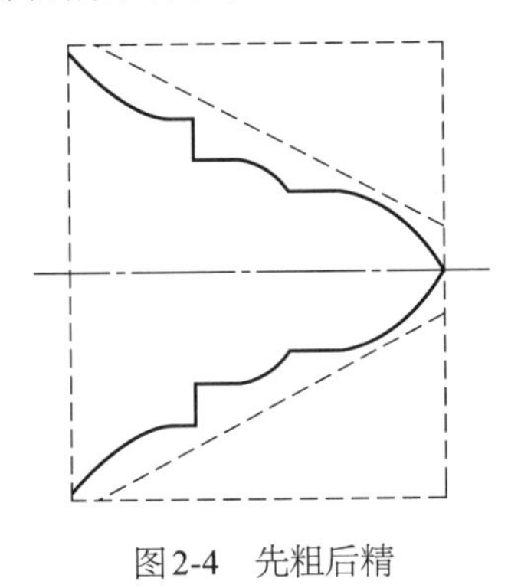

图2-4　先粗后精

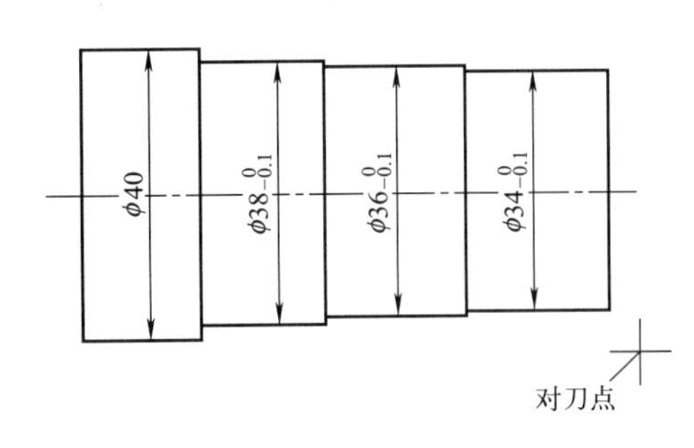

图2-5　先近后远

（3）先主后次　所谓主要表面是指设计基准、定位基准、装配基准及主要工作表面等；次要表面是指键槽、紧固用孔、螺孔和连接螺纹等。所谓主要表面的加工在先，次要表面的加工在后，是指在主要加工表面达到一定精度后，由于次要表面加工量小，与主要表面有位置精度要求，再以主要加工表面定位加工次要表面。次要表面经常放在主要表面半精加工后，也有放在精加工后进行加工的。

（4）先面后孔　箱体、机架、连杆、拨叉类零件，由于轮廓中平面所占尺寸较大，用平面定位比较稳定可靠，因此，工艺过程总是选择平面作为定位精基准，先加工平面，再加工孔。此外，在加工过的平面上钻孔比在毛坯面上钻孔不易产生孔中心线的偏斜，容易保证孔的位置尺寸。

（5）内外交叉　对既有内表面又有外表面需要加工的零件，安排加工顺序时，应先进行内、外表面粗加工，后进行内、外表面精加工，这样进给路线最短。确定加工顺序时，优先考虑进给路线的总长度最短。

上述原则并不是一成不变的，对于某些特殊情况，需要采取灵活可变的方案。

2. 确定进给路线的原则

结合数控车削加工特点，下面对车削加工进给路线的确定进行具体分析。

① 加工路线与加工余量关系。对大余量毛坯进行阶梯切削时，在背吃刀量相同的条件下，如图2-6、图2-7所示为两种不同切削路线，应该选择所剩余量最少的那种路线。

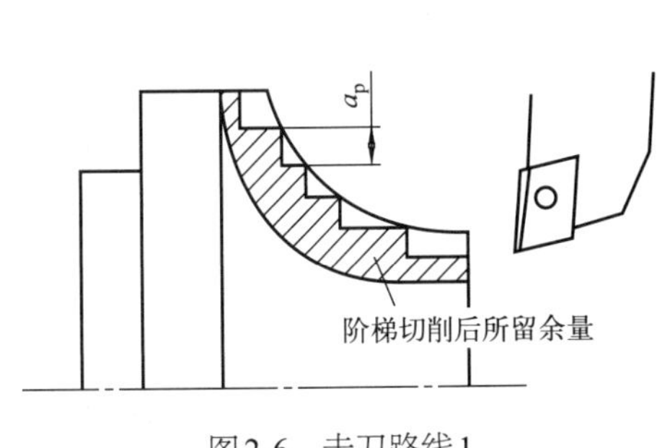

图2-6　走刀路线1

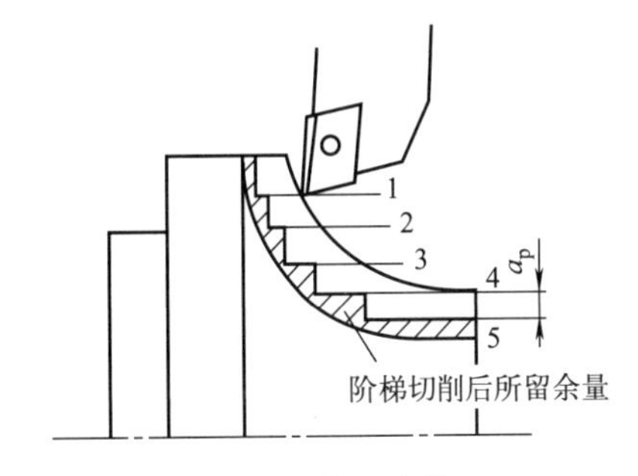

图2-7　走刀路线2

② 尽量采用最短的空行程进给路线，减少刀具的空行程，提高生产率，如图2-8所示。

3. 工序的组合

工序的组合有两种不同的原则，即工序集中与工序分散。

（1）工序集中　工序集中是指零件的加工集中在少数几个工序中完成，每个工序所包含的加工内容较多。其特点是一次安装可完成工件多个表面的加工，这有利于保证加工表面之间的位置精度和采用高效机床设备及工艺装备，减少装卸工件的辅助时间，减少设备数量，简化生产组织工作，但设备和工艺装备投资大。

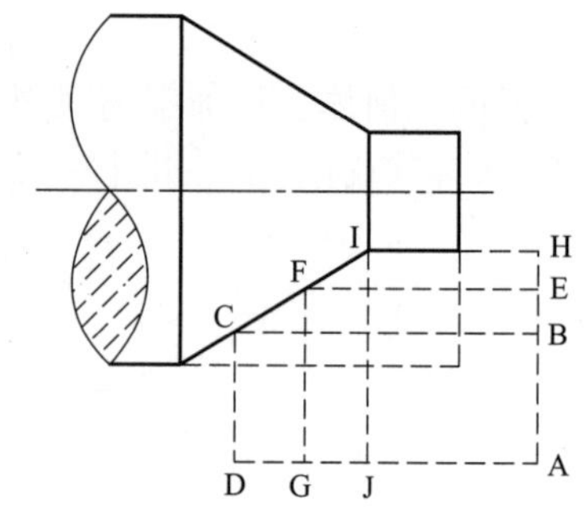

图2-8　采用最短的空行程进给路线

（2）工序分散　工序分散是指整个工艺过程工序数目多，每个工序的加工内容比较少。其特点是机床和工艺装备比较简单，调整方便，设备操作简单，可以选用最合理的切削用量，减少基本时间，设备和工艺装备投资少，但设备数量多，加工中辅助时间增加。

二、基础理论

（1）倒角指令　使用G01指令进行倒角，编程方法有以下两种。

第一种方法：就是将倒角部分看作一个直线段，使用G01指令直接编程加工即可。如图2-9所示，平端面与倒角各写一行G01指令程序。

第二种方法：G01 X__Z__C__F__，注意指令中的X__Z__为切削终点的地址值，如图2-9所示的切削终点地址值，而非倒角结束点的地址值，即为X36 Z0，而非X36 Z–2。C值为倒角值，完整的从原点加工到倒角结束的程序指令如下：G01 X36 Z0 C2 F60。此一行程序可完成端面切削与倒角两段表面的加工。

（2）倒圆角指令　倒圆角的编程方法有以下两种。

第一种方法：就是将圆角部分看作一个圆弧段，使用G02或G03指令直接编程加工即可。如图2-10所示，平端面写一行G01指令程序，圆角处写一行G03指令程序。

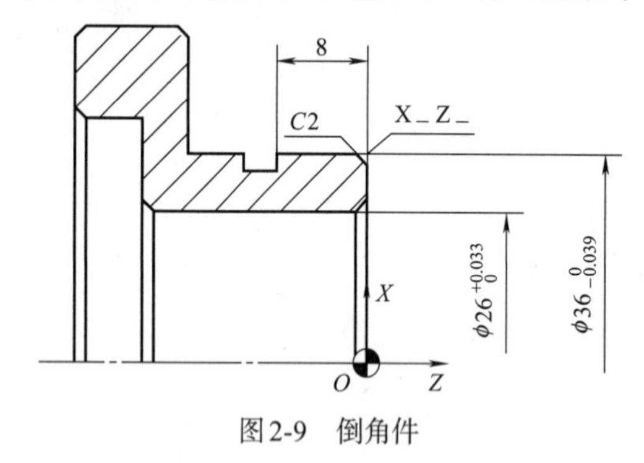

图2-9　倒角件

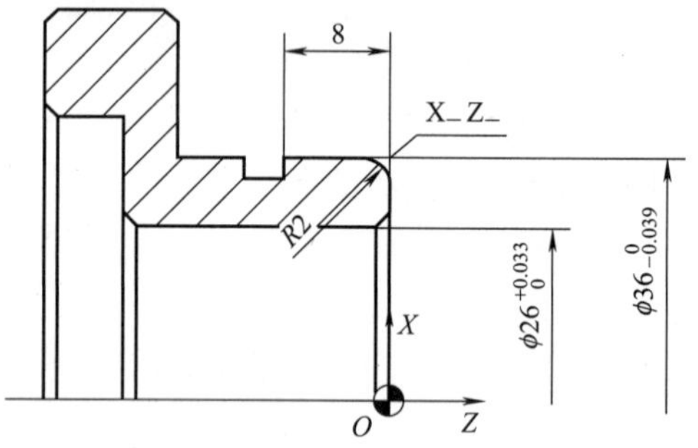

图2-10　倒圆角件

第二种方法：G01 X__Z__R__F__，注意指令中的X__Z__为切削终点的地址值，如图2-10所示的切削终点地址值，而非圆角结束点的地址值，即为X36 Z0，而非X36 Z–2。R值为圆角的半径值，完整的从原点加工到圆角结束的程序指令如下：G01 X36 Z0 R2 F60。此一行程序可完成端面切削与圆角两段表面的加工。

三、任务训练

1. 任务要求

加工图2-11所示零件。

在应用G80指令粗车阶梯轴类零件时，尽量遵从工艺顺序合理、工艺路线简化等原则进行。

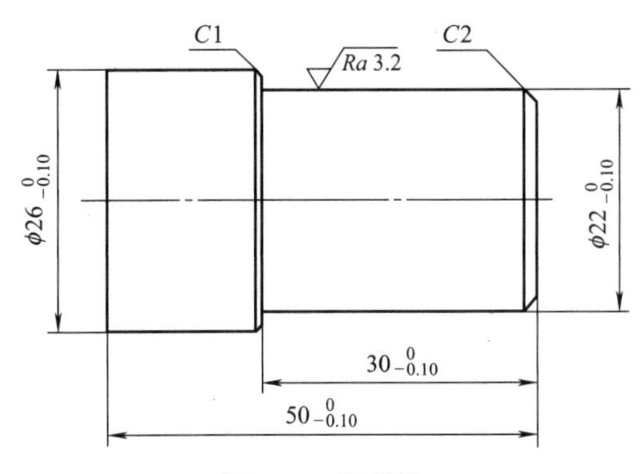

图2-11　阶梯轴

2. 零件工艺卡填写（见表2-5）

表2-5　机械加工工艺卡

材料		零件图号		系统	HNC-21	工序号
序号	工步内容	G 指令	T 刀具	切削用量		
				s/(r/min)	f/(mm/r)	a_p/mm
1	粗车右端面及外圆、C2粗车	G01、G80	T0101	500	0.20	2~3
2	半精车两段外圆	G01、G80	T0101	500	0.10	0.8~1.6
3	精车端面、外圆、轴肩、C1、C2	G01	T0202	800	0.06	0.05~0.08
4	切断，留余量	G01	T0303	400	0.10	0.08~0.12
5	精车左端面	G01	T0101	800	0.06	0.05~0.08

3. 刀具卡填写（见表2-6）

表2-6　加工刀具卡

零件	002	零件名称	阶梯轴	零件图号	002
序号	刀具名称及规格	刀尖半径/mm	数量	加工表面	
1	90°偏刀-粗车刀	0.8	1	粗车右端面、倒角、两外圆	
2	90°偏刀-精车刀	0.4	1	精车右端面、倒角、两外圆、左端面	
3	3mm槽刀	0.2	1	切断	

4. 加工程序

加工程序卡见表2-7、表2-8。

表2-7　加工程序卡（右侧加工）

序号	程　序　段	说　　明
1	O3367	程序名称
2	%1234	程序段名
3	G21 G94	初始化程序环境，公制单位mm，分进给
4	T0101	调1号刀，调1号刀补
5	M03 S500	主轴正转，转速500r/min
6	G00 X50 Z0.2	快速进刀到平端面起点
7	G01 X-1 F100	平端面加工，留精加工余量0.2mm
8	G00 X50 Z5	进刀到粗加工循环起点

续表

序号	程 序 段	说 明
9	G80 X36 Z-53 F100	初次切削,直径余量为4mm
10	X32	二次切削,直径余量为4mm
11	X28	三次切削,直径余量为4mm
12	X26.4	左端半精加工,精加工余量0.4mm
13	X24 Z-29.2	右端粗车,余量2.4mm
14	X22.4	右端半精加工切削,直径余量为1.6mm
15	G00 X150 Z150	快速到换刀点
16	T0202 S800	换2号刀,进行2号补偿,转速800r/min
17	G00 X35 Z0	精加工起点
18	G01 X-1 F60	端面精加工
19	G00 X14 Z5	快速到精车端面外
20	G01 Z2 F60	加工到2mm,移动到倒角延长线处
21	G01 X22 Z-2 F60	精车倒角
22	Z-30	精车右段圆柱
23	X24	精车轴肩
24	X26 Z-31	精车*C*1倒角
25	Z-53	精加工
26	X45	平端面退刀
27	G00 X150 Z150	退刀到换刀点
28	T0303 S400	换切断刀,转速400r/min
29	G00 X50 Z-53.5	进刀到切槽起点
30	G01 X-1 F50	切断工件
31	G00 X150 Z150	到换刀点
32	M05	主轴停止
33	M30	程序结束

表2-8 加工程序卡(左侧加工)

序号	程序段	说明
1	O3368	程序名称
2	%1234	程序段名
3	G21 G94	初始化程序环境,公制单位mm,分进给
4	T0101	调1号刀,调1号刀补
5	M03 S500	主轴正转,转速500r/min
6	G00 X50 Z0.2	快速进刀到平端面起点
7	G01 X-1 F100	半精车端面
8	G00 X150 Z150	退刀到换刀点
9	T0202 S800	换精车刀,转速800r/min
10	G00 X50 Z0	逼近工件到加工位置
11	G01 X-1 F60	精车端面
12	G01 X50 F100	工进退刀到工件外
13	G00 X150 Z150	到换刀点
14	M05	主轴停止
15	M30	程序结束

四、知识巩固

① 单侧阶梯轴在工艺选择上都有哪些加工方案？

② 零件加工工艺路线选择原则有哪些？

五、技能要点

1. 起刀点和对刀点的设置

根据要加工零件的形状特点，合理选择起刀点，可以与对刀点重合，也可以与对刀点分离，但尽量要缩短刀具的空行程时间。

2. 零件加工粗、精车分开

不重要特征可以后加工，比如倒角的切削加工。

任务三　阶梯轴调头加工

一、预备知识

1. 车床工件找正

在机械加工中，无论是在普通车床上，还是在数控车床中的工作装夹都需要被校正准确，而校正的基本标准便是使车床主轴和工件两者的回转中心能够重合起来。

（1）用划针找正　粗加工时可用目测和划针找正工件毛坯表面，用于找正精度要求不高的场合。首先，将工件用卡盘轻轻地夹紧，同时根据情况把划线盘放在合适的位置，让划针的尖端能够接触到工件上端悬伸着的圆柱表面，用手拨动卡盘使其缓慢转动工件，观察划针尖与工件表面接触情况，用铜锤轻轻敲击工件的悬伸处，等到工件表面的间隙能够与全圆周划针处于同一界面时，校正工作便结束了，然后夹紧工件。

（2）用百分表找正　精加工时用百分表找正，用于找正精度要求较高的场合。将工件用卡盘夹住，夹的时候需要的力度较轻，夹稳就可以，然后让磁性表座吸附在车床的固定表面上（即导轨面上），接下来就是变换表架的位置，直到百分表的触头垂直地指向工件外悬伸处的圆柱表面才算结束，可以将百分表的触头垂直地指向工件表面的外端。然后以相同的方式来扳动卡盘，使其缓慢地转动起来，从而校正工件的位置，等到它转到百分表读数的最大差值即0.1mm的范围之内时，校正工作结束，然后夹紧工件（提示：百分表触头预先压下0.5~1mm，再回转工件）。

（3）用小铜棒进行端面找正　当装夹经过粗加工端面后的盘形类工件时，在刀架口处夹上一个圆头的铜棒。将工件用卡盘夹稳，并让主轴保持低速转动状态。缓缓地移动中滑板和床鞍，让刀架口上的圆头铜棒与被挤压工件的表面外端轻轻地接近，直到工件端面与其主轴轴线大致保持垂直状态时，停止主轴回转，把工件夹紧。

（4）快速找正工具找正　制作找正辅助工装——滚动轴承找正器，其校正速度得到大幅度的提升，使用时，把它装在方刀架上，以它靠平工件的端面和外圆即可。这种找正工具应用起来比一般的找正方法简单快捷而且避免了工件表面的划伤，找正端面平行度和外圆同轴度可达0.02mm。

2. 数控车削加工工艺要点

（1）合理选择切削用量　切削三要素包括切削速度、进给量和切削深度，对数控车削加工影响很大。

① 切削速度。伴随着切削速度的提高，刀尖温度会上升，会产生机械的、化学的、热的磨损。切削速度提高20%，刀具寿命会减少1/2。

② 进给量。进给条件与刀具后面磨损关系在极小的范围内产生。但进给量大，切削温度上升，后面磨损大。它比切削速度对刀具的影响小。

③ 切削深度。切深对刀具的影响虽然没有切削速度和进给量大，但在微小切深切削时，被切削材料产生硬化层，同样会影响刀具的寿命。

根据被加工的材料、硬度、材料种类、进给量、切削深度等选择合适的切削速度。在这些因素的基础上选定最适合的加工条件。有规则的、稳定的磨损达到使用寿命才是理想的条件。在确定加工条件时，需要根据实际情况进行研究。对于不锈钢和耐热合金等难加工材料来说，可以采用冷却剂或选用刚性好的刀刃。

(2) 合理选择刀具　粗车时，要选强度高、耐用度好的刀具，以便满足粗车时大背吃刀量、大进给量的要求。精车时，要选精度高、耐用度好的刀具，以保证加工精度的要求。为减少换刀时间和方便对刀，应尽量采用机夹刀和机夹刀片。

(3) 合理选择夹具　尽量选用通用夹具装夹工件，避免采用专用夹具；零件定位基准重合，以减少定位误差。

(4) 确定加工路线　加工路线是指数控机床加工过程中，刀具相对零件的运动轨迹和方向。应能保证加工精度和表面粗糙度要求；应尽量缩短加工路线，减少刀具空行程时间。

二、基础理论

1. 定位基准的选择

定位基准有粗基准和精基准之分。

(1) 粗基准选择

定位基准

① 选择重要表面为粗基准。为了保证工件上重要表面的加工余量小而均匀，则应选择该表面为粗基准。

② 选择不加工表面为粗基准。为了保证加工面与不加工面之间的位置要求，一般选择不加工面为粗基准。

③ 选择加工余量最小的表面为粗基准。在没有要求保证重要表面加工余量均匀的情况下，如果零件上每个表面都要加工，则应选择其中加工余量最小的表面为粗基准，以避免该表面在加工时因余量不足而留下部分毛坯面，造成废品出现。

④ 选择较为平整、加工面积较大的表面为粗基准。选择这样的表面为粗基准以便工件定位可靠、夹紧方便。

⑤ 粗基准在同一尺寸方向上只能使用一次。粗基准本来精度很低，如果重复使用将产生很大的加工误差。

(2) 精基准选择

① 基准重合原则。选择设计基准作为定位基准，即为“基准重合”。

② 基准统一原则。同一零件上的多道工序，尽可能选择同一个定位基准，称为“基准统一”。

③ 自为基准原则。某些加工余量小而均匀的精加工工序，选择加工表面本身作为定位基准，称为“自为基准”。

④ 互为基准原则。当对工件上两个相互位置精度要求很高的表面进行加工时，需要用两个表面互相作为基准，反复进行加工，以保证位置精度要求。

实际上，无论粗基准还是精基准，如果上述原则都不能满足，或者互相矛盾，就要根据具体情况进行分析选择。

2. 车削切削用量选择

（1）背吃刀量选择　粗车时，在允许的条件下，尽量一次切除该工序的全部余量，以减少进给次数。但加工余量较大时，一次进给会造成机床功率或者刀具强度不够；或者加工余量不均匀，引起振动，更严重的会出现打刀现象，这样就需要几次进给，如果分两次进给，一般都是第一次背吃刀量大，一般为加工余量的2/3~3/4，第二次进给时背吃刀量小，一般为加工余量的1/4~1/3。

切削用量选择

半精加工时，背吃刀量一般为0.5~2mm；精加工时，背吃刀量一般为0.1~0.5mm。

（2）进给量的选择　进给量的选取应该和背吃刀量与主轴转速相适宜。在保证工件质量前提下，可以选择较高的进给量，在精车时可以选择较低的进给速度。一般粗车时进给量选择0.3~0.8mm/r，一般精车时进给量选择0.1~0.3mm/r。

（3）主轴转速确定　切削外圆时的转速应根据零件上被加工部位的直径、零件和刀具材料，以及加工性质等条件所允许的切削速度来确定。切削速度确定后，用速度和工件直径的关系式可以计算出所用的主轴转速。根据加工经验，一般在粗车加工碳素钢类零件时可以初定转速为500~700r/min。

三、任务训练

1. 任务要求

加工图2-12所示的阶梯轴。具体加工时采用左右调头加工的方式进行，本零件加工为先加工一端连同中间的轴肩，然后再加工另一端。这样处理的优点在于加工另一端时定位可靠，交接刀位置好处理。

本任务先加工左端及轴肩，然后加工右端与轴肩表面。

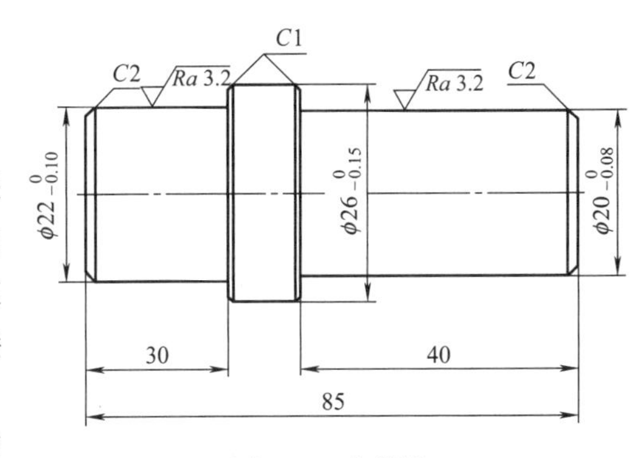

图2-12　阶梯轴

2. 填写加工工序卡

阶梯轴零件的加工分为两端面掉头加工，见表2-9、表2-10。

表2-9　数控加工工序卡（一）

单位	数控加工工序卡	产品名称或代号	零件名称	零件图号
			阶梯轴	002
		车间	使用设备	
		数控车削车间	CAK3675V	
		工艺序号	程序编号	
		001	001	
		夹具名称	夹具编号	
		三爪卡盘	00101	

续表

工步号	工步作业内容	加工面	刀具号	刀补量	主轴转速/(r/min)	进给速度/(mm/min)	切削深度/mm	备注
1	粗车左端面	左端面	T0101		500	100		
2	粗车ϕ26表面	外圆	T0101		500	100		
3	粗车ϕ22表面及ϕ26左轴肩	外圆及端面	T0101		500	100		
4	精车左端面、倒角、ϕ22表面及ϕ26左轴肩	左端全部	T0101		750	60		
编制		审核		批准	年 月 日	共 页		第 页

表2-10 数控加工工序卡（二）

单位	数控加工工序卡				产品名称或代号		零件名称	零件图号
							阶梯轴	002
					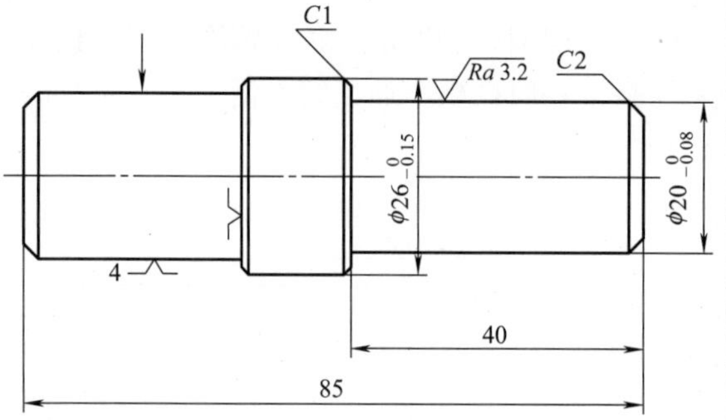 车间		使用设备	
					数控车削车间		CAK3675V	
					工艺序号		程序编号	
					002		002	
					夹具名称		夹具编号	
					三爪卡盘		00101	
工步号	工步作业内容	加工面	刀具号	刀补量	主轴转速/(r/min)	进给速度/(mm/min)	切削深度/mm	备注
1	粗车右端面，保总长85mm	右端面	T0101		500	100		
2	粗车ϕ20表面及ϕ26右轴肩	外圆及端面	T0101		500	100		
3	精车右端面、保总长、精车ϕ20、倒角	右端全部	T0101		750	60		
编制		审核		批准		年 月 日	共 页	第 页

3. 填写加工工艺卡（见表2-11）

表2-11 数控加工工艺卡

名称单位		产品名称或代号		零件名称		零件图号	
				阶梯轴		002	
工序号	程序编号	夹具名称		使用设备		车间	
001	001	三爪卡盘		CAK3675V		数控车削车间	
工步号	工步内容	刀具号	刀具规格	主轴转速/(r/min)	进给速度/(mm/min)	切削深度/mm	备注
1	粗车左端面	T0101	90°偏刀 20×20	500	100		

续表

工步号	工步内容		刀具号	刀具规格	主轴转速/(r/min)	进给速度/(mm/min)	切削深度/mm	备注
2	粗车ϕ26表面		T0101	90°偏刀 20×20	500	100		
3	粗车ϕ22表面及ϕ26左轴肩		T0101	90°偏刀 20×20	500	100		
4	精车左端面、倒角、ϕ22表面及ϕ26左轴肩		T0101	90°偏刀 20×20	750	60		
编制		审核		批准		年 月 日	共 页	第 页

4. 加工程序编写

此零件加工程序编写中，使用G80指令进行粗加工，使用基本指令进行精加工、倒角加工，为简化数控编程，采用一把刀进行粗、精加工。

（1）编写左端加工程序（见表2-12）

表2-12 加工程序卡（左端加工）

序号	程序段	说明
1	O0201	程序名称
2	%1234	程序段名
3	G21 G94	初始化程序环境，公制单位mm，分进给
4	T0101	调1号刀，调1号刀补
5	M03 S500	主轴正转，转速500r/min
6	G00 X50 Z20	快速逼近工件
7	G00 Z0.2	快速进刀到平端面起点
8	G01 X-1 F100	平端面加工，留精加工余量0.2mm
9	G00 X40 Z10	进刀到粗加工循环起点
10	G80 X28 Z-50 F100	粗车外圆，长度50mm
11	X27	直径27mm，留1mm直径余量
12	X25 Z-30	粗车外圆，长度30mm
13	X23	直径23mm，留1mm直径余量
14	S750	提升高轴转速为750r/min
15	G00 X-1	径向到X-1
16	G01 Z0 F60	轴向进刀
17	G01 X22 Z0 C2 F60	精加工端面，倒角
18	G01 Z-30	精车直径ϕ22表面
19	X26 Z-30 C1	精车左轴肩与倒角C1
20	Z-50	ϕ26外圆精加工
21	G01 X35	车端面退刀到毛坯直径外
22	G00 Z100	Z向退刀
23	X100	X向退刀
24	M05	主轴停止
25	M30	程序结束

（2）编写右端加工程序（见表2-13）

表2-13 加工程序卡（右端加工）

序号	程序段	说明
1	O0202	程序名称
2	%1234	程序段名
3	G21 G94	初始化程序环境，公制单位mm，分进给
4	T0101	调1号刀，调1号刀补
5	M03 S500	主轴正转，转速500r/min
6	G00 X50 Z20	快速逼近工件
7	G00 Z0.2	快速进刀到平端面起点，加工前先确保总长尺寸85mm
8	G01 X–1 F100	平端面加工，留精加工余量0.2mm
9	G00 X40 Z10	进刀到粗加工循环起点
10	G80 X28 Z–40 F100	粗车外圆，长度50mm
11	X26	直径26mm
12	X24	直径24mm
13	X22	直径22mm
14	X21	直径21mm，留1mm直径余量
15	S750	提升高轴转速为750r/min
16	G00 X–1	径向到X–1
17	G01 Z0 F60	轴向进刀
18	G01 X20 Z0 C2 F60	精加工端面，倒角
19	G01 Z–40	精车直径ϕ20表面
20	X26 Z–40 C1	精车左轴肩与倒角C1
21	G01 X35	车端面退刀到毛坯直径外
22	G00 Z100	Z向退刀
23	X100	X向退刀
24	M05	主轴停止
25	M30	程序结束

5. 加工操作

加工操作过程见表2-14。

表2-14 阶梯轴加工操作过程

序号	操作模块	操作步骤
1	安装工件	①选取训练用ϕ30×87毛坯棒料 ②在保证目标加工零件尺寸需求的前提下，尽量缩短工件伸出夹具卡爪外的距离，90~100mm ③先使用卡盘扳手轻度夹紧工件，然后进行找正零件的安装，以保证工件与主轴的同轴度，可通过试运转主轴直观感受同轴情况，如不满足要求可采用顶挤或敲击方式找正工件同轴度 ④使用卡盘扳手夹紧工件，将卡盘扳手放置到床头箱上
2	安装刀具	①使用刀具配套的内六角扳手，先将菱形刀片放到刀杆上，然后旋紧螺钉，安装好刀具 ②将已经装配好刀片的90°数控偏刀的刀杆靠装到刀架1号位上，确保刀杆紧贴刀架侧壁，使用刀架扳手锁紧两个螺钉，将90°偏刀安装到刀架上

续表

序号	操作模块	操作步骤
3	对刀	以零件右端面中心为工件坐标系 使用90°偏刀进行平端面对Z方向对刀操作，再试切外圆，测量尺寸，进行X方向对刀操作
4	程序输入 程序核验	①创建程序，输入编写完成的数控加工程序 ②检查程序正确性 ③使用机床程序检验功能
5	试切加工	①将机床功能设置为单段模式 ②降低进给倍率 ③关上加工仓门，执行“循环启动”键 ④手扶“急停按钮”，如发生意外情况，迅速拍下“急停按钮”
6	尺寸检验	使用精度为0.02mm的游标卡尺，对加工完成的零件表面进行尺寸检测

四、知识巩固

① 确定零件加工基准的原则有哪些？

② 零件掉头加工需要注意哪些问题？

③ 零件加工过程中如何能保证零件表面质量？

五、技能要点

零件加工质量保证方法如下。

① 在零件切削过程中，注意观察零件的表面质量，如果不理想，可以通过机床操作面板上的主轴转速、进给量的调整按键适当增加或减少程序中给定的切削用量，以获得最理想的加工效果。

② 可以通过改变加工工艺路线保证零件加工质量和加工效果最优化。

任务四 阶梯轴加工训练

一、预备知识

1. 毛坯的选择

选择毛坯的基本任务是选定毛坯的种类和制造方法，了解毛坯的制造误差及其可能产生的缺陷。正确选择毛坯具有重大的技术经济意义。因为毛坯的种类及其不同的制造方法，对零件的质量、加工方法、材料利用率、机械加工劳动量和制造成本等都有很大的影响。机械零件常用毛坯的种类如下。

（1）型材 常用型材截面形状有圆形、方形、六角形和特殊断面形状等。型材有热轧和冷拉两种。热轧型材尺寸范围较大，精度较低，用于一般机器零件。冷拉型材尺寸范围较小，精度较高，多用于制造毛坯精度要求较高的中小零件。在自动机床或转塔车床上加工时，为使送料和夹料可靠，多采用冷拉型材。

（2）铸件 形状复杂的毛坯宜采用铸造方法制造。铸件毛坯的制造方法有砂型铸造、金属型铸造、精密铸造、压力铸造、离心铸造等。

（3）锻件　锻件毛坯由于经锻造后可得到金属纤维组织的连续性和均匀分布的特性，从而提高了零件的强度，适用于对强度有一定要求、形状比较简单的零件。锻件有自由锻件、模锻件和精锻件三种。

（4）焊接件　用焊接的方法而得到的结合件。焊接件的优点是制造简便，生产周期短，节省材料，减轻重量。但其抗振性较差，变形大，需经时效处理后才能进行机械加工。

（5）其他毛坯　其他毛坯类型包括冲压、粉末冶金、冷挤、塑料压制等。

2. 毛坯选择应注意的问题

在选择毛坯种类及制造方法时，应考虑下列因素。

（1）零件材料及其力学性能　零件的材料大致确定了毛坯的种类。例如材料为铸铁和青铜的零件应选择铸件毛坯；钢质零件当形状不复杂、力学性能要求不太高时可选型材；重要的钢质零件，为保证其力学性能，应选择锻件毛坯。

（2）零件的结构形状与外形尺寸　形状复杂的毛坯，一般用铸造方法制造。薄壁零件不宜用砂型铸造；中小型零件可考虑用先进的铸造方法；大型零件可用砂型铸造。一般用途的阶梯轴，如各阶直径相差不大，可用圆棒料；如各阶直径相差较大，为减少材料消耗和机械加工的劳动量，则宜选择锻件毛坯。尺寸大的零件一般选择自由锻件；中小型零件可选择模锻件。

3. 工件各个基点（节点）的计算

按照机械加工中的入体原则，计算零件图上的各个基点（节点）坐标。

所谓“入体”原则是指标注工件尺寸公差时应向材料实体方向单向标注，但对于磨损后无变化的尺寸，一般标注双向偏差。

对于轴类零件，是指在零件上加工尺寸越来越小的尺寸，零件的外轮廓都属于轴类尺寸，其上偏差为零，也就是零件的实际外廓尺寸要比基本尺寸确定的外轮廓小，这样才算轴类零件“入体”。

对于孔类零件，是个广义的概念，并不仅仅指孔，是指在零件上加工尺寸越来越大的尺寸，零件的内轮廓都属于孔类尺寸，其下偏差为零，也就是零件的实际外廓尺寸要比基本尺寸确定的外轮廓大，这样才算孔类零件“入体”；例如在轴类零件上加工一个槽，这个槽的宽度尺寸会随着金属的去除越加工越大，那么这个尺寸的下偏差为零，也就是槽的实际尺寸大于基本尺寸才算“入体”。

对于长度尺寸，经常按照磨损后无变化的尺寸，一般标注双向偏差。

二、基础理论

1. 程序暂停指令G04

轴上槽类零件为了保证槽底的粗糙度要求，在加工过程中可以让刀具和工件之间暂时无进给运动，这个动作在数控加工中可以用G04代码实现。

指令格式：G04　X__；或G04　U__　或G04　P__

上述指令地址中，P后面不能使用小数点，单位为ms（毫秒）；X及U后面采用小数点，指定单位为s（秒）。该指令是非模态指令，即执行完前一个程序段，经过延时之后执行下一个程序段。

程序暂停在数控车床上一般用于车槽、镗孔及钻孔后，以提高表面质量及有利于铁屑充分排出。

2. 多刀对刀

在已经对完第一把刀的基础上，进行第二把或更换车刀对刀时，应采用贴刀的对刀方式，具体方法如下：

① 第一把车刀构建工件坐标系。

② 第二把车刀Z向贴刀到工件表面，先采用大倍率（100×）逼近工件端面，然后，改为10×与1×倍率精确贴刀到工件端面上，见到产生切屑则完成Z向贴刀，改为X向移动，离开工件端面，可输入与第一把刀相同的试切长度值，完成Z向对刀。

③ 第二把车刀X向贴刀到工件表面，先采用大倍率（100×）逼近工件已经切削的圆柱表面，然后，改为10×与1×倍率精确贴刀到工件圆柱表面上，见到产生切屑则完成X向贴刀，改为Z向移动，离开工件端面，可输入与第一把刀相同的试切直径值，完成X向对刀。

三、任务训练

1. 任务要求

针对如图2-13所示的阶梯轴零件，进行工艺制订、编制数控加工程序、进行数控加工。

任务目标如下：

① 零件图样分析；

② 能制订零件的加工工艺路线；

③ 会合理选择加工过程中的切削用量；

④ 能应用循环指令编写阶梯轴类零件的加工程序；

⑤ 能操作机床完成零件切削加工。

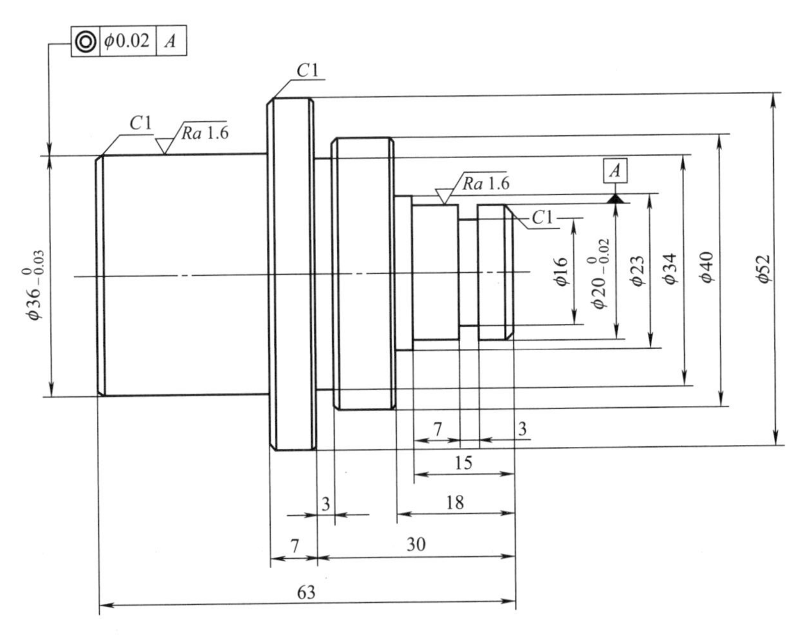

图2-13　阶梯轴件

2. 填写工序卡（见表2-15、表2-16）

表2-15 数控加工工序卡（1）

单位	数控加工工序卡	产品名称或代号				零件名称		零件图号
						阶梯轴		003
		车间				使用设备		
						CK3675V		
		工艺序号				程序编号		
		003-1				003-1		
		夹具名称				夹具编号		
		三爪卡盘						
工步号	工步作业内容	加工面	刀具号	刀补量	主轴转速/(r/min)	进给速度/(mm/min)	切削深度/mm	备注
1	粗加工左端面	端面	T0101		500	100	1	
2	粗车ϕ52外圆表面	外圆	T0101		500	100	1	
3	粗车ϕ36外圆表面及轴肩	外圆	T0101		500	100	1	
4	精加工左端面、ϕ36、ϕ52外圆表面、倒角及轴肩	左全部	T0101		750	60	0.5	
编制		审核		批准		年 月 日	共 页	第 页

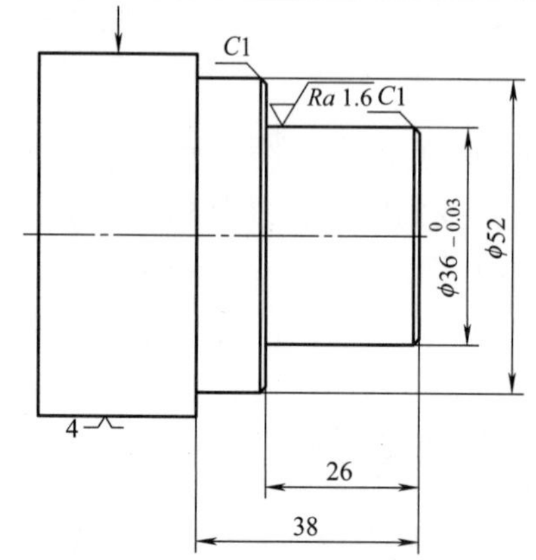

表2-16 数控加工工序卡（2）

单位	数控加工工序卡	产品名称或代号				零件名称		零件图号
		车间				使用设备		
		数控车实训室				CK3675V		
		工艺序号				程序编号		
		003-2				003-2		
		夹具名称				夹具编号		
		三爪卡盘						
工步号	工步作业内容	加工面	刀具号	刀补量	主轴转速/(r/min)	进给速度/(mm/min)	切削深度/mm	备注
1	粗车右端面		T0101		500	100	1	
2	粗车ϕ40、ϕ23、ϕ20外圆与轴肩		T0101		500	100	1	
3	精车右端各表面		T0101		750	60	0.5	
4	槽刀切两处槽		T0202		400	50	—	
编制		审核		批准		年 月 日	共 页	第 页

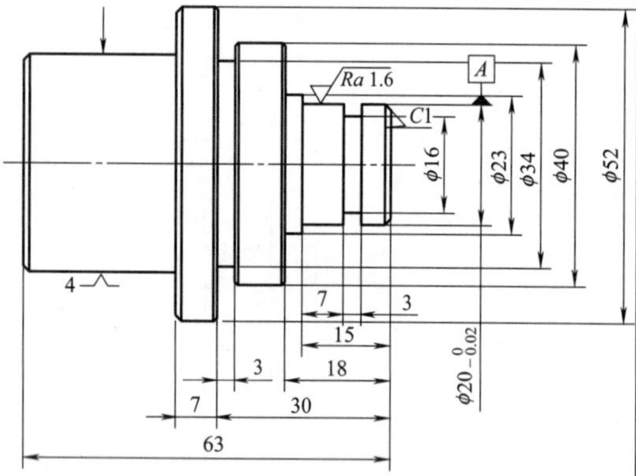

3. 填写工艺卡（见表2-17、表2-18）

表2-17　数控加工工艺卡（1）

名称单位		产品名称或代号		零件名称		零件图号	
工序号	程序编号	夹具名称		使用设备		车间	
工步号	工步内容	刀具号	刀具规格	主轴转速/(r/min)	进给速度/(mm/min)	切削深度/mm	备注
1	粗加工左端面	T0101		500	100	1	
2	粗车$\phi52$外圆表面	T0101		500	100	1	
3	粗车$\phi36$外圆表面及轴肩	T0101		500	100	1	
4	精加工左端面、$\phi36$、$\phi52$外圆表面、倒角及轴肩	T0101		750	60	0.5	
编制	审核		批准		年　月　日	共　页	第　页

表2-18　数控加工工艺卡（2）

名称单位		产品名称或代号		零件名称		零件图号	
工序号	程序编号	夹具名称		使用设备		车间	
工步号	工步内容	刀具号	刀具规格	主轴转速/(r/min)	进给速度/(mm/min)	切削深度/mm	备注
1	粗车右端面	T0101		500	100	1	
2	粗车$\phi40$、$\phi23$、$\phi20$外圆与轴肩	T0101		500	100	1	
3	精车右端各表面	T0101		750	60	0.5	
4	槽刀切两处槽	T0202		400	50	—	
编制	审核		批准		年　月　日	共　页	第　页

4. 零件切削加工

（1）加工操作（见表2-19）

表2-19　阶梯轴加工操作过程

序号	操作模块	操作步骤
1	安装工件	①选取训练用毛坯棒料 ②在保证目标加工零件尺寸需求的前提下，尽量缩短工件伸出夹具卡爪外的距离，80~90mm ③先使用卡盘扳手轻度夹紧工件，然后进行找正零件的安装，以保证工件与主轴的同轴度，可通过试运转主轴直观感受同轴情况，如不满足要求可采用顶挤或敲击方式找正工件同轴度 ④使用卡盘扳手夹紧工件，将卡盘扳手放置到床头箱上

续表

序号	操作模块	操作步骤
2	安装刀具	①使用刀具配套的内六角扳手，先将菱形刀片放到刀杆上，然后旋紧螺钉，安装好刀具 ②将已经装配好刀片的90°数控偏刀的刀杆靠装到刀架1号位的上边，确保刀杆紧贴刀架侧壁，使用刀架扳手锁紧两个螺钉，将90°偏刀安装到刀架上 ③将已经装配好刀片的槽刀（刀片宽度3mm）的刀杆装到2号位的上边，确保刀杆紧贴刀架侧壁，使用刀架扳手锁紧两个螺钉，将槽刀安装到刀架上
3	对刀	①以零件左端面中心为工件坐标系，进行90°偏刀对刀 ②第二把车刀Z向贴刀到工件表面，先采用大倍率（100×）逼近工件端面，然后，改为10×与1×倍率精确贴刀到工件端面上，见到产生切屑则完成Z向贴刀，改为X向移动，离开工件端面，在刀补表2号对应行上，可输入与第一把刀相同的试切长度值，完成Z向对刀 ③第二把车刀X向贴刀到工件表面，先采用大倍率（100×）逼近工件已经切削的圆柱表面，然后，改为10×与1×倍率精确贴刀到工件圆柱表面上，见到产生切屑则完成X向贴刀，改为Z向移动，离开工件端面，在刀补表2号对应行上，可输入与第一把刀相同的试切直径值，完成X向对刀
4	程序输入 程序核验	①创建程序，输入程序 ②检查程序正确性 ③使用机床程序检验功能
5	试切加工	①将机床功能设置为单段模式 ②降低进给倍率 ③关上仓门，执行“循环启动”键 ④手扶“急停按钮”，如发生意外情况，迅速拍下“急停按钮”
6	尺寸检验	使用精度为0.02mm的游标卡尺，对加工完成的零件表面进行尺寸检测

（2）零件质量检验、考核（见表2-20）

表2-20 零件质量检验、考核

零件名称	阶梯轴			允许读数误差		±0.007mm			教师评价（填写T/F）
序号	项目	尺寸要求/mm	使用的量具	测量结果				项目判定	
				No.1	No.1	No.1	平均值		
1	外径	$\phi20_{-0.02}^{0}$						合 否	
2	外径	$\phi36_{-0.03}^{0}$						合 否	
3	长度	63±0.1						合 否	
结论（对上述三个测量尺寸进行评价）		合格品	次品	废品					
处理意见									

四、知识巩固

① 阶梯轴类零件如何选择加工方案？

② 加工中粗精加工切削用量如何选择？

五、技能要点

① 在工件的一次装夹中尽可能加工更多的表面。

② 工件加工过程中，每把刀具加工内容尽量一次完成，避免频繁换刀。

③ 零件工序选择尽量使加工路线简单易行。

项目三

锥堵心轴加工

加工盘毂类零件时，当零件长度较小时，可采用带锥堵的心轴，简称锥堵心轴。使用锥堵或锥堵心轴时应注意，一般中途不得更换或拆卸，直到精加工完各处加工面，不再使用中心孔时方能拆卸。

任务一　小锥度轴加工

一、预备知识

1. 加工余量

加工工艺路线确定以后，在进一步安排各个工序的具体内容时，应正确地确定各工序的工序尺寸。而确定工序尺寸，首先应确定加工余量。

由于毛坯不能达到工件所要求的精度和表面粗糙度，因此要留有加工余量，以便经过机械加工来达到这些要求。加工余量是指加工过程中从加工表面切除的金属层厚度。

（1）总加工余量和工序加工余量　为了得到工件上某一表面所要求的精度和表面质量而从毛坯这一表面上切除的全部多余的金属层厚度，称为该表面的总加工余量。

完成一个工序而从某一表面上切除的金属层厚度，称为工序加工余量。总加工余量与工序加工余量的关系为

$$z_{总} = \sum_{i=1}^{n} z_i$$

式中　$z_{总}$——总加工余量；

z_i——第 i 道工序的加工余量；

n——工序数目。

（2）公称加工余量、最大加工余量和最小加工余量　在制订工艺规程时，应根据各工序的性质来确定工序的加工余量，进而求出各工序的尺寸。由于在加工过程中各工序尺寸都有公差，所以实际切除的余量也是变化的。因此，加工余量又可分为公称加工余量、最大加工余量、最小加工余量。

通常所说的加工余量是指公称加工余量，其值等于前后工序的公称尺寸之差。

加工余量有双边余量和单边余量之分。平面的加工余量是单边余量，它等于实际切削的金属层厚度。对于外圆和孔等回转表面，加工余量是双边余量，即以直径方向计算，实际切削的金属为加工余量数值的一半。

2. 确定加工余量的方法

确定加工余量一般有以下三种方法。

（1）分析计算法　此法是以一定的试验资料和计算公式，对影响加工余量的各项因素进

行分析和综合计算来确定加工余量的方法。用这种方法确定加工余量经济合理，但需要积累较全面的试验资料，且计算过程也比较复杂。目前较少使用。

（2）查表修正法　此法是以生产实践和各种试验研究积累的有关加工余量的资料数据为基础，并结合实际的加工情况来确定加工余量的方法，应用比较广泛。在查表时应注意表中的数据是公称值，对称表面（轴和孔）的加工余量是双边值，非对称表面的加工余量是单边值。

（3）经验估算法此法　是根据工艺人员的实践经验来确定加工余量的方法。这种方法不太准确，并且为了避免加工余量不够而产生废品，所以估计的加工余量一般偏大，常用于单件小批生产。

二、基础理论

G80
切削圆锥

锥面加工

1. 圆锥面内（外）径切削循环

格式：G80 X__Z__I__F__;

说明：

X、Z：绝对编程时，为切削终点 C 在工件坐标系下的坐标；增量编程时，为切削终点 C 相对于循环起点 A 的有向距离。

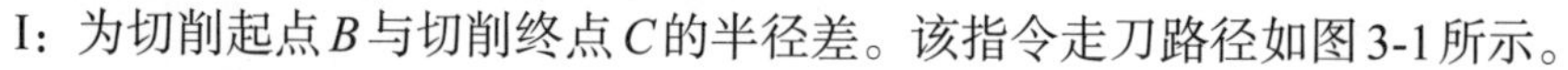

I：为切削起点 B 与切削终点 C 的半径差。该指令走刀路径如图3-1所示。

2. 应用举例

用G80指令编制图3-2所示工件圆锥加工程序，点画线代表毛坯。

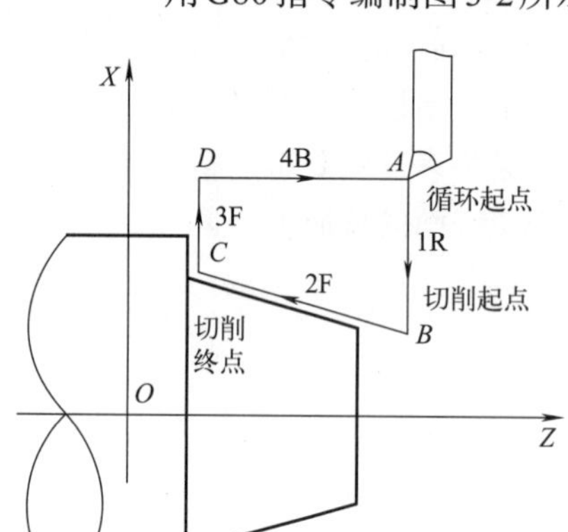

图3-1　圆锥面加工

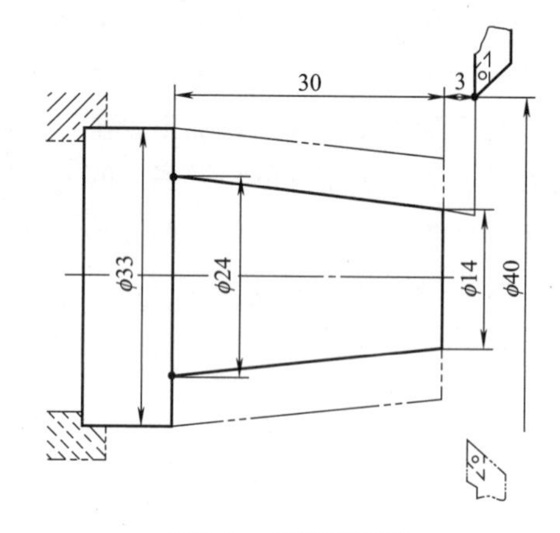

图3-2　圆锥面切削

```
%0011;
N10 M03 S400;                       主轴正转，转速400r/min
N20 T0101;                          调加工所用刀具
N30 G00 X150 Z150;                  刀具移动到安全点
N40 G00 X45 Z0;                     刀具移动到循环起点
N50 G90 G80 X34 Z-30 I-5 F100;      加工第一次循环，吃刀深3mm
N60 X28 Z-30 I-5;                   加工第二次循环，吃刀深3mm
N70 X24 Z-30 I-5;                   加工第三次循环，吃刀深2mm
N80 G00 X150 Z150;                  刀具返回安全点
N90 M30;                            主轴停转、主程序结束并复位
```

三、任务训练

1. 任务要求

编制如图3-3所示零件的数控车削加工程序，毛坯为ϕ30棒料。

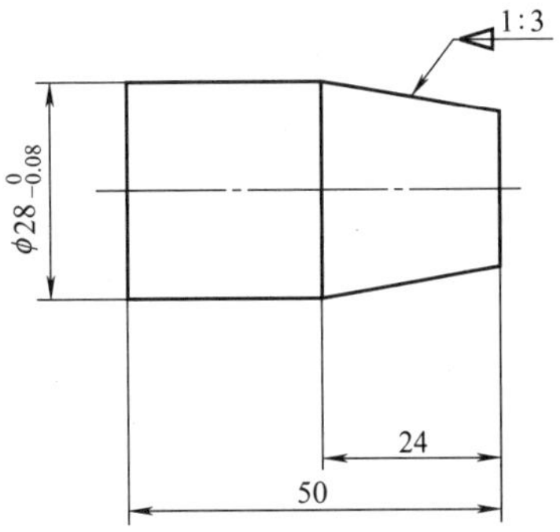

① 构建工件坐标系。在零件的右端面中心建立工件坐标系。

② 计算各基点坐标值。

③ 确定加工工艺路线。先进行外圆粗车加工（留出切断刀的宽度），使用G80加工圆柱指令，然后再用G80的切锥指令加工前段的圆锥，之后进行精车加工，然后使用切断刀进行切断，完成零件的加工。

图3-3　锥轴加工

2. 程序编写

锥轴件的加工程序见表3-1。

表3-1　加工程序

序号	程序段	说明
1	O0301	程序名称
2	%1234	程序段名
3	G21 G94	初始化程序环境，公制单位mm，分进给
4	T0101	调1号刀，调1号刀补
5	M03 S500	主轴正转，转速500r/min
6	G00 X40 Z20	快速逼近工件
7	G00 Z0.2	快速进刀到平端面起点
8	G01 X-1 F100	平端面加工，留精加工余量0.2mm
9	G00 X40 Z10	进刀到粗加工循环起点
10	G80 X29 Z-53 F100	粗车外圆，长度53mm，槽刀宽3mm
11	G00 Z0	确定G80切锥循环起点位置
12	G80 X34 Z-24 I-4 F100	由1:3锥度可求出I-4
13	X32	直径32mm
14	X30	直径30mm
15	X29	直径29mm，留1mm直径余量
16	G00 Z10 S750	前移刀具，提升高轴转速为750r/min
17	G00 X-1	径向到X-1
18	G01 Z0 F60	轴向进刀
19	G01 X20 F60	精加工端面，倒角
20	G01 X28 Z-24	精车锥面
21	Z-53	精车直径28mm圆柱表面
22	G01 X35	车端面退刀到毛坯直径外
23	G00 Z100	Z向退刀
24	X100	X向退刀
25	T0202 S400	换槽刀，切削速度400r/min
26	G00 X35	逼近工件

续表

序号	程 序 段	说 明
27	Z10	逼近工件
28	Z-53	到切削起点
29	G01 X-1 F50	切断
30	G01 X35 F120	工进退刀
31	G00 X100 Z100	回换刀点
32	M05	主轴停止
33	M30	程序结束

四、知识巩固

① G80车削圆柱和圆锥的走刀路径相同吗？

② 应用G80指令车削圆锥面需要注意哪些问题？

③ 应用G80指令切削圆锥，*I*值如何选取？

五、技能要点

1. G80车削圆锥起点的确定

应用G80指令车削圆锥，循环起点*Z*的选择将影响工件的锥度大小。如果圆锥面在工件的端面位置，可以把循环起点定在工件的端面，此时锥度大小可以与工件图纸的锥度一样；如果循环起点*Z*值不是工件的端面位置，就要进行尺寸计算得出正确的锥度；循环起点*X*值一定大于加工零件的毛坯即可。

2. G80指令切锥时改变量的确定

本任务使用的G80指令是固定*I*值，改变*X*值的。其实，也可以尝试通过改变*I*值或*Z*值的方式来进行编程。改变*I*、*X*、*Z*三种方式有着不同的适用场合。

任务二 循环指令切削端面

一、预备知识

1. 工序尺寸及其公差的确定

零件图上要求的设计尺寸和公差是经过多道工序加工而后要达到的。工序尺寸是加工过程中各个工序应达到的尺寸。每个工序的加工尺寸是不同的，是逐步向设计尺寸靠近的。在工艺规程中需要标注出这些工序尺寸及公差，用来作为加工或检验过程中的依据。

对于有内、外圆柱表面和某些平面的加工，其定位基准与设计基准（工序基准）重合，同一表面需经过多道工序加工才能达到图样的要求。这时，各工序的加工尺寸取决于各工序的加工余量；其公差则由该工序所采用加工方法的经济精度决定。

计算顺序是由后往前逐个工序推算，即由零件图的设计尺寸开始，一直推算到毛坯图的尺寸。

例如，某法兰盘工件上有一个孔，孔径为$\phi60^{+0.03}_{0}$，表面粗糙度值*Ra*为0.8μm，如图3-4所示。毛坯是铸钢件，需淬火处理。

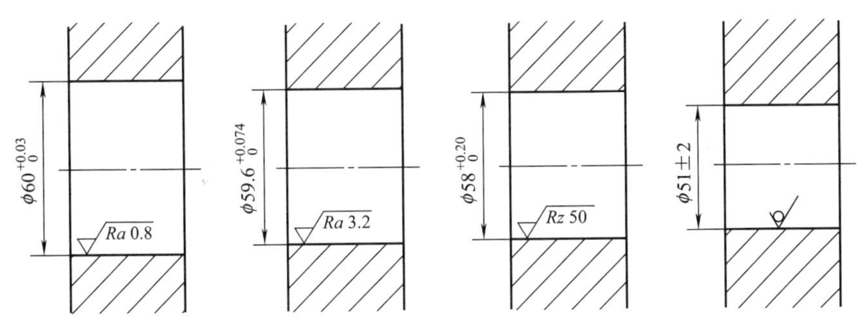

图3-4 内孔工序尺寸计算

解题步骤：

① 确定工序的加工余量。根据各工序的加工性质，查表得它们的加工余量，见表3-2中的第2列。

② 根据查得的余量计算各工序尺寸，其顺序是由最后一道工序向前推算，图样上规定的尺寸，就是最后的磨孔工序尺寸，计算结果见表3-2中的第4列。

表3-2 工序尺寸及其公差的计算 mm

1	2	3	4	5
工序名称	工序余量	工序所能达到的公差等级	工序尺寸（最小工序尺寸）	工序尺寸及其上、下极限偏差
磨孔	0.4	H7($^{+0.03}_{0}$)	60	$60^{+0.03}_{0}$
半精镗孔	1.6	H9($^{+0.074}_{0}$)	59.6	$59.6^{+0.074}_{0}$
粗镗孔	7	H12($^{+0.30}_{0}$)	58	$58^{+0.30}_{0}$
毛坯孔		±2	51	51±2

③ 确定各工序的尺寸公差及表面粗糙度。最后磨孔工序的尺寸公差和粗糙度就是图样上所规定的孔径公差和粗糙度。各中间工序的公差及粗糙度是根据其对应工序的加工性质，查有关经济加工精度的表得到（查得结果见表3-2第3列）。

④ 确定各工序的上、下极限偏差。查得各工序公差之后，按“入体”原则确定各工序尺寸的上、下极限偏差。对于孔，公称尺寸值为公差带的下限，上极限偏差取正值（对于轴，公称尺寸为公差带的上限，下极限偏差取负值）；对于毛坯尺寸的极限偏差应取双向值（孔与轴相同），得出的结果见表3-2第5列。

以上是基准重合时工序尺寸及其公差的确定方法。当基准不重合时，就必须应用尺寸链的原理进行分析计算。

2. 工艺尺寸链

（1）工艺尺寸链的定义 在机器装配或工件加工过程中，由相互连接的尺寸形成封闭尺寸，称为尺寸链。如图3-5所示，用工件的表面1来定位加工表面2，得尺寸A_1。仍以表面1定位加工表面3，保证尺寸A_2，于是$A_1 \to A_2 \to A_0$连接成了一个封闭的尺寸组［图3-5（b）］，形成尺寸链。

在机械加工过程中，同一个工件的各有关工艺尺寸所组成的尺寸链，称为工艺尺寸链。

（2）工艺尺寸链的特征

① 尺寸链由一个自然形成的尺寸与若干个直接获得的尺寸所组成。

如图3-5中，尺寸A_1、A_2是直接获得的，A_0是自然形成的。其中，自然形成的尺寸大小和精度受直接获得的尺寸大小和精度的影响，并且自然形成的尺寸精度必然低于任何一个直接获得的尺寸精度。

② 尺寸链必然是封闭的且各尺寸按一定的顺序首尾相接。

（3）工艺尺寸链的组成　组成尺寸链的各个尺寸称为尺寸链的环。图3-5中的A_1、A_2、A_0都是尺寸链的环，其分类如下。

① 封闭环。加工（或测量）过程中最后自然形成的一环称为封闭环，如图3-5所示的A_0。每个尺寸链只有一个封闭环。

② 组成环。加工（或测量）过程中直接获得的环称为组成环。尺寸链中，除封闭环外的其他环都是组成环。按其对封闭环的影响分类如下。

a. 增环。尺寸链中某一类组成环，由于该类组成环的变动引起封闭环的同向变动，则该类组成环称为增环（图3-6所示的A_1），用$\vec{A}$表示。

b. 减环。尺寸链中某一类组成环，由于该类组成环的变动引起封闭环的反向变动，则该类组成环称为减环（图3-6所示的A_2），用$\overleftarrow{A}$表示。

同向变动是指该组成环增大时封闭环也增大，该组成环减小时封闭环也减小；反向变动是指该组成环增大时封闭环减小，该组成环减小时封闭环增大。

③ 增、减环的判定方法　为了正确地判定增环与减环，可在尺寸链图上，先给封闭环任意定出方向并画出箭头然后沿此方向环绕尺寸链回路，顺次给每一个组成环画出箭头。此时，凡箭头方向与封闭环相反的组成环为增环，相同的则为减环（如图3-6所示）。

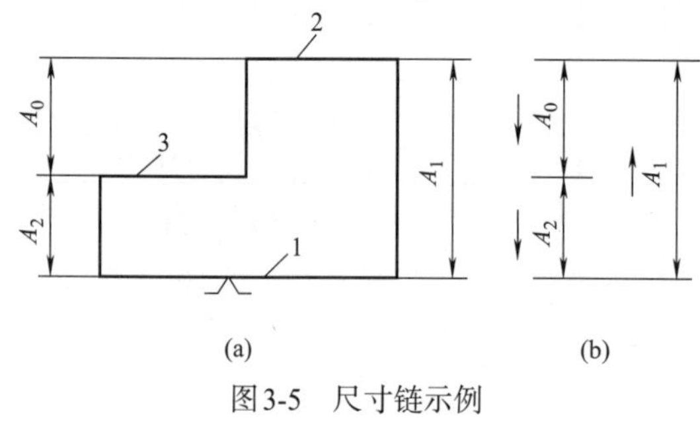

图3-5　尺寸链示例

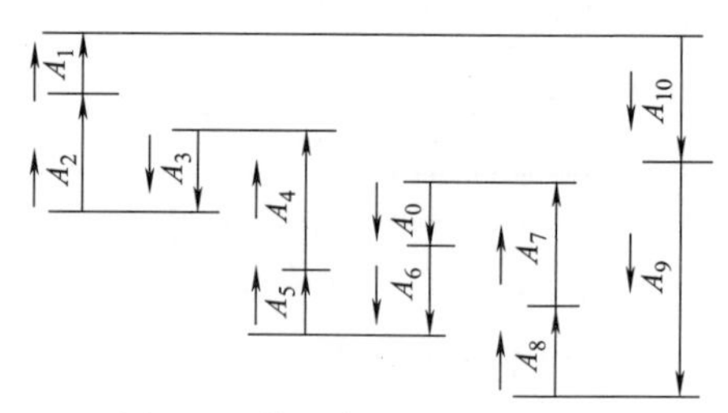

图3-6　增、减环的简易判别图

3. 机床的选择

选择机床时应注意下述几点。

① 机床主要尺寸应与加工工件的外形轮廓尺寸相适应，即小工件应选小的机床，大工件应选大的机床，做到设备合理使用。

② 机床的精度应与要求的加工精度相适应。对于高精度的工件，在缺乏精密设备时，可通过设备改装，以粗代精。

③ 机床的生产率应与加工工件的生产类型相适应。单件小批生产一般选择通用设备。大批量生产宜选高生产率的专用设备。

④ 机床的选择应结合现场的实际情况，如设备的类型、规格及精度状况，设备负荷的平衡情况以及设备的分布排列情况等。

G81
端面切削

二、基础理论

1. 端面切削循环指令G81

G81指令的程序段格式为：G81 X__ Z__ F__

如图3-7所示，刀具从循环起点A开始按$A \to B \to C \to D \to A$进行循环，最后又回到循环起点。图中虚线表示按R快速移动，实线表示按F指定的工件进给速度移动。

说明：

X、Z：绝对编程时，为切削终点C在工件坐标系下的坐标；增量编程时，为切削终点C相对于循环起点A的有向距离。

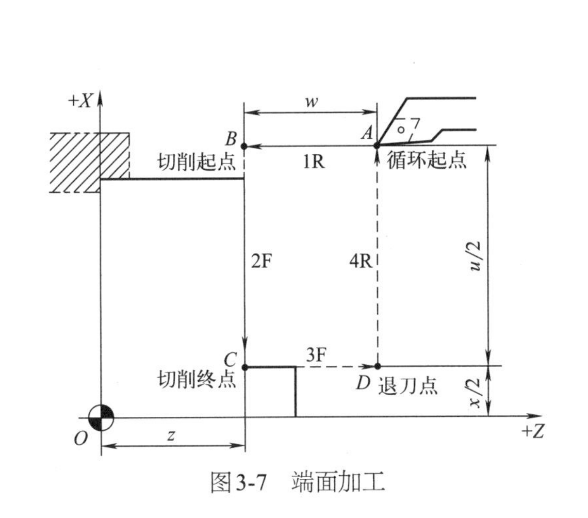

图3-7　端面加工

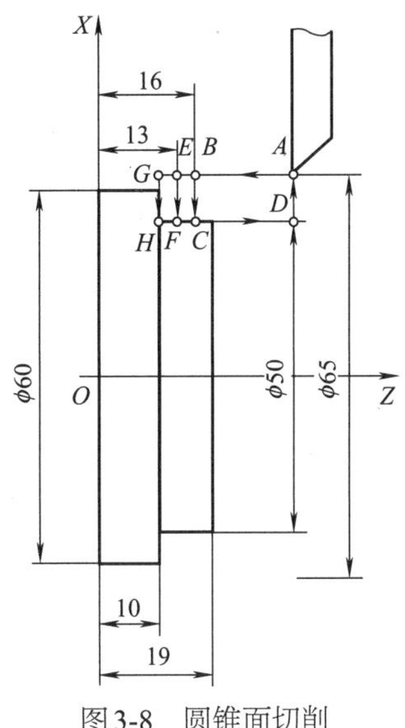

图3-8　圆锥面切削

2. 应用举例

用G81指令编制图3-8所示工件的加工程序，点画线代表毛坯。

```
%0011;
N10 M03 S400;            主轴正转，转速400r/min
N20 T0101;               调加工所用刀具
N30 G00 X150 Z150;       刀具移动到安全点
N40 G00 X50 Z25;         刀具移动到循环起点
N50 G81 X50 Z16 F100;    加工第一次循环，吃刀深3mm
N60 X50 Z13;             加工第二次循环，吃刀深3mm
N70 X65 Z10;             加工第三次循环，吃刀深3mm
N80 G00 X150 Z150;       刀具返回安全点
N90 M30;                 主轴停转、主程序结束并复位
```

三、任务训练

1. 任务要求

编制如图3-9所示零件的数控车削加工程序，毛坯为ϕ60棒料。

① 构建工件坐标系。在零件的右端面中心建立工件坐标系。

② 计算各基点坐标值。

③ 确定加工工艺路线。先车右端面，然后使用G80

Ra 3.2
Ra 1.6
Ra 3.2
φ40
φ10
φ56
15
5
45

技术要求
1.去粗毛刺；
2.未标注倒角倒钝；
3.其他未注倒角C1。

其余 

图3-9　端面切削

进行右外圆粗车加工，然后使用G81加工直径为10mm的圆柱段，然后精加工右端直径56mm、10mm，以及右端面及轴肩，再掉头用G80指令加工左段圆柱及左端面，并保证工件长度，完成零件的加工。

2. 程序编写（见表3-3）

表3-3 加工程序卡（右端加工）

序号	程 序 段	说 明
1	O0301	程序名称
2	%1234	程序段名
3	G21 G94	初始化程序环境，公制单位mm，分进给
4	T0101	调1号刀，调1号刀补
5	M03 S500	主轴正转，转速500r/min
6	G00 X70 Z20	快速逼近工件
7	G00 Z0.2	快速进刀到平端面起点
8	G01 X-1 F100	平端面加工，留精加工余量0.2mm
9	G00 X65 Z10	进刀到粗加工循环起点
10	G80 X58 Z-25 F100	粗车外圆，长度25mm
11	X57	直径57mm，留1mm直径余量
12	G81 X11 Z-1 F100	使用端面切削指令G81加工端面，切1mm端面厚度
13	Z-2	使用端面切削指令G81加工端面，切1mm端面厚度
14	Z-3	使用端面切削指令G81加工端面，切1mm端面厚度
15	Z-4	使用端面切削指令G81加工端面，切1mm端面厚度
16	Z-4.8	使用端面切削指令G81加工端面，切0.8mm端面厚度
17	S750 G00 X-1	改变速度，超越中心*X*方向进刀
18	G01 Z0 F60	工进Z0位置
19	X10	精车端面
20	Z-5	精车直径10mm的外圆
21	X56	精车轴肩端面
22	Z-25	直径56mm表面精车，留掉头交接长度
23	X65	*X*向工进退刀
24	G00 Z100	*Z*向退刀
25	X100	*X*向退刀
26	M05	主轴停止
27	M30	程序结束

3. 加工操作 （略）

四、知识巩固

① G81车削端面时刀路轨迹是什么样的？

② 应用G81指令车削端面需要注意哪些问题？

③ 应用G81指令切削圆锥，起点怎么设定？

五、技能要点

应用G81指令车削端面，循环起点*X*值一定大于加工零件的毛坯即可，而且每次循环时*X*值均是不变的。循环起点*Z*值一定远离工件的端面，且每次加工循环之后*Z*值都会发生变化，每次变化量都是每次的背吃刀量。

任务三　大锥度轴加工

一、预备知识

1. 工艺装备的选择

工艺装备的选择主要包括夹具、刀具和量具的选择。

（1）夹具的选择　单件小批生产时，应尽量选择通用夹具，如各种卡盘、台虎钳、回转台等。为提高生产效率，应积极推广使用组合夹具。大批大量生产，应采用高生产率的气、液传动专用夹具。夹具的精度应与加工精度相适应。

（2）刀具的选择　选择刀具时，优先选用通用刀具，以缩短刀具制造周期和降低成本。必要时可采用各种高生产率的专用刀具和复合刀具。刀具的类型、规格和精度等应符合加工要求，如铰孔时应根据被加工孔不同精度要求，选择相应精度的铰刀。

（3）量具的选择　单件小批生产中应选用通用量具，如游标卡尺、百分表等。大批大量生产应采用各种量规和一些高生产率的专用量具。量具的精度必须与加工精度相适应。

2. 切削用量与时间定额的确定

正确选择切削用量，对保证加工精度、提高生产率和降低刀具的损耗都有很大的意义，在一般工厂中，由于工件材料、毛坯状况、刀具材料和几何角度以及机床刚性等多种工艺因素变化较大，故在工艺文件上不规定切削用量，而由操作者根据实际情况确定。但是，在大批大量生产中，特别是在流水线和自动线上生产的工件，就必须合理地确定每一工序的切削用量。确定切削用量时可参考有关手册。

时间定额是在一定生产条件下完成某一工序所规定的时间。时间定额的制订应考虑到最有效的利用生产工具，并参照工人的实践经验和实际操作情况，在充分调查研究、广泛征求意见的基础上，实事求是地予以确定。

二、基础理论

G81
切削圆锥

1. 圆锥端面切削循环指令G81

G81指令的程序段格式为：G81　X__　Z__　K__　F__

如图3-10所示，刀具从循环起点*A*开始按*A*→*B*→*C*→*D*→*A*进行循环，最后又回到循环起点。图中虚线表示按R快速移动，实线表示按F指定的工件进给速度移动。

说明：

X、Z为绝对编程时，为切削终点*C*在工件坐标系下的坐标；K为切削起点*B*与圆锥端面切削终点*C*的轴向增量。增量编程时，为切削终点*C*相对于循环起点*A*的有向距离。

2. 应用举例

用G81指令编制图3-11所示工件的加工程序，点画线代表毛坯。

```
%0011;
N10 M03 S400;                        主轴正转，转速400r/min
N20 T010;                            调加工所用刀具
N30 G00 X150 Z;                      刀具移动到安全点
N40 G00 X60 Z45;                     刀具移动到循环起点
N50 G81 X25 Z31.5 K-3.5 F100;        加工第一次循环，吃刀深2mm
```

```
N60 X25 Z29.5 K-3.5;        加工第二次循环，吃刀深2mm
N70 X25 Z27.5 K-3.5;        加工第三次循环，吃刀深2mm
N80 X25 Z25.5 K-3.5;        加工第三次循环，吃刀深2mm
N90 G00 X150 Z150;          刀具返回安全点
N90 M30;                    主轴停转、主程序结束并复位
```

图3-10 端面加工

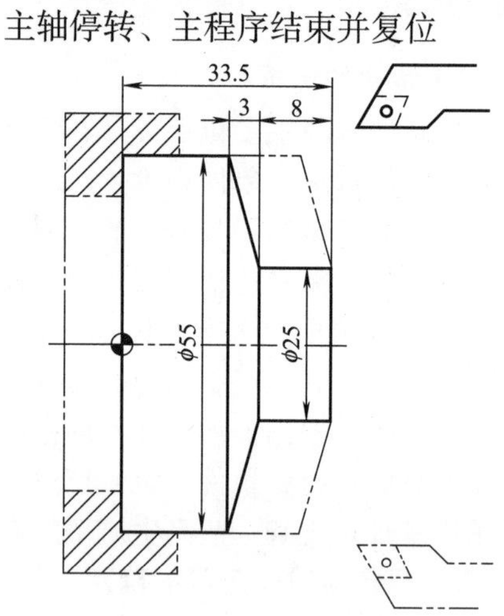

图3-11 圆锥面切削

三、任务训练

1. 任务要求

针对图3-12所示零件，进行工艺制订、编制数控加工程序、进行数控加工。

任务目标如下：

① 零件图样分析；

② 能制订零件的加工工艺路线；

③ 可以合理选择加工过程中的切削用量；

④ 能应用循环指令编写大锥度轴类零件的加工程序；

⑤ 能操作数控车床完成零件切削加工。

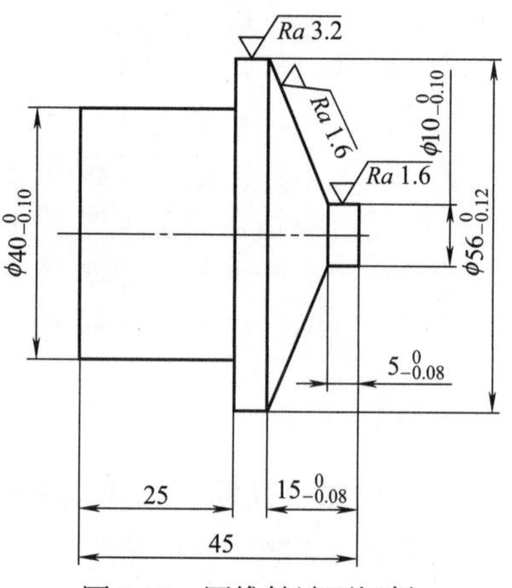

图3-12 圆锥轴端面切削

2. 填写工序卡（见表3-4、表3-5）

表3-4 数控加工工序卡（1）

单位	数控加工工序卡	产品名称或代号	零件名称	零件图号
			圆锥轴	004
		车间	使用设备	
			CK3675V	
		工艺序号	程序编号	
		004-1	004-1	
		夹具名称	夹具编号	
		三爪卡盘		

续表

工步号	工步作业内容	加工面	刀具号	刀补量	主轴转速/(r/min)	进给速度/(mm/min)	切削深度/mm	备注
1	粗加工左端面	端面	T0101		500	100	1	
2	粗车ϕ56外圆表面	外圆	T0101		500	100	1	
3	粗车ϕ40外圆表面及轴肩	外圆	T0101		500	100	1	
4	精加工左端面、ϕ40、ϕ56外圆表面、倒角及轴肩	左全部	T0101		750	60	0.5	
编制	审核		批准		年　月　日	共　页		第　页

表3-5　数控加工工序卡（2）

单位	数控加工工序卡	产品名称或代号	零件名称	零件图号
				004

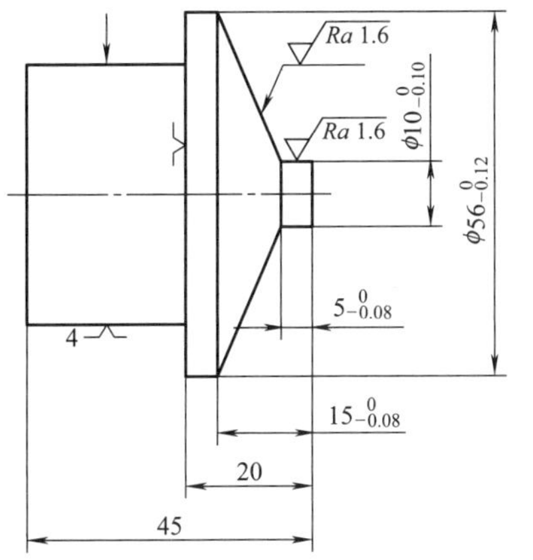 （零件图）	车间	使用设备
	数控车实训室	CK3675V
	工艺序号	程序编号
	004-2	004-2
	夹具名称	夹具编号
	三爪卡盘	

工步号	工步作业内容	加工面	刀具号	刀补量	主轴转速/(r/min)	进给速度/(mm/min)	切削深度/mm	备注
1	粗车右端面，保证长度	端面	T0101		500	100	1	
2	粗车ϕ10、锥面与轴肩	外圆	T0101		500	100	1	
3	精车右端各表面	右全部	T0101		750	60	0.5	
编制	审核		批准		年　月　日	共　页		第　页

3. 程序编写（略）

4. 零件切削加工

（1）加工操作（见表3-6）

表3-6　圆锥轴件右端加工操作过程

序号	操作模块	操作步骤
1	安装工件	①选取训练用毛坯棒料 ②在保证目标加工零件尺寸需求的前提下，尽量缩短工件伸出夹具卡爪外的距离，70~80mm ③使用右端圆柱与轴肩定位轻夹，以保证工件与主轴的同轴度，可通过试运转主轴直观感受同轴情况，如不满足要求可采用顶挤或敲击方式找正工件同轴度，然后夹紧工件 ④使用卡盘扳手夹紧工件，使用后将卡盘扳手放置到床头箱上

续表

序号	操作模块	操 作 步 骤
2	安装刀具	①使用刀具配套的内六角扳手，先将菱形刀片放到刀杆上，然后旋紧螺钉，安装好刀具 ②将已经装配好刀片的90°数控偏刀，将刀杆靠装到刀架1号位的上边，确保刀杆紧贴刀架侧壁，使用刀架扳手锁紧两个螺钉，将90°偏刀安装到刀架上
3	对刀	以零件右端面中心为工件坐标系，进行90°偏刀对刀
4	程序输入 程序核验	①创建程序，输入程序 ②检查程序正确性 ③使用机床程序检验功能
5	试切加工	①将机床功能设置为单段模式 ②降低进给倍率 ③关上仓门，执行“循环启动”键 ④手扶“急停按钮”，如发生意外情况，迅速拍下“急停按钮”
6	尺寸检验	使用精度为0.02mm的游标卡尺，对加工完成的零件表面进行尺寸检测

（2）零件质量检验、考核（见表3-7）

表3-7　零件质量检验、考核表

<table>
<tr><td>零件名称</td><td colspan="4">圆锥轴</td><td colspan="2">允许读数误差</td><td colspan="2">±0.007mm</td><td rowspan="3">教师评价
（填写T/F）</td></tr>
<tr><td rowspan="2">序号</td><td rowspan="2">项目</td><td rowspan="2">尺寸要求
/mm</td><td rowspan="2">使用的量具</td><td colspan="4">测量结果</td><td rowspan="2">项目判定</td></tr>
<tr><td>No.1</td><td>No.1</td><td>No.1</td><td>平均值</td></tr>
<tr><td>1</td><td>外径</td><td>$\phi40_{-0.10}^{0}$</td><td></td><td></td><td></td><td></td><td></td><td>合 否</td><td></td></tr>
<tr><td>2</td><td>外径</td><td>$\phi56_{-0.12}^{0}$</td><td></td><td></td><td></td><td></td><td></td><td>合 否</td><td></td></tr>
<tr><td>3</td><td>外径</td><td>$\phi10_{-0.10}^{0}$</td><td></td><td></td><td></td><td></td><td></td><td>合 否</td><td></td></tr>
<tr><td>4</td><td>长度</td><td>45±0.1</td><td></td><td></td><td></td><td></td><td></td><td>合 否</td><td></td></tr>
<tr><td colspan="2">结论（对上述三个测量尺寸进行评价）</td><td colspan="7">合格品　　　　次品　　　　废品</td><td></td></tr>
<tr><td colspan="2">处理意见</td><td colspan="7"></td><td></td></tr>
</table>

四、知识巩固

① G81车削圆锥和G80车削圆锥有什么区别？

② 应用G81指令车削圆锥时需要注意哪些问题？

③ G81指令是模态的吗？

五、技能要点

1. G81和G80指令的正确选用

G80指令和G81指令均能进行圆锥面的加工，在应用这两个指令时应该清楚加工的零件形状及毛坯的尺寸，如果是零件的内、外圆锥面轴向毛坯余量很大，或者直接以棒料车削完成粗车加工以去除大部分余量，就应该选择G80指令；如果是一些短、面大（径向切削量较大）的零件的垂直面或锥面的粗加工，就应该选择G81指令。

2. 工件轴向余量过大时选G81

G81指令还广泛用于工件轴向长度余量大的保障总长的加工场合。程序编写简单易懂，编程迅速、准确。

任务四　锥堵心轴加工

一、预备知识

1. 锥度

锥度是正圆锥的母线对回转轴线的倾斜程度，即圆锥的底圆直径D与锥高L之比，即D:L；正圆台的锥度是两端底圆直径之差与两底圆间距离L之比，即（$D-d$）：L，如图3-13所示，图3-13（a）为锥度的标注，一般写成1：n的形式，锥度符号有方向要求，符号尖端应指向圆锥小端；图3-13（b）为锥度的画法。

锥度的画法是已知锥度，如1：6，过指定点S画图形，如图3-13（b）所示，由点S画水平线，用分规取六个单位长得点O；由O作SO的垂线，分别向上和向下量取半个单位长度，得A、B两点；分别过点A、B与点S相连，即得锥度为1：6的正圆锥。

掌握锥度的画法与原理，有利于进行锥度表面加工编程的数值计算，这对数控车削加工编程来说是必要的知识。

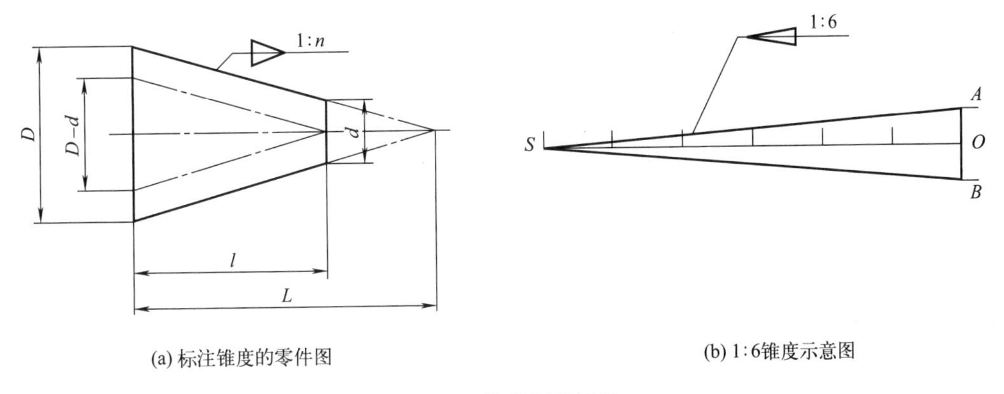

(a) 标注锥度的零件图　　(b) 1:6锥度示意图

图3-13　锥度相关图形

2. 莫氏锥度

莫氏锥度是一个锥度的国际标准，常用于静配合以实现精确定位。由于锥度比较小，利用摩擦力的原理，可以传递一定的扭矩，又因为是锥度配合，所以可以方便拆卸。在同一锥度的一定范围内，工件可以自由拆装，同时在工作时又不会影响到使用效果，比如钻孔的锥柄钻，如果使用中需要拆卸钻头磨削，拆卸后重新装上不会影响钻头的中心位置。

莫氏锥度有0，1，2，3，4，5，6共七个号，锥度值有一定的变化，每一型号公称直径大小分别为9.045，12.065，17.78，23.825，31.267，44.399，63.348。

主要用于各种刀具（如钻头、铣刀）、各种刀杆及机床主轴孔锥度。

公制莫氏锥度的标准尺寸见表3-8。主要以大端直径标注，应用于较大主轴锥度套、刀套、刀杆等场合。

表3-8　公制莫氏锥度的相关尺寸

号数	锥度C	外锥大径基本尺寸D
0	1：19.212	9.045

续表

号数	锥度 C	外锥大径基本尺寸 D
1	1：20.047	12.065
2	1：20.020	17.78
3	1：19.922	23.825
4	1：19.254	31.267
5	1：19.002	44.399
6	1：19.180	63.348

常用的车床尾座使用的钻头成组锥套遵循国家标准GB/T 1443—2016制造，典型结构如图3-14所示。

图3-14 成组锥套示意图

二、基础理论

1. 车床工装

数控车床通常应选择采用二爪卡盘、三爪卡盘、四爪卡盘、车床尾座与顶尖及气压液压类专用设计夹具，如图3-15所示。

工件装夹

（1）三爪卡盘 三爪卡盘是利用均布在卡盘体上的三个活动卡爪的径向移动，把工件夹紧和定位的机床附件。

三爪卡盘由卡盘体、活动卡爪和卡爪驱动机构组成（见图3-16）。

(a) 二爪卡盘 (b) 三爪卡盘 (c) 四爪卡盘

(d) 车床尾座 (e) 顶尖 (f) 专用夹具

图3-15 常见车床工装附件

三爪卡盘上三个卡爪导向部分的下面，有螺纹与碟形锥齿轮背面的平面螺纹相啮合，当用扳手通过四方孔转动小锥齿轮时，碟形齿轮转动，背面的平面螺纹同时带动三个卡爪向中心靠近或退出，用以夹紧不同直径的工件。用在三个卡爪上时换上三个反爪，用来安装直径较大的工件。三爪卡盘的自行对中精确度为0.05~0.15mm。用三爪卡盘加工工件的精度受到卡盘制造精度和使用后磨损情况的影响。

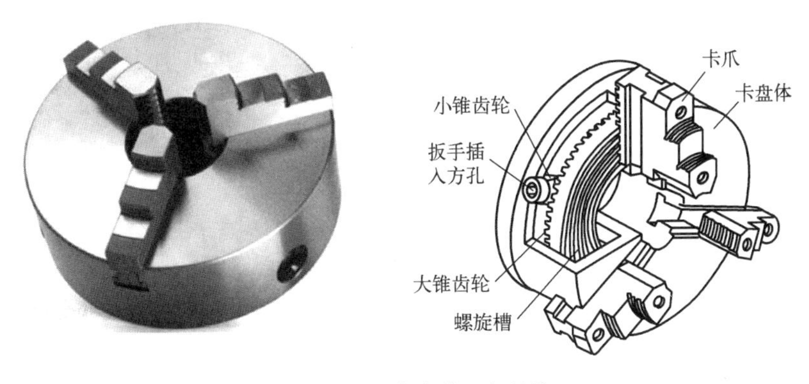

图3-16　三爪卡盘外观与结构

而对于本次任务的轴类零件，由于尺寸较小，而且结构为典型的阶梯轴类零件，所以宜采用三爪卡盘，这样可以利用三爪卡盘的自动对中性，确保工件回转中心与数控车床同轴，有利于保证加工质量与提高生产效率。

（2）顶尖　对同轴度要求比较高且需要掉头加工的轴类零件，常用双顶尖装夹工件，如图3-17所示。其前顶尖为普通顶尖，装在主轴孔内，并随主轴一起转动，后顶尖为活顶尖装在尾架套筒内。工件利用中心孔被顶在前后顶尖之间，并通过拨盘和卡箍随主轴一起转动。

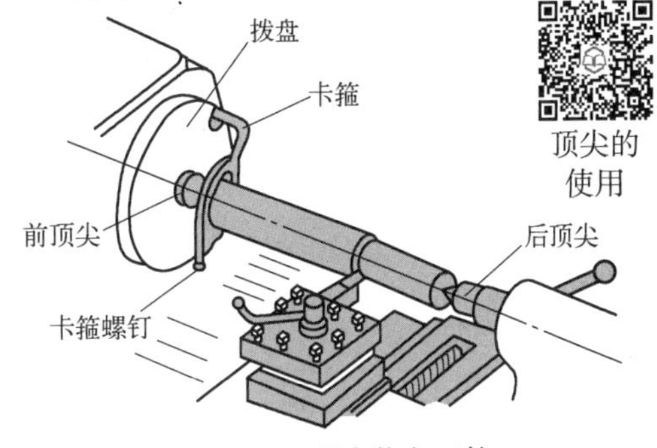

图3-17　双顶尖装夹工件

顶尖有普通顶尖和活顶尖两种。普通顶尖刚性好，定心准确。但与工件中心孔之间因产生滑动摩擦而发热过多，容易将中心孔或顶尖烧坏，因此，尾座上是死顶尖，则轴的右中心孔应涂上黄油，以减小摩擦。活顶尖将顶尖与工件中心孔之间的滑动摩擦改成顶尖内部轴承的滚动摩擦，能在很高的转速下正常工作，一般用于轴的粗车或半精车。本次任务加工的心轴轴向尺寸远大于径向尺寸，为了避免轴变形，应该使用顶尖装夹。

2. 螺旋测微器的使用

（1）螺旋测微器定义　螺旋测微器（如图3-18所示）是依据螺旋放大的原理制成的，即螺杆在螺母中旋转一周，螺杆便沿着旋转轴线方向前进或后退一个螺距的距离。因此，沿轴线方向移动的微小距离，就能用圆周上的读数表示出来。

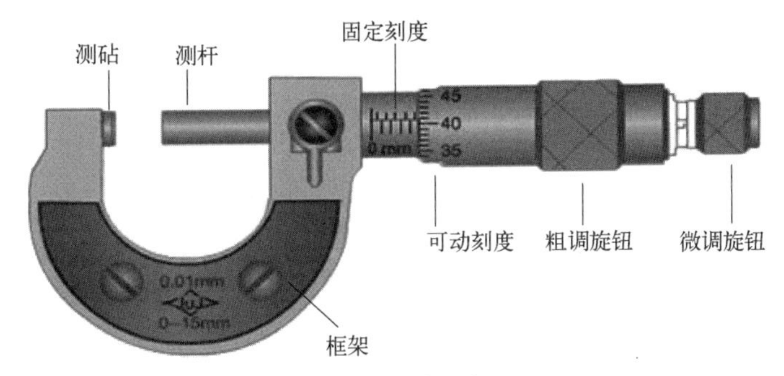

图3-18　螺旋测微器

螺旋测微器的精密螺纹的螺距是0.5mm，可动刻度有50个等分刻度，可动刻度旋转一周，测微螺杆可前进或后退0.5mm，因此旋转每个小分度，相当于测微螺杆前进或后退0.5/50=0.01mm。可见，可动刻度每一小分度表示0.01mm，所以螺旋测微器可准确到0.01mm。由于还能再估读一位，可读到毫米的千分位，故又名千分尺。

（2）螺旋测微器的使用方法

① 使用前应先检查零点。缓缓转动微调旋钮，使测杆和测砧接触，到棘轮发出声音为止，此时可动尺（活动套筒）上的零刻线应当和固定套筒上的基准线（长横线）对正，否则有零误差。

② 检测零件。左手持框架，右手转动粗调旋钮使测杆与测砧间距稍大于被测物，将被测物放入，转动保护旋钮到夹住被测物，直到棘轮发出声音为止，拨动固定旋钮使测杆固定后读数。

（3）螺旋测微器的读数方法

① 先读固定刻度。

② 再读半刻度，若半刻度线已露出，记作0.5mm；若半刻度线未露出，记作0.0mm。

③ 再读可动刻度（注意估读），记作n×0.01mm。

④ 最终读数结果为固定刻度+半刻度+可动刻度。

三、任务训练

1. 任务要求

针对如图3-19所示的心轴零件，进行工艺制订、编制数控加工程序、进行数控加工等技能训练。

任务目标如下：

① 零件图样分析。

② 能制订零件的加工工艺路线。

③ 会合理选择加工过程中的切削用量。

④ 能应用循环指令编写阶梯轴类零件的加工程序。

⑤ 能操作机床完成零件切削加工。

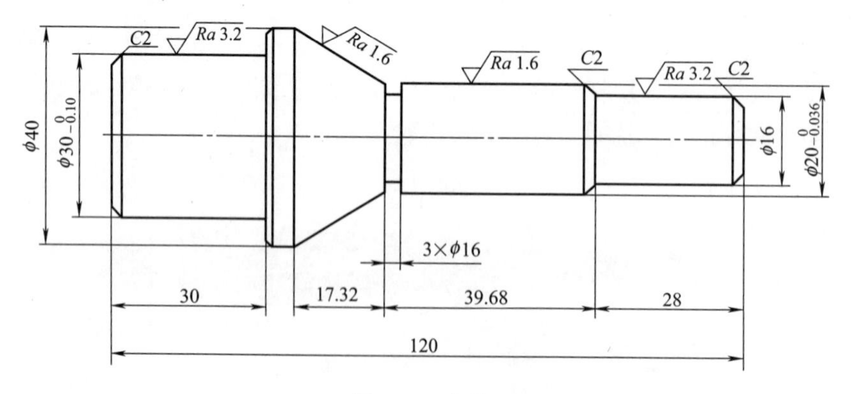

图3-19 心轴

2. 工序卡填写

数控加工工序卡见表3-9、表3-10。

表3-9　数控加工工序卡（1）

单位	数控加工工序卡	产品名称或代号			零件名称		零件图号	
					阶梯轴		003	
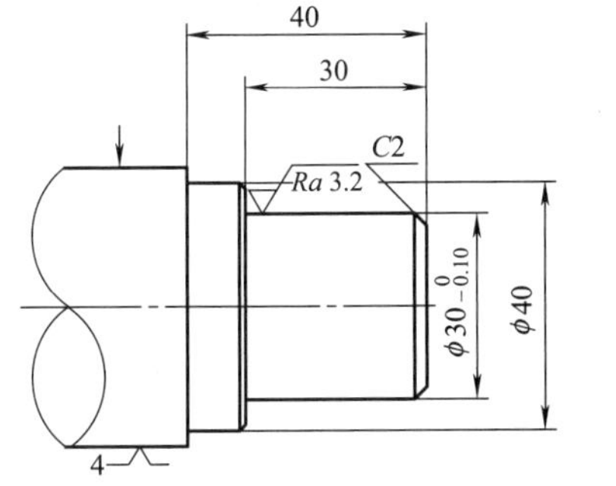 40 30 C2 Ra 3.2 $\phi30_{-0.10}^{0}$ $\phi40$ 4		车间			使用设备			
					CK3675V			
		工艺序号			程序编号			
		004-1			004-1			
		夹具名称			夹具编号			
		三爪卡盘						
工步号	工步作业内容	加工面	刀具号	刀补量	主轴转速/(r/min)	进给速度/(mm/min)	切削深度/mm	备注
1	粗加工左端面	端面	T0101		500	100	1	
2	粗车ϕ40外圆表面	外圆	T0101		500	100	1	
3	粗车ϕ30外圆表面及轴肩	外圆	T0101		500	100	1	
4	精加工左端面、ϕ40、ϕ30外圆表面、倒角及轴肩	左全部	T0101		750	60	0.5	
编制	审核	批准			年　月　日	共　页		第　页

表3-10　数控加工工序卡（2）

单位	数控加工工序卡	产品名称或代号			零件名称		零件图号	
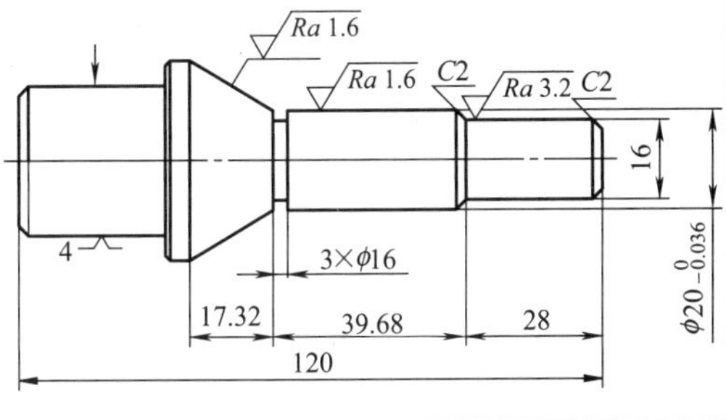 Ra 1.6 Ra 1.6　C2 Ra 3.2　C2 16 4 3×ϕ16 $\phi20_{-0.036}^{0}$ 17.32　39.68　28 120		车间			使用设备			
		数控车实训室			CK3675V			
		工艺序号			程序编号			
		004-2			004-2			
		夹具名称			夹具编号			
		三爪卡盘						
工步号	工步作业内容	加工面	刀具号	刀补量	主轴转速/(r/min)	进给速度/(mm/min)	切削深度/mm	备注
1	粗车右端面		T0101		500	100	1	
2	粗车ϕ20、ϕ16、外圆、锥面与轴肩		T0101		500	100	1	
3	精车右端各表面		T0101		750	60	0.5	
4	槽刀切一处槽		T0202		400	50	—	
编制	审核	批准			年　月　日	共　页		第　页

3. 编写加工程序

此零件加工程序编写中，使用G80指令进行粗加工，使用基本指令进行精加工、倒角加工，为简化数控编程，采用一把刀进行粗、精加工。

（1）编写左端加工程序（见表3-11）

表3-11 加工程序（左端加工）

序号	程序段	说明
1	O0304	程序名称
2	%1234	程序段名
3	G21 G94	初始化程序环境，公制单位mm，分进给
4	T0101	调1号刀，调1号刀补
5	M03 S500	主轴正转，转速500r/min
6	G00 X50 Z20	快速逼近工件
7	G00 Z0.2	快速进刀到平端面起点
8	G01 X-1 F100	平端面加工，留精加工余量0.2mm
9	G00 X50 Z10	进刀到粗加工循环起点
10	G80 X42 Z-40 F100	粗车外圆，长度50mm
11	X41	直径ϕ41，留1mm直径余量
12	X39 Z-30	粗车外圆，长度30mm
13	X37	直径ϕ37
14	X35	直径ϕ35
15	X33	直径ϕ33
16	X31	直径ϕ31，留1mm直径余量
17	S750	提高轴转速为750r/min
18	G00 X-1	径向到X-1
19	G01 Z0 F60	轴向进刀
20	G01 X30 Z0 C2 F60	精加工端面，倒角
21	G01 Z-30	精车直径ϕ30表面
22	X40 Z-30 C1	精车左轴肩与倒角C1
23	Z-40	ϕ40外圆精加工
24	G01 X50	车端面退刀到毛坯直径外
25	G00 Z100	Z向退刀
26	X100	X向退刀
27	M05	主轴停止
28	M30	程序结束

（2）编写右端加工程序（见表3-12）

表3-12 加工程序（右端加工）

序号	程序段	说明
1	O0305	程序名称
2	%1234	程序段名
3	G21 G94	初始化程序环境，公制单位mm，分进给
4	T0101	调1号刀，调1号刀补
5	M03 S500	主轴正转，转速500r/min
6	G00 X50 Z20	快速逼近工件
7	G00 Z0.2	快速进刀到平端面起点，加工前先确保总长尺寸85mm
8	G01 X-1 F100	平端面加工，留精加工余量0.2mm
9	G00 X50 Z10	进刀到粗加工循环起点1
10	G80 X43 Z-85 F100	粗车外圆，长度50mm
11	X41	直径41mm

续表

序号	程 序 段	说 明
12	X39 Z-67.68	X39 Z-67.68短圆柱
13	X37	直径37mm
14	X35	直径35mm
15	X33	直径33mm
16	X31	直径31mm
17	X29	直径29mm
18	X27	直径27mm
19	X25	直径25mm
20	X23	直径23mm
21	X21	直径21mm，留1mm直径余量
22	X19 Z-28	X19 Z-28圆柱
23	X17	直径17mm，留1mm直径余量
24	G00 X65 Z-67.68	构建新的循环起点2
25	G80 X56 Z-85 I-10 F90	切锥面
26	X54	切锥面
27	X52	切锥面
28	X50	切锥面
29	X48	切锥面
30	X46	切锥面
31	X44	切锥面
32	X42	切锥面
33	X41	切锥面
34	G00 Z30	切锥面
35	S750	提高轴转速为750r/min
36	G00 X-1	径向到X-1
37	G01 Z0 F60	轴向进刀
38	G01 X16 Z0 C2 F60	精加工端面，倒角
39	G01 Z-28	精车直径ϕ16表面
40	X20 Z-30	精车倒角C2
41	G01 Z-67.68	直径ϕ20圆柱表面
42	X40 Z-85	精车锥表面
43	X50 F120	平端面退刀
44	G00 Z100	Z向退刀
45	X100	X向退刀
46	T0202 S400	换2号刀2号补，降低转速
47	G00 X50	直径方向逼近工件
48	Z-67.68	逼近加工区域
49	X25	快速进刀
50	G01 X16 F50	加工退刀槽
51	G04 P5000	暂停修光
52	G01 X25 F120	工进退刀
53	G00 X100	X向快速退刀

续表

序号	程 序 段	说 明
54	Z100	Z向快速退刀
55	M05	主轴停止
56	M30	程序结束

4. 心轴切削加工

(1) 加工操作(见表3-13)

表3-13 心轴加工操作过程

序号	操作模块	操 作 步 骤
1	安装工件	①选取训练用毛坯棒料 ②左端在保证目标加工零件尺寸需求的前提下,尽量缩短工件伸出夹具卡爪外的距离,122~125mm;右端采用一夹一顶方式进行加工定位与夹紧。两侧加工时分别以两端中心为各自的工件坐标系 ③先使用卡盘扳手轻度夹紧工件,然后找正零件的安装,以保证工件与主轴的同轴度,可通过试运转主轴直观感受同轴情况,如不满足要求可采用顶挤或敲击方式找正工件同轴度 ④然后使用卡盘扳手夹紧工件,使用后将卡盘扳手放置到床头箱上
2	安装刀具	与项目二任务三相同
3	对刀	与项目二任务三相同
4	程序输入 程序核验	①创建程序,输入程序 ②检查程序正确性 ③使用机床程序检验功能
5	试切加工	①将机床功能设置为单段模式 ②降低进给倍率 ③关上仓门,执行"循环启动"键 ④手扶"急停按钮",如发生意外情况,迅速拍下"急停按钮"
6	尺寸检验	使用精度为0.02mm的游标卡尺,对加工完成的零件表面进行尺寸检测

(2) 心轴零件质量检验、考核(见表3-14)

表3-14 心轴零件质量检验、考核表

零件名称	心轴				允许读数误差		±0.007mm		教师评价(填写T/F)
序号	项目	尺寸要求/mm	使用的量具	测量结果				项目判定	
				No.1	No.1	No.1	平均值		
1	外径	$\phi20_{-0.036}^{0}$						合 否	
2	外径	$\phi30_{-0.10}^{0}$						合 否	
3	长度	120±0.1						合 否	
结论(对上述三个测量尺寸进行评价)				合格品	次品		废品		
处理意见									

四、知识巩固

① 数控车削加工的装夹方案都有哪些？

② 长轴零件车削加工采用哪种装夹方案？

③ 怎么实现顶尖的安装与校正？

五、技能要点

1. 三爪卡盘安装工件技巧

① 工件在卡爪间放正，轻轻夹紧。

② 开机，使主轴低速旋转，检查工件有无偏摆。若有偏摆，应停车后轻敲工件纠正，然后拧紧三个爪，固紧后，须随即取下扳手，以保证安全。

③ 移动车刀至车削行程最左端，用手转到卡盘，检查是否与刀架相撞。

2. 用顶尖安装工件注意事项

① 卡箍上的支撑螺钉不能支撑得太紧，以防止工件变形。

② 由于靠卡箍传递扭矩，所以车削工件的切削用量不能太大。

③ 钻中心孔时，要先用车刀把端面车平，再用中心钻钻中心孔。

项目四

螺纹轴加工

螺纹轴类零件是轴类零件中常见的结构轴件之一，其螺纹结构的主要设计目的是用于连接、传动、密封、固定连接构件之间的位置关系，也是大部分机械产品连接部件中应用广泛的一种轴类零件。根据应用场合不同，螺纹轴的结构与公称直径也各不相同。

任务一　外螺纹加工

一、预备知识

1. 螺纹的种类、结构与作用

按牙型可分为三角形螺纹、矩形螺纹、梯形螺纹、锯齿形螺纹及其他特殊形状螺纹（如图4-1所示）。

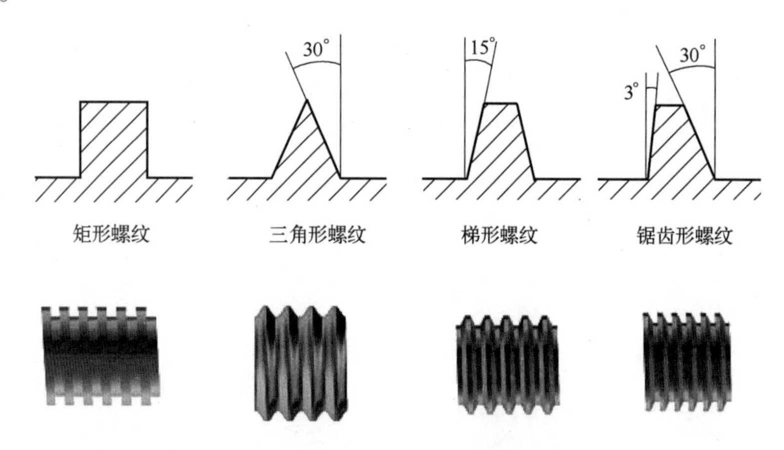

图4-1　螺纹的种类

三角形螺纹主要用于连接，矩形、梯形和锯齿形螺纹主要用于传动。

按螺旋线方向分为左旋螺纹和右旋螺纹，一般用右旋螺纹。

按螺旋线的数量分为单线螺纹、双线螺纹及多线螺纹；连接用的多为单线，传动用的采用双线或多线。

按牙的大小分为粗牙螺纹和细牙螺纹等。

按使用场合和功能不同，可分为紧固螺纹、管螺纹、传动螺纹、专用螺纹等。

国家标准对要素中的牙型、公称直径和螺距做了规定。三要素均符合规定的螺纹称为标准螺纹，此外称为非标准螺纹（如方牙螺纹）。

常见螺纹如图4-2所示。

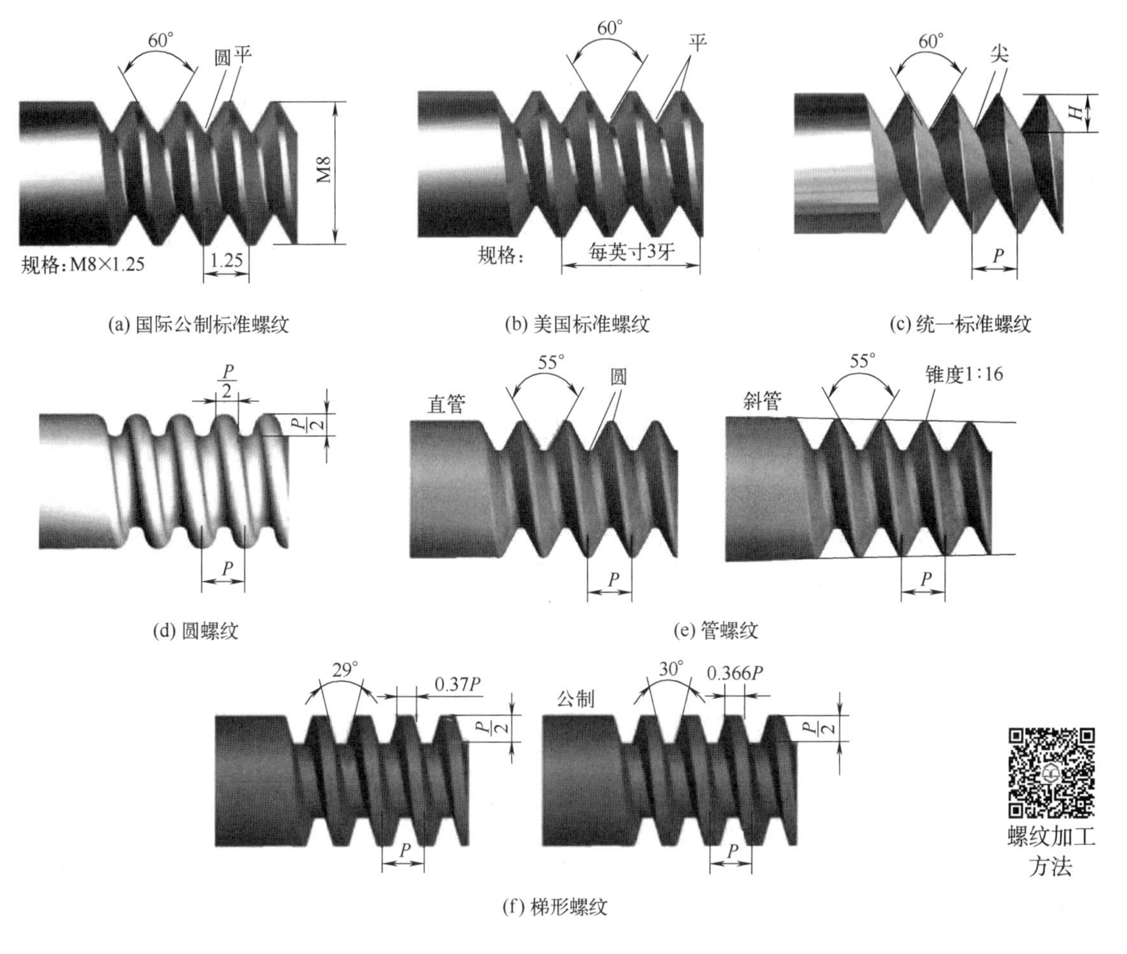

图4-2　常见螺纹种类

2. 螺纹的加工方法

通常指用成形刀具或磨具在工件上加工螺纹的方法，主要有车削、铣削、攻螺纹、套螺纹、磨削、研磨和旋风切削等。车削、铣削和磨削螺纹时，工件每转一转，机床的传动链保证车刀、铣刀或砂轮沿工件轴向准确而均匀地移动一个导程。在攻螺纹或套螺纹时，刀具（丝锥或板牙）与工件作相对旋转运动，并由先形成的螺纹沟槽引导着刀具（或工件）做轴向移动。

（1）螺纹车削　在车床上车削螺纹可采用成形车刀或螺纹梳刀。用成形车刀车削螺纹，由于刀具结构简单，是单件和小批生产螺纹工件的常用方法；用螺纹梳刀车削螺纹，生产效率高，但刀具结构复杂，只适于中、大批量生产中车削细牙的短螺纹工件。

（2）螺纹铣削　在螺纹铣床上用盘形铣刀或梳形铣刀进行铣削。盘形铣刀主要用于铣削丝杠、蜗杆等工件上的梯形外螺纹。梳形铣刀用于铣削内、外普通螺纹和锥螺纹。这种方法适用于成批生产一般精度的螺纹工件或磨削前的粗加工。

（3）螺纹磨削　主要用于在螺纹磨床上加工淬硬工件的精密螺纹，按砂轮截面形状不同分单线砂轮和多线砂轮磨削两种。单线砂轮磨削能达到的螺距精度为5~6级，表面粗糙度为*Ra* 1.25~0.08μm，砂轮修整较方便。这种方法适于磨削精密丝杠、螺纹量规、蜗杆、小批量的螺纹工件和铲磨精密滚刀。多线砂轮磨削又分纵磨法和切入磨法两种。纵磨法的砂轮宽度小于被磨螺纹长度，砂轮纵向移动一次或数次行程即可把螺纹磨到最后尺寸。切入磨法的砂轮宽度大于被磨螺纹长度，砂轮径向切入工件表面，工件约转1.25转就可磨好，生产率较高，但精度稍低，砂轮修整比较复杂。切入磨法适于铲磨批量较大的丝锥和磨削某些紧固用的螺纹。

（4）螺纹研磨　用铸铁等较软材料制成螺母型或螺杆型的螺纹研具，对工件上已加工的螺纹存在螺距误差的部位进行正反向旋转研磨，以提高螺距精度。淬硬的内螺纹通常也用研磨的方法消除变形，提高精度。

（5）攻螺纹和套螺纹　攻螺纹是用一定的扭矩将丝锥旋入工件上预钻的底孔中加工出内螺纹。套螺纹是用板牙在棒料（或管料）工件上切出外螺纹。攻螺纹或套螺纹的加工精度取决于丝锥或板牙的精度。加工内、外螺纹的方法虽然很多，但小直径的内螺纹只能依靠丝锥加工。攻螺纹和套螺纹可用手工操作，也可用车床、钻床、攻螺纹机和套螺纹机。

（6）螺纹滚压　是用成形滚压模具使工件产生塑性变形以获得螺纹的加工方法。螺纹滚压一般在滚丝机、搓丝机或在附装自动开合螺纹滚压头的自动车床上进行，适用于大批量生产标准紧固件和其他螺纹连接件的外螺纹。滚压螺纹的外径一般不超过 25mm，长度不大于100mm，螺纹精度可达2级，所用坯件的直径大致与被加工螺纹的中径相等。滚压一般不能加工内螺纹，但对材质较软的工件可用无槽挤压丝锥冷挤内螺纹（最大直径可达30mm左右），工作原理与攻螺纹类似。冷挤内螺纹时所需扭矩约比攻螺纹大1倍，加工精度和表面质量比攻螺纹略高。

3. 三角外螺纹主要参数及计算公式（见表4-1）

表4-1　三角外螺纹主要参数

名称	符号	计算公式
牙型角	α	60°
螺距	P	
螺纹大径	d	
螺纹中径	d_2	$d_2=d-0.649P$
牙型高度	h_1	$h_1=0.5413P$
螺纹小径	d_1	$d_1=d-2h_1=d-1.083P$

4. 车公制标准螺纹前圆柱面及螺纹实际小径的确定

如图4-3所示，车削塑性材料螺纹，车刀挤压作用会使外径胀大，故车螺纹前圆柱面直

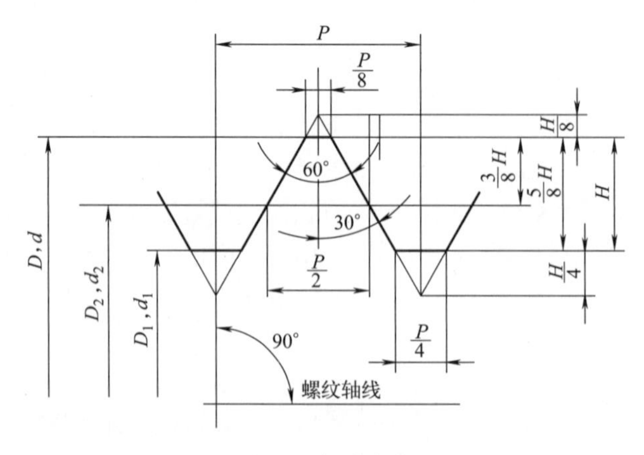

图4-3　螺纹参数

径应比螺纹公称直径（大径）小0.1~0.4mm，一般取$d_{计}=d-0.1P$；螺纹实际牙型高度考虑刀尖圆弧半径等因素的影响，一般取$h_{1实}=0.65P$；螺纹实际小径为$d_{1实}=d-2h_{1实}=d-1.3P$。

5. 常用螺纹切削的进给次数与背吃刀量（见表4-2、表4-3）

表4-2　公制螺纹常用螺纹切削的进给次数与背吃刀量　　mm

螺距			1.0	1.5	2.0	2.5	3	3.5	4
牙深(半径量)			0.649	0.974	1.299	1.624	1.949	2.273	2.598
切削次数及背吃刀量	直径值	1次	0.7	0.8	0.9	1.0	1.2	1.5	1.5
		2次	0.4	0.6	0.6	0.7	0.7	0.7	0.8
		3次	0.2	0.4	0.6	0.6	0.6	0.6	0.6
		4次		0.16	0.4	0.4	0.4	0.6	0.6
		5次			0.1	0.4	0.4	0.4	0.4
		6次				0.15	0.4	0.4	0.4
		7次					0.2	0.2	0.4
		8次						0.15	0.3
		9次							0.2

表4-3　英制螺纹常用螺纹切削的进给次数与背吃刀量

牙/in			24	18	16	14	12	10	8
牙深(半径量)/mm			0.678	0.904	1.016	1.162	1.355	1.626	2.033
切削次数及背吃刀量	直径值/mm	1次	0.8	0.8	0.8	0.8	0.9	1.0	1.2
		2次	0.4	0.6	0.6	0.6	0.6	0.7	0.7
		3次	0.16	0.3	0.5	0.5	0.6	0.6	0.6
		4次		0.11	0.14	0.3	0.4	0.4	0.5
		5次				0.13	0.21	0.4	0.5
		6次						0.16	0.4
		7次							0.17

二、基础理论

螺纹加工基础理论

1. 外螺纹车刀的选择

（1）常见外螺纹车刀刀片形状　如图4-4、图4-5所示。

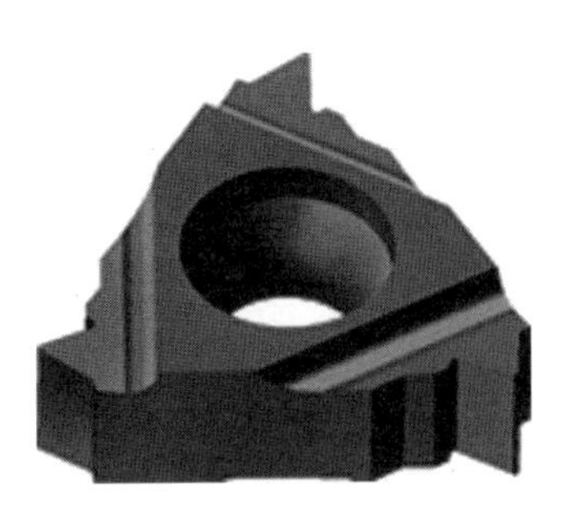

图4-4　外螺纹精车刀

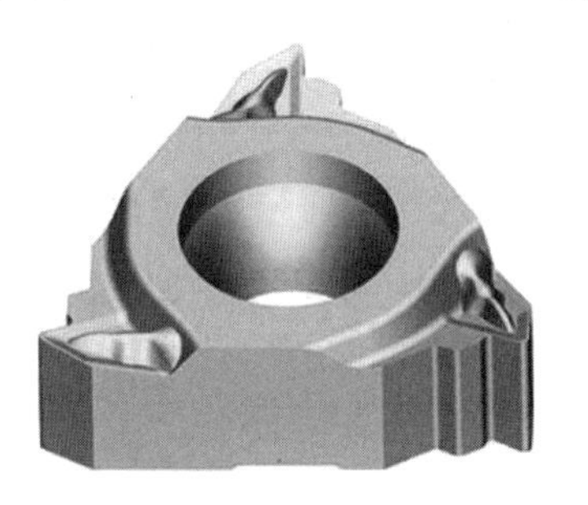

图4-5　外螺纹粗车刀

（2）外螺纹车刀　如图4-6所示。

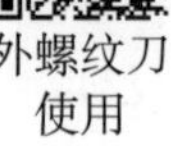
外螺纹刀使用

图4-6 常见外螺纹车刀及刀杆

2. 外螺纹车刀的装夹

（1）普通螺纹整体车刀的安装 如图4-7所示。

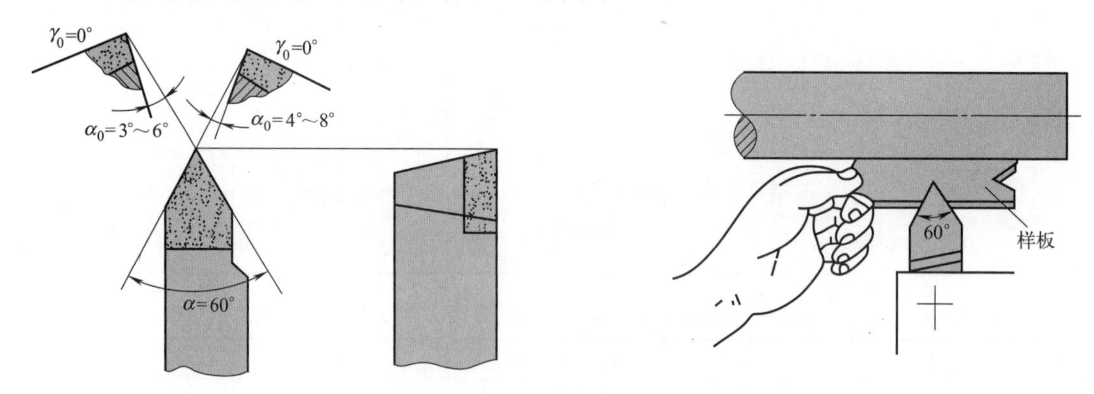

图4-7 普通外螺纹整体车刀的安装

（2）数控专用螺纹车刀的安装 将数控螺纹车刀以底面为基准，放置在刀架的刀具支持座上；以安装刀具座的侧面为基准，将数控螺纹车刀右侧面定位于其上，控制刀尖伸出长度，在满足加工要求的情况下，越短越好。

3. 左右旋螺纹的加工方位

如图4-8所示为右左旋螺纹的加工方位示意图。

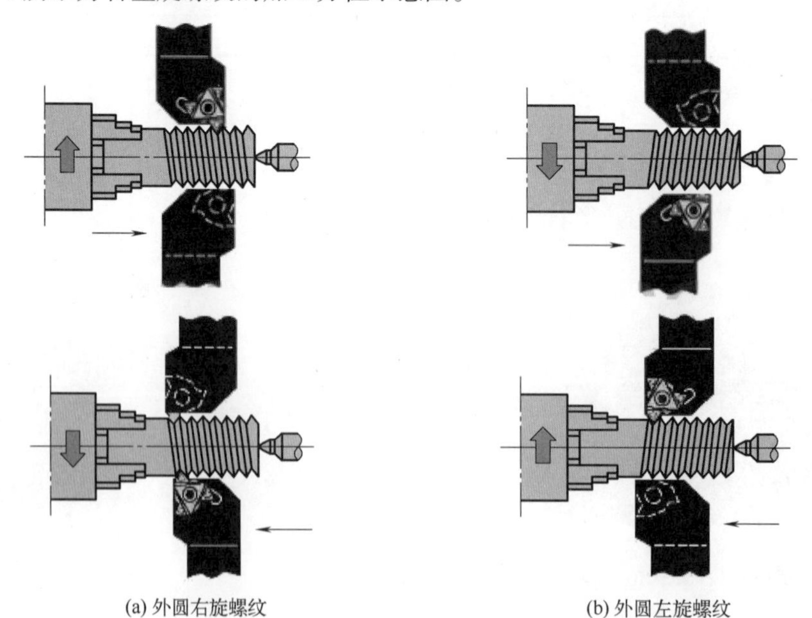

(a) 外圆右旋螺纹

(b) 外圆左旋螺纹

图4-8 右左旋螺纹的加工方位

4. 螺纹轴向起点和终点尺寸的确定

如图4-9所示为螺纹轴向起点和终点尺寸的确定示意图。

A：螺纹切削循环起点的设置。

δ_1：取螺纹导程的1~3倍。其目的是确保螺纹的螺距均匀。

δ_2：取螺纹导程的0.5~1倍。其目的是确保螺纹的螺距均匀与完整。

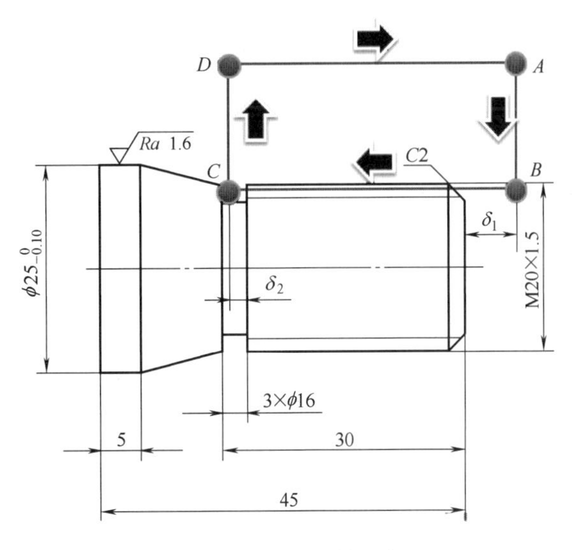

图4-9 螺纹切削刀路

5. 螺纹加工的多刀切削

（1）切削余量的计算 数控加工螺纹需要多刀切削完成，具体加工余量可通过手册查得，也可以通过经验公式$\Delta d=2\times0.625P$计算，如加工M20×1.5的螺纹，$\Delta d=2\times0.625P=2\times0.625\times1.5=1.875$mm。

（2）数控车削螺纹走刀次数 通过数控加工采用三刀法加工螺纹，具体余量分配采用前多后少的原则进行余量分配。如加工M20×1.5的螺纹，总余量是1.875mm，采用三刀余量分配为：1.0mm、0.6mm、0.275mm。

注：螺纹切削具备固定起始角度，加之固定的切削循环点的特点，所以螺纹可以多次从固定循环点进行切削，螺纹牙型不会乱扣。因此，可通过修改刀具*X*向磨损值，再次对已经加工的螺纹件进行加工，进行尺寸精度控制。

螺纹加工指令G32

6. 螺纹车削指令

（1）单行程等距离螺纹切削指令G32

指令格式：

G32 X Z F P R E

说明：

X、Z：螺纹终点坐标（G90），或螺纹终点相对起点距离（G91）。

F：公制螺纹螺距（长轴方向上）。

P：螺纹起始点角度。

R：*Z*方向退尾量，增量指定，如有退刀槽，参数可省略。

E：*X*方向退尾量，增量指定，如有退刀槽，参数可省略。

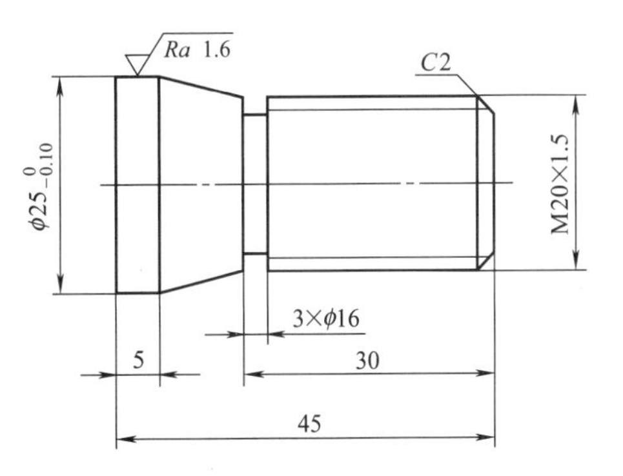

图4-10 螺纹轴

（2）G32螺纹加工任务零件实例（仅螺纹部分程序，如图4-10和表4-4所示）

表4-4 螺纹部分加工参考程序

序号	程序段	说明
1	O1234	程序名称
2	%0001	程序段名
3	G21 G94	初始化环境
4	T0303	换螺纹刀

续表

序号	程序段	说明
5	M03 S500	主轴正转
6	G00 X30 Z5	快速定位到起点
7	G01 X19	进刀，第一刀直径点
8	G32 X19 Z-28 F1.5 P0 R-3 E1.5	切螺纹
9	G00 X30	退刀至X30
10	G00 Z5	快速到起点
11	G01 X18.4	进刀，第二刀直径点
12	G32 X18.4 Z-28 F1.5 P0 R-3 E1.5	切螺纹
13	G00 X30	退刀至X30
14	G00 Z5	快速到起点
15	G01 X18.125	进刀，第三刀直径点
16	G32 X18.125 Z-28 F1.5 P0 R-3 E1.5	切螺纹
17	G00 X30	退刀至X30
18	G00 Z5	快速到起点
19	G00 X100 Z100	退刀至换刀点
20	M30	主轴停止

三、任务训练

1. 任务要求

针对如图4-10所示的螺纹轴零件，进行工艺制订、编制数控加工程序、进行数控加工等技能训练。

任务目标如下：

① 零件图样分析。

② 能制订零件的加工工艺路线。

③ 会合理选择加工过程中的切削用量。

④ 能应用循环指令编写螺纹轴类零件的加工程序。

⑤ 能操作机床完成零件切削加工。

⑥ 零件加工质量评测。

2. 工序卡填写（见表4-5）

表4-5 数控加工工序卡

<table>
<tr><td rowspan="2">单位</td><td rowspan="2">数控加工工序卡</td><td>产品名称或代号</td><td>零件名称</td><td>零件图号</td></tr>
<tr><td></td><td>螺纹轴</td><td>003</td></tr>
<tr><td colspan="2" rowspan="6"> 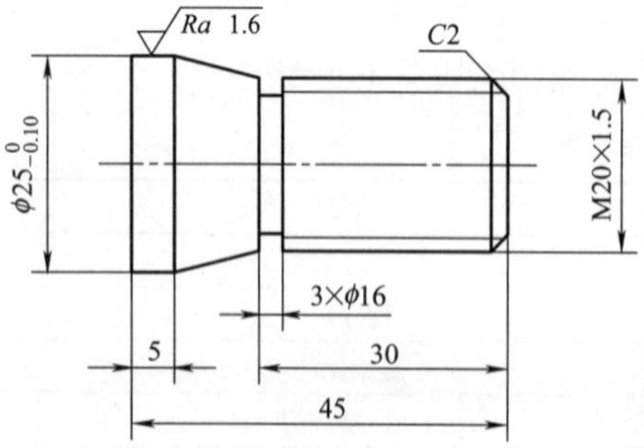Ra 1.6；C2；$\phi 25_{-0.10}^{0}$；M20×1.5；3×ϕ16；5；30；45</td><td>车间</td><td colspan="2">使用设备</td></tr>
<tr><td></td><td colspan="2">CK3675V</td></tr>
<tr><td>工艺序号</td><td colspan="2">程序编号</td></tr>
<tr><td>004-1</td><td colspan="2">004-1</td></tr>
<tr><td>夹具名称</td><td colspan="2">夹具编号</td></tr>
<tr><td>三爪卡盘</td><td colspan="2"></td></tr>
</table>

续表

工步号	工步作业内容	加工面	刀具号	刀补量	主轴转速/(r/min)	进给速度/(mm/min)	切削深度/mm	备注
1	粗加工右端面	端面	T0101		500	100	1	
2	粗车ϕ25外圆表面	外圆	T0101		500	100	1	
3	粗车ϕ20外圆表面及轴肩	外圆	T0101		500	100	1	
4	精加工右端面、ϕ25、ϕ20外圆表面、倒角及轴肩	右全部	T0101		750	60	0.5	
5	切削右端螺纹	螺纹	T0303		450	1.5	1.875	三刀前多后少
6	切断	左端面	T0202		400	50		
编制	审核	批准		年　月　日		共　页		第　页

3. 编写加工程序

此零件加工程序编写中，使用G80指令进行粗加工，使用基本指令进行精加工、倒角加工，使用G32指令加工螺纹，使用基本指令进行切断编程。为简化数控编程，采用一把刀进行粗、精加工。加工程序见表4-6。

表4-6　加工程序

序号	程　序　段	说　　明
1	O0401	程序名称
2	%1234	程序段名
3	G21 G94	初始化程序环境，公制单位mm，分进给
4	T0101	调1号刀，调1号刀补
5	M03 S500	主轴正转，转速500r/min
6	G00 X40 Z20	快速逼近工件
7	G00 Z0.2	快速进刀到平端面起点
8	G01 X-1 F100	平端面加工，留精加工余量0.2mm
9	G00 X40 Z10	进刀到粗加工循环起点
10	G80 X28 Z-48 F100	粗车外圆，长度48mm
11	X26	直径ϕ26，留1mm直径余量
12	X24 Z-30	粗车外圆，长度30mm
13	X22	直径ϕ22
14	X21	直径ϕ21，留1mm直径余量
15	G00 X-1 S750	*X*方向定位，提升高轴转速为750r/min
16	G01 Z0 F60	工进到端面中心
17	G01 X19.80 Z0 C2	精车端面带*C*2倒角
18	G01 Z-30	精切ϕ20圆柱（为了切削螺纹，圆柱直径减小0.2mm）
19	G01 X25 Z-40 F60	精车圆锥表面
20	Z-48	精车ϕ25圆柱表面
21	X35 F100	平轴肩退刀
22	G00 X100 Z100	去换刀点
23	T0202	换螺纹刀，位置补偿
24	G00 X35	快速*X*向到循环起点*X*35

续表

序号	程 序 段	说 明
25	Z10	快速到Z10安全点
26	Z-30	到加工起点
27	G01 X16 F50	切槽
28	G04 P4000	暂停4s
29	G01 X35 F100	快速工进退刀
30	G00 X100 Z100	快速到换刀点
31	T0303 S500	换螺纹刀
32	G00 X35	快速到X35
33	Z5	快速到Z5,确定循环起点
34	G01 X19	第一刀X19
35	G32 X19 Z-28 F1.5 P0 R-3 E1.5	切螺纹第一刀
36	G00 X30	退刀到X30
37	G00 Z5	快速退至Z5起点
38	G01 X18.4	第二刀X18.4
39	G32 X18.4 Z-28 F1.5 P0 R-3 E1.5	切螺纹第二刀
40	G00 X30	退刀到X30
41	G00 Z5	快速退刀到Z5
42	G01 X18.125	第三刀X18.125
43	G32 X18.125 Z-28 F1.5P0 R-3 E1.5	切螺纹第三刀
44	G00 X30	退到X30
45	G00 Z5	快速退到Z5
46	G00 X100 Z100	快速退至换刀点
47	T0202 S400	换切断刀(刀宽3mm),转速400r/min
48	G00 X35 Z-48	快速进刀到切削起点
49	G01 X-1 F50	切断
50	G01 X35 F120	工进退刀
51	G00 X100 Z100	退刀到换刀点
52	M05	主轴停止
53	M30	程序结束

4. 零件切削加工

(1) 加工操作(见表4-7)

表4-7 螺纹轴加工操作过程

序号	操作模块	操 作 步 骤
1	安装工件	①选取训练用毛坯棒料 ②在保证目标加工零件尺寸需求的前提下,尽量缩短工件伸出夹具卡爪外的距离,65~70mm ③其他同前述内容
2	安装刀具	①90°偏刀、3mm宽度槽刀的安装方法同前 ②已经装配好刀片的数控螺纹刀,将刀杆靠装到刀架3号位的上边,确保刀杆紧贴刀架侧壁,使用刀架扳手锁紧两个螺钉,将螺纹刀具安装到刀架上

续表

序号	操作模块	操作步骤
3	对刀	①以零件右端面中心为工件坐标系，进行90°偏刀、槽刀对刀 ②螺纹车刀Z向贴刀到工件表面，先采用大倍率(100×)逼近工件端面，然后，改为10×与1×倍率精确贴刀到工件端面上，见到产生切屑则完成Z向贴刀，改为X向移动，离开工件端面，在刀补表2号对应行上，可输入与第一把刀相同的试切长度值，完成Z向对刀 ③螺纹车刀X向贴刀到工件表面，先采用大倍率(100×)逼近工件已经切削的圆柱表面，然后，改为10×与1×倍率精确贴刀到工件圆柱表面上，见到产生切屑则完成X向贴刀，改为Z向移动，离开工件端面，在刀补表2号对应行上，可输入与第一把刀相同的试切直径值，完成X向对刀
4	程序输入 程序核验	①创建程序，输入程序 ②检查程序正确性 ③使用机床程序检验功能
5	试切加工	①将机床功能设置为单段模式 ②降低进给倍率 ③关上仓门，执行“循环启动”键 ④手扶“急停按钮”，如发生意外情况，迅速拍下“急停按钮”
6	尺寸检验	使用精度为0.02mm的游标卡尺，对加工完成的零件表面进行尺寸检测

（2）零件质量检验、考核（见表4-8）

表4-8 零件质量检验、考核表

<table>
<tr><td>零件名称</td><td colspan="4">螺纹轴</td><td colspan="2">允许读数误差</td><td colspan="2">±0.007mm</td><td rowspan="3">教师评价（填写T/F）</td></tr>
<tr><td rowspan="2">序号</td><td rowspan="2">项目</td><td rowspan="2">尺寸要求/mm</td><td rowspan="2">使用的量具</td><td colspan="4">测量结果</td><td rowspan="2">项目判定</td></tr>
<tr><td>No.1</td><td>No.1</td><td>No.1</td><td>平均值</td></tr>
<tr><td>1</td><td>外径</td><td>$\phi20_{-0.02}^{0}$</td><td></td><td></td><td></td><td></td><td></td><td>合 否</td><td></td></tr>
<tr><td>2</td><td>外径</td><td>$\phi36_{-0.03}^{0}$</td><td></td><td></td><td></td><td></td><td></td><td>合 否</td><td></td></tr>
<tr><td>3</td><td>长度</td><td>63±0.1</td><td></td><td></td><td></td><td></td><td></td><td>合 否</td><td></td></tr>
<tr><td colspan="3">结论(对上述三个测量尺寸进行评价)</td><td colspan="6">合格品　　次品　　废品</td><td></td></tr>
<tr><td colspan="3">处理意见</td><td colspan="6"></td><td></td></tr>
</table>

5. 文明生产

① 工具、量刀等摆放规范；
② 机床操作按照操作规程；
③ 卫生清理及时，环境清洁有序；
④ 现场行为规范有秩序。

四、知识巩固

① 数控车床G32指令应用与普通车床加工螺纹的区别是什么？
② 简述数控车床操作面板各倍率按钮对螺纹加工的影响。
③ 数控车床主轴启停和转速大小是如何控制的？

五、技能要点

1. 手眼配合

在操作机床过程中必须看着数控系统显示屏和刀具的移动位置，两者兼顾才能准确到达指定位置。

2. 外螺纹的车削工艺

机床操作面板有四种移动速率，操作者用手轮操作机床时必须注意观察倍率开关的挡位，这样才能平稳安全地移动机床工作台。

3. 螺纹刀对刀技能训练

① 选择适合的边棱以及螺纹刀尖作基准。

② 对刀采用贴刀与低倍率配合为宜。

任务二　复杂外螺纹加工

一、预备知识

1. 普通螺纹的标注

普通螺纹的完整标记，由螺纹代号、螺纹公差代号和旋合长度代号三部分组成。具体的标记格式是：

螺纹代号　螺纹公差代号

$$\frac{\text{螺纹代号}}{\text{牙型符号　公差直径}\times\text{螺距　旋向}} - \frac{\text{螺纹代号}}{\text{中径公差代号　顶径公差代号 - 旋合长度代号}}$$

（1）螺纹代号　普通螺纹的牙型符号用“M”表示。粗牙普通螺纹代号用牙型符号M和公称直径（大径）表示（不标注螺距），例如M16；细牙普通螺纹用牙型符号M和“公称直径×螺距”表示，例如M16×1.5；右旋螺纹为常用螺纹，不标注旋向；左旋螺纹需在尺寸规格之后加注“LH”，例如M16×1LH。

（2）螺纹公差代号　螺纹公差代号包括中径公差代号和顶径公差代号。它由表示其大小的公差等级数字和表示其位置的基本偏差的字母（内螺纹用大写字母，外螺纹用小写字母）组成，例如6H、6g。如果中径公差代号和顶径公差代号不同，则分别注出代号，其中径公差代号在前，顶径公差代号在后，如M10-5g6g；如果中径和顶径公差代号用斜线分开，左边表示内螺纹公差代号，右边表示外螺纹公差代号，例如M10-6H/6g。

（3）旋合长度代号　国标对普通螺纹的旋合长度，规定为短（S）、中（N）、长（L）三组。螺纹的精度分为精密、中等和粗糙三级。螺纹的旋合长度和精度等级不同，对应的公差代号也不一样。

在一般情况下不标注螺纹的旋合长度，其螺纹公差按中等旋合长度（N）确定；必要时在螺纹公差代号之后加注旋合长度代号S或L。如M10-5g6g-S；特殊需要时，可注明旋合长度数值，如M20×LH-7g6g-40。

2. 加工工序的安排

（1）加工方法与加工方案选择　轴类零件的加工方法有车削、镗削、磨削、铣削、钻削、扩削、铰削、超精车、珩磨等加工方法，依据零件的结构、精度、尺寸、加工表面的不同，可采用粗车-半精车-精车，或粗车-半精车-精车-磨削，钻-扩-铰，或钻-粗镗-精镗-珩磨等加工方法进行科学合理的组合，从而形成各种加工方案。

（2）工序集中与分散　依据生产类型与加工设备的不同，采用合理的工序集中方式或工序分散方式进行工序的制订，其目的是提升生产率、保证加工质量、降低生产成本。大批大量生产可考虑工序分散方式进行，其主要目的是提高生产率；单位小批生产时，优先考虑采用工序集中方式进行，其目的是减少重复安装次数，降低工装成本、人工成本，有利于保证产品质量与精度。

（3）热处理工序　采用热处理的目的是改善切削加工性，保证产品零件的综合机床性能，保证零件的强度与韧性，保证产品零件的耐磨性、抗腐蚀性等。

（4）工艺规程制订　制订工艺规程的目的之一是规定与指导产品零件的生产，它是产品生产的指令性文件。工艺规程的制订应综合考虑企业的现有生产条件、零件结构与产品零件的生产类型、技术要求等因素，制订出有利于降低企业生产成本、提高生产效率、保证产品质量、降低工人劳动强度的工艺规程。

一个完善的工艺规程应包括：工艺综合卡片，它是主要简述零件加工工艺过程、工时、生产车间等信息的简要介绍的文件，主要应用于生产企业的主管部门宏观掌控生产过程使用；工序卡，是主要用于车间、班组、技术工人岗位指导生产与管理的文件，其内容要求详尽，应包括工步内容、工序尺寸及公差、刀具、量具、工时定额、工装、工序图、工序基准、定位、夹紧等一系列内容，它是数控加工的重要指导性文件。

二、基础理论

螺纹切削单一固定循环指令G82

G82指令编程实例

1. 螺纹切削循环指令G82及编程

（1）指令格式

G82 X（U）__Z（W）__R__E__C__P__F

说明：

X、Z：螺纹终点绝对坐标。

U、W：螺纹终点相对起点的有向距离。

F：公制螺纹螺距（长轴方向上）。

P：螺纹起始点角度。

C：螺纹头数，为0或1时切削单头螺纹。

R：*Z*方向退尾量，增量指定，如有退刀槽，参数可省略。

E：*X*方向退尾量，增量指定，如有退刀槽，参数可省略。

（2）G82螺纹加工实例（仅螺纹部分程序编写，如图4-11、表4-9所示）

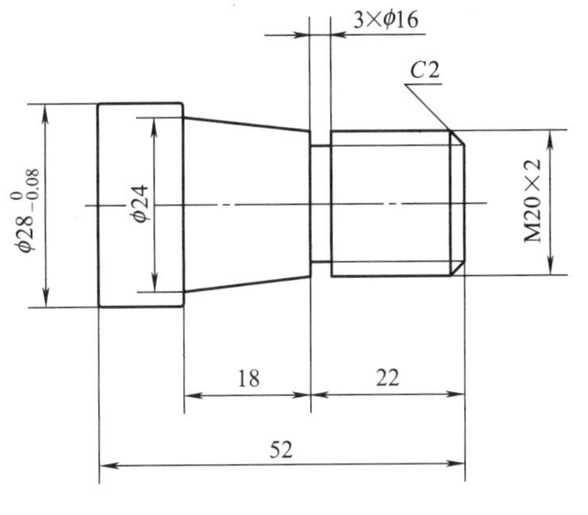

图4-11　复杂螺纹轴

表4-9　复杂螺纹轴加工程序

序号	程 序 段	说 明
1	O1235	程序名称
2	%0001	程序段名称
3	G21 G94	初始化环境
4	T0303	调3号刀，3号刀补
5	M03 S500	主轴正转500r/min
6	G00 X30 Z5	快速到螺纹切削循环起点
7	G82 X19 Z-27 F1.5 P0 R-3 E1.5	螺纹切削第一刀

续表

序号	程 序 段	说 明
8	X18.4	螺纹切削第二刀
9	X18.0	螺纹切削第三刀
10	X17.7	螺纹切削第四刀
11	X17.4	螺纹切削第五刀
12	G00 X150 Z150	快速移动到换刀点
13	M30	主轴停止,程序结束

2. 加工工艺过程的制订

① 下料。

② 平大端面、加工其外表面。

③ 掉头装夹，保总长，粗、精加工外圆表面，切槽、车螺纹。

④ 去毛刺。

3. 编写零件的加工程序

① 编写大端的加工程序（略）。

② 编写小端的加工程序（略）。

三、任务训练

1. 任务要求

针对如图4-11所示的螺纹轴零件，进行工艺制订、编制数控加工程序、进行数控加工等技能训练。任务目标如下：

① 零件图样分析；

② 能制订零件的加工工艺路线；

③ 会合理选择加工过程中的切削用量；

④ 能应用循环指令编写螺纹轴类零件的加工程序；

⑤ 能操作机床完成零件切削加工；

⑥ 零件加工质量评测。

2. 工序卡填写（见表4-10）

表4-10 数控加工工序卡

<table>
<tr><td rowspan="2">单位</td><td rowspan="2">数控加工工序卡</td><td>产品名称或代号</td><td>零件名称</td><td>零件图号</td></tr>
<tr><td></td><td>螺纹轴</td><td>003</td></tr>
<tr><td colspan="2" rowspan="6"> 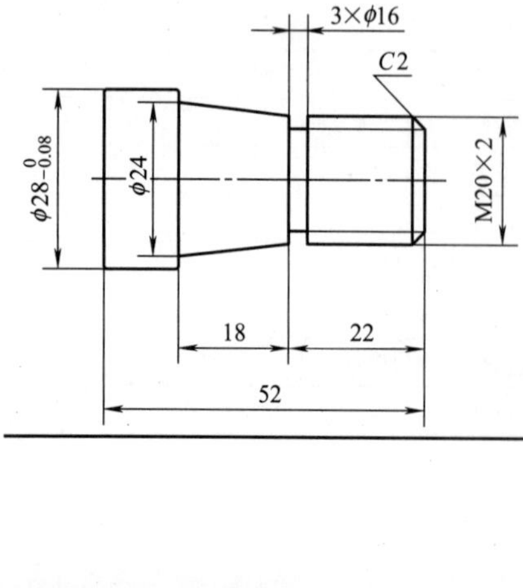3×ϕ16
C2
$\phi 28_{-0.08}^{0}$
ϕ24
M20×2
18
22
52</td><td>车间</td><td colspan="2">使用设备</td></tr>
<tr><td></td><td colspan="2">CK3675V</td></tr>
<tr><td>工艺序号</td><td colspan="2">程序编号</td></tr>
<tr><td>004-1</td><td colspan="2">004-1</td></tr>
<tr><td>夹具名称</td><td colspan="2">夹具编号</td></tr>
<tr><td>三爪卡盘</td><td colspan="2"></td></tr>
</table>

续表

工步号	工步作业内容	加工面	刀具号	刀补量	主轴转速/(r/min)	进给速度/(mm/min)	切削深度/mm	备注
1	粗加工右端面	端面	T0101		500	100	1	
2	粗车ϕ28、ϕ24外圆表面	外圆	T0101		500	100	1	
3	粗车ϕ20外圆表面及轴肩	外圆	T0101		500	100	1	
4	精加工右端面、ϕ28、ϕ20外圆表面、倒角及轴肩	右全部	T0101		750	60	0.5	
5	切削右端螺纹	螺纹	T0303		450	2	2.6	前多后少
6	切断	左端面	T0202		400	50		
编制	审核	批准		年　月　日		共　页		第　页

3. 编写加工程序

此零件加工程序编写中，使用G80指令进行粗加工，使用基本指令进行精加工、倒角加工，使用G82指令加工螺纹，使用基本指令进行切断编程。为简化数控编程，采用一把刀进行粗、精加工。见表4-11。

表4-11　加工程序

序号	程　序　段	说　　明
1	O0401	程序名称
2	%1234	程序段名
3	G21 G94	初始化程序环境，公制单位mm，分进给
4	T0101	调1号刀，调1号刀补
5	M03 S500	主轴正转，转速500r/min
6	G00 X40 Z20	快速逼近工件
7	G00 Z0.2	快速进刀到平端面起点
8	G01 X-1 F100	平端面加工，留精加工余量0.2mm
9	G00 X40 Z10	进刀到粗加工循环起点
10	G80 X28 Z-52 F100	粗车外圆，长度52mm
11	X25	直径ϕ25，留1mm直径余量
12	X24 Z-40	粗车外圆，长度40mm
13	X22 Z-22	直径ϕ22
14	X21	直径ϕ21，留1mm直径余量
15	G00 X-1 S750	*X*方向定位，提升高轴转速为750r/min
16	G01 Z0 F60	工进到端面中心
17	G01 X20 Z0 C2	精车端面带*C*2倒角
18	G01 Z-22	精切ϕ20圆柱（为切螺纹直径小0.2mm）
19	G01 X24 Z-40 F60	精车圆锥表面
20	G01 X28	加工台肩
21	Z-52	精车ϕ28圆柱表面
22	X35 F100	平轴肩退刀
23	G00 X100 Z100	去换刀点
24	T0202	换槽刀，位置补偿
25	G00 X35	快速*X*向到循环起点*X*35
26	Z10	快速到*Z*10安全点

续表

序号	程序段	说　明
27	Z-22	到加工起点
28	G01 X16 F50	切槽
29	G04 P4000	暂停4s
30	G01 X35 F100	快速工进退刀
31	G00 X100 Z100	快速到换刀点
32	T0303 S500	换螺纹刀
33	G00 X35	快速到*X*35
34	Z5	快速到*Z*5,确定循环起点
35	G82 X19 Z-20 F2 P0 R-3 E1.5	切螺纹第一刀
36	X18.4	切螺纹第二刀
37	X18.0	切螺纹第三刀
38	X17.7	切螺纹第四刀
39	X17.4	切螺纹第五刀
40	G00 X100 Z100	快速退至换刀点
41	T0202 S400	换切断刀(刀宽3mm),转速400r/min
42	G00 X35 Z-52	快速进刀到切削起点
43	G01 X-1 F50	切断
44	G01 X35 F120	工进退刀
45	G00 X100 Z100	退刀到换刀点
46	M05	主轴停止
47	M30	程序结束

4. 零件切削加工

(1) 加工操作(见表4-12)

表4-12　螺纹轴加工操作过程

序号	操作模块	操 作 步 骤
1	安装工件	①选取训练用毛坯棒料 ②在保证目标加工零件尺寸需求的前提下,尽量缩短工件伸出夹具卡爪外的距离,65~70mm ③其他同前述内容
2	安装刀具	①90°偏刀、3mm宽度槽刀的安装方法同前 ②已经装配好刀片的数控螺纹刀,将刀杆靠装到刀架3号位的上边,确保刀杆紧贴刀架侧壁,使用刀架扳手锁紧两个螺钉,将螺纹刀具安装到刀架上
3	对刀	①以零件右端面中心为工件坐标系,进行90°偏刀、槽刀对刀 ②螺纹车刀*Z*向贴刀到工件表面,先采用大倍率(100×)逼近工件端面,然后,改为10×与1×倍率精确贴刀到工件端面上,见到产生切屑则完成*Z*向贴刀,改为*X*向移动,离开工件端面,在刀补表2号对应行上,可输入与第一把刀相同的试切长度值,完成*Z*向对刀 ③螺纹车刀*X*向贴刀到工件表面,先采用大倍率(100×)逼近工件已经切削的圆柱表面,然后,改为10×与1×倍率精确贴刀到工件圆柱表面上,见到产生切屑则完成*X*向贴刀,改为*Z*向移动,离开工件端面,在刀补表2号对应行上,可输入与第一把刀相同的试切直径值,完成*X*向对刀
4	程序输入 程序核验	①创建程序,输入程序 ②检查程序正确性 ③使用机床程序检验功能

续表

序号	操作模块	操作步骤
5	试切加工	①将机床功能设置为单段模式 ②降低进给倍率 ③关上仓门,执行“循环启动”键 ④手扶“急停按钮”,如发生意外情况,迅速拍下“急停按钮”
6	尺寸检验	使用精度为0.02mm的游标卡尺,对加工完成的零件表面进行尺寸检测

（2）零件质量检验、考核（见表4-13）

表4-13　零件质量检验、考核表

<table>
<tr><td>零件名称</td><td colspan="3">螺纹轴</td><td colspan="2">允许读数误差</td><td colspan="3">±0.007mm</td><td rowspan="3">教师评价（填写T/F）</td></tr>
<tr><td rowspan="2">序号</td><td rowspan="2">项目</td><td rowspan="2">尺寸要求/mm</td><td rowspan="2">使用的量具</td><td colspan="4">测量结果</td><td rowspan="2">项目判定</td></tr>
<tr><td>No.1</td><td>No.1</td><td>No.1</td><td>平均值</td></tr>
<tr><td>1</td><td>外径</td><td>$\phi 28_{-0.08}^{0}$</td><td></td><td></td><td></td><td></td><td></td><td>合 否</td><td></td></tr>
<tr><td>2</td><td>外径</td><td>$\phi 24$</td><td></td><td></td><td></td><td></td><td></td><td>合 否</td><td></td></tr>
<tr><td>3</td><td>长度</td><td>52±0.1</td><td></td><td></td><td></td><td></td><td></td><td>合 否</td><td></td></tr>
<tr><td colspan="2">结论(对上述三个测量尺寸进行评价)</td><td colspan="7">合格品　　次品　　废品</td><td></td></tr>
<tr><td colspan="2">处理意见</td><td colspan="7"></td><td></td></tr>
</table>

5. 文明生产

① 工具、量刀等摆放规范；

② 机床操作按照操作规程；

③ 卫生清理及时，环境清洁有序；

④ 现场行为规范有秩序。

四、知识巩固

① 数控车床G32指令加工螺纹与G82指令加工螺纹的区别是什么?

② 简述数控车床螺纹加工相对普通车床螺纹加工的质量区别。

③ 数控车床操作面板的进给、快速倍率按钮在加工螺纹时如何控制?

五、技能要点

1. 掉头加工技术

掉头加工必须保证零件两端的相对位置精度，控制方法与技巧。

2. 外螺纹车削G82、G32的R、E、C、P的应用场合

R、E、C、P在G82、G32中的作用相同，把握在华中8型数控系统中应用的注意事项。

3. 螺纹切削走刀次数控制技术、精度控制技能训练

① 三刀或四刀法的应用。

② 对精度的控制方式。

任务三　组合螺纹轴加工

一、预备知识

1. 管螺纹

主要用来进行管道的连接，使其内外螺纹的配合紧密，有直管和锥管两种。常见的管螺纹主要包括NPT、PT、G等几种。

① NPT是美国标准的60°锥管螺纹，用于北美地区，国标查阅GB/T 12716—1991。

② PT是55°密封圆锥管螺纹，属于惠氏螺纹家族，多用于欧洲及英联邦国家，常用于水及煤气管行业，锥度1∶16，国标查阅GB/T 7306—2000。

③ G是55°非螺纹密封管螺纹，属惠氏螺纹家族。标记为G代表圆柱螺纹。国标查阅GB/T 7307—2001。

2. 公制螺纹与英制螺纹的区别

① 公制螺纹用螺距来表示，美英制螺纹用每英寸内的螺纹牙数来表示。

② 公制螺纹是60°等边牙型，英制螺纹是等腰55°牙型，美制螺纹是等腰60°牙型。

③ 公制螺纹用公制单位（如mm），美英制螺纹用英制单位（如英寸）。

④ 另外还有：ISO—公制螺纹标准60°；UN—统一螺纹标准60°；API—美国石油管螺纹标准60°；W—英国惠氏螺纹标准55°。

3. 管螺纹的标注

管螺纹分为55°密封管螺纹和非密封管螺纹。螺纹标记的内容和格式是：

螺纹特征代号

55°非密封管螺纹：

螺纹特征代号	尺寸代号	公差等级代号	-	旋向代号

以上框格对非螺纹密封的外管螺纹适用。

螺纹特征代号	尺寸代号	旋向代号

以上框格对非螺纹密封的内管螺纹适用。

二、基础理论

1. 螺纹精度的检测方法

（1）三针法测量螺纹　采用螺纹百分尺测量中径。螺纹百分尺主要用于测量低精度螺纹的中径。其基本结构和使用方法与外径百分尺相似，区别在于螺纹百分尺的活动量杆与固定量砧的端部各有一孔，可以分别安装圆锥形和棱形的可换测量头。一对测量头只适用于一定的螺距和中径范围。为了适应测量不同螺距的螺纹的需要，螺纹百分尺附有一套可换测量头，并附有一个调整百分尺零位用的调整规。测量英制螺纹和管螺纹的测量头分为6对，测量螺距的范围以每英寸的牙数表示。

（2）螺纹轮廓扫描型仪器测量全参数　螺纹轮廓扫描型仪器能够在螺纹轴向剖面的上、下轮廓表面连续测量圆柱或圆锥螺纹塞、环规的中径、大径、小径、螺距、牙型半角、锥度等。该种仪器的出现使螺纹量规的全参数测量成为可能，它与一般轮廓仪有着本质的区别。

制造商可根据这些信息对加工机器或工具做相应调整，计量工作者可对测量结果进行详细鉴定和评估。由于螺纹环规本身的公差较小，仪器测量中径的不确定度必须达到1μm或更小。

（3）螺纹环规综合测量法　螺纹校对量规用于综合测量螺纹中径，是国家标准及计量检定规程规定对普通螺纹测量结果最终的判定方法。螺纹环规的通端用螺纹校对量规TT、TZ及TS检验；止端用ZT、ZZ及ZS检验。

它的优点是具有较好的经济性，可以保证装配，对于生产工艺水平较高的制造商，在螺距、半角有保证的情况下，使用它可以较好地控制螺纹质量。由于螺纹环规规格的多样性，对于检测机构来说，螺纹校对量规很难全部配齐。

2. 螺纹切削刀具

（1）刀片、刀杆的选择　应根据加工零件的需求，选择规格、材料与被加工零件相适应的刀片。再者，刀具的外形尺寸、刀杆的外形尺寸要与被加工对象的结构、空间大小相适应，在保证刀具强度、刚性的前提下，选购尺寸相对较小的刀片与刀杆，有利于保证加工中避免干涉问题。

（2）刀片的耗损与更换　要保证良好的螺纹加工精度，选择合适的切削参数是很重要的，但不管怎么选择合理的切削参数，刀具还是要磨损的。这样，及时更换刀片就对产品的质量控制起到非常重要的作用。螺纹切削加工前，应及时监控刀片的磨损情况，如刀片的涂层已经磨损，则应及时换掉。

3. 螺纹切削指令格式

工艺方案设计

（1）指令格式

G82 X（U）__Z（W）__I__R__E__C__P__F

说明：

X、Z：螺纹终点绝对坐标。

U、W：螺纹终点相对起点的有向距离。

I：螺纹切削起点与切削终点的半径差，当加工圆柱螺纹时，*I*值为零，此时*I*可以省略。

F：公制螺纹螺距（长轴方向上）。

P：螺纹起始点角度。

C：螺纹头数，为0或1时切削单头螺纹。

R：*Z*方向退尾量，增量指定，如有退刀槽，参数可省略。

E：*X*方向退尾量，增量指定，如有退刀槽，参数可省略。

（2）G82螺纹加工实例（仅螺纹部分程序，如图4-12如示）

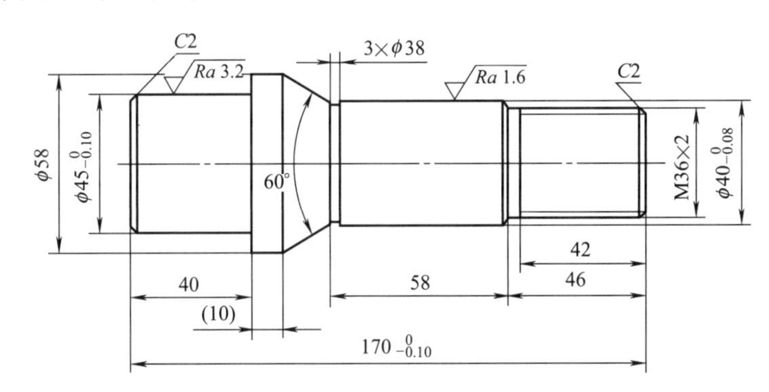

图4-12　组合螺纹轴

程序编写步骤：

① 确定工序步骤；

② 建立两端的坐标系；

③ 确定两坐标系下加工表面基点的坐标；

④ 使用适当指令进行编程；

⑤ 螺纹部分程序节选。

三、任务训练

1. 螺纹端开粗（为后续加工提供基准）

① 平端面。

② 外圆开粗，确保加工余量足够，表面加工长度应满足另一端加工需求情况下尽量长一些。

2. 左端加工操作过程

① 程序编写与检查。

② 领料（或下料）。

③ 开机操作：

a.机床上电；

b.返回参考点；

c.机床操作，工件安装、刀具安装。

④ 装件：将工件坯料安装到卡盘上。

⑤ 对刀。

⑥ 程序输入与检验。

⑦ 试切与调整。

⑧ 加工与检测质量。

3. 掉头右端（螺纹端）**加工**

① 装件：将工件坯料安装到卡盘上（可使用铜皮保护已加工表面），保证零件总长尺寸精度。

② 打中心孔。

③ 对刀。

④ 程序输入与检验。

⑤ 试切与调整。

⑥ 加工与检测质量。

4. 文明生产

① 工具、量具等摆放规范。

② 机床操作按照操作规程。

③ 卫生清理及时，环境清洁有序。

④ 现场行为规范有秩序。

四、知识巩固

① 数控车床G32指令加工螺纹与G82指令加工螺纹的区别是什么？

② 简述数控车床螺纹加工相对普通车床螺纹加工的质量区别。

③ 数控车床操作面板的进给、快速倍率按钮在加工螺纹时如何控制?

五、技能要点

1. 顶尖使用技巧

应用顶尖时必须保证顶尖与主轴中心的同轴度。

2. 拓展训练题

如图4-13所示。此零件为圆锥管螺纹，需要通过查表、锥度计算、单位换算等工作。

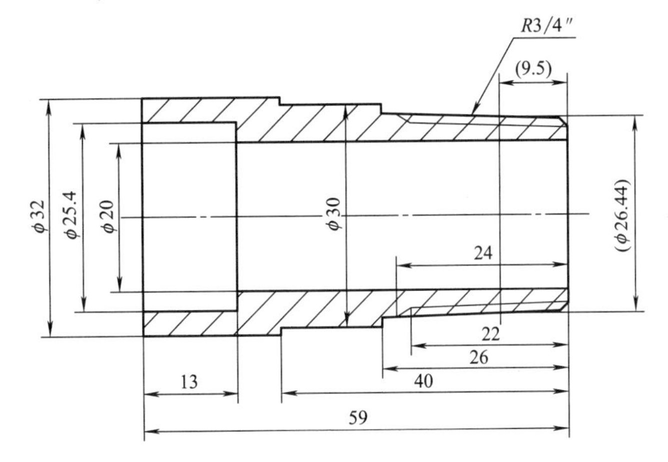

图4-13 圆锥管螺纹

项目五

手柄加工

手柄是普通车床上常见的零件之一，在主轴箱、进给箱、溜板箱上都有手柄，主要就是用于主轴变速、进给倍率调整等所用的操纵零件。它的结构主要是由球面、圆弧面、圆柱面等组成。本项目就是针对手柄零件如何实现球面和圆弧面的切削加工来完成学习。

任务一　圆弧切削加工

一、预备知识

1. 圆弧插补指令（G02、G03）

数控车床上的圆弧插补指令G02、G03是用来指令刀具在给定平面内以F指定的进给速度作圆弧插补运动（圆弧切削）。G02、G03是模态指令。

（1）指令格式

G02 X___Z___I___K___F___，或G02 X___Z___R___F___

G03 X___Z___I___K___F___，或G03 X___Z___R___F___

指令中各代码含义如表5-1所示。

表5-1　G02、G03中各代码含义

项　　目	内　　容		指　　令	意　　义
1	旋转方向		G02	顺时针旋转CW
			G03	逆时针旋转CCW
2	终点位置	绝对值	X、Z	终点坐标
		增量值	U、W	从始点至终点的距离
3	从始点到圆心的距离		I、K	从始点到圆心的距离(量符号)
	圆弧的半径		R	圆弧的半径
4	进给速度		F	沿着圆弧的速度

用R来指定圆心位置时，由于在同一个半径R情况下，从圆弧的起点到终点有两个圆弧的可能性，如图5-1所示，有大于180°和小于180°两个圆弧。为区分起见，特规定圆心角$\alpha \leqslant 180°$时，用“+R”表示；$\alpha \geqslant 180°$，用“−R”表示。注意：用R编程只适用于非整圆的圆弧插补情况，不适用于整圆的加工。

（2）顺时针与逆时针的判别　圆弧插补的顺、逆可按图5-2所示给出的方向判断：沿着弧所在的平面（如XZ平面）的垂直坐标轴（Y）的负方向（$-Y$）看去，顺时针方向为G02，逆时针方向为G03。

2. 积屑瘤的现象及形成条件

（1）积屑瘤及其现象　在金属车削加工过程中，常常有一些从切屑和工件上来的金属冷

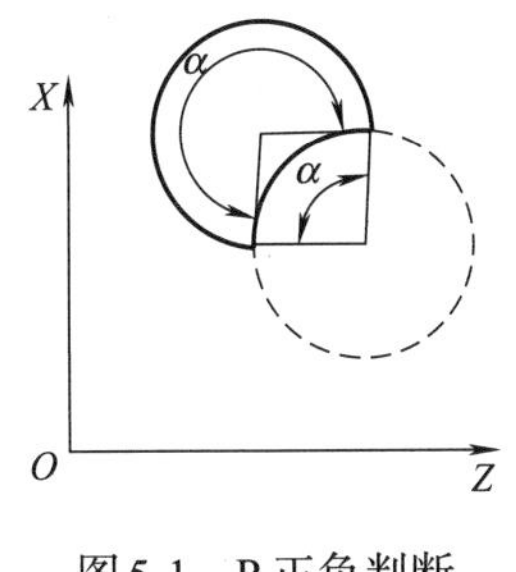

图5-1　R正负判断

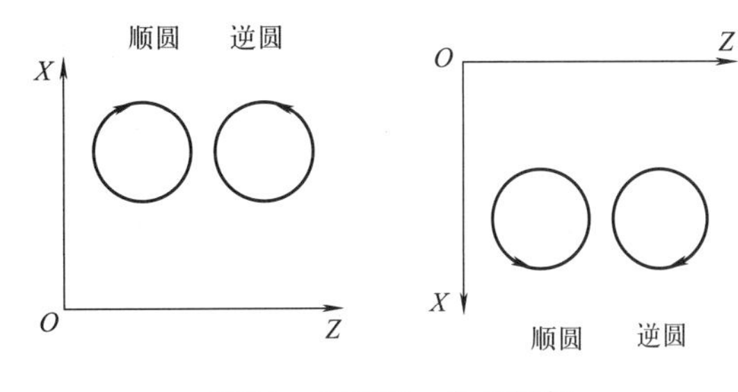

图5-2　圆弧正、负的判断

焊并层积在前刀面上，形成一个非常坚硬的金属堆积物，其硬度是工件材料硬度的2~3倍，能够代替刀刃进行切削，并且以一定的频率生长和脱落。这种堆积物称为积屑瘤。当切削钢、球墨铸铁、铝合金等材料时，在切削速度不高，而又能形成带状切屑的情况下生成积屑瘤。

（2）积屑瘤的优缺点

① 优点：粗加工时，对精度和表面粗糙度要求不高，如果积屑瘤能稳定生长，则可以代替刀具进行切削，保护了刀具，同时减少了切削变形，但是如果积屑瘤频繁脱落反而降低刀具寿命。

② 缺点：增大已加工表面的粗糙度，改变加工的尺寸。因此，在车削精加工时，绝对不希望积屑瘤的出现。

（3）积屑瘤的控制

① 积屑瘤与切削速度有关，中速易产生积屑瘤，改变转速可以避免积屑瘤产生。

② 提高切削刃的光洁度。

③ 加合适的冷却液。

④ 增大刀具前角。

⑤ 增大切削厚度。

二、理论基础

1. 外圆粗车复合循环指令G71

它用于圆柱毛坯粗车内、外径轮廓。这里只讲授外轮廓的加工。图5-3所示为用G71指令粗车外径的加工路线。图中B是粗车循环起点，A是毛坯与端面轮廓的交点。

指令格式：

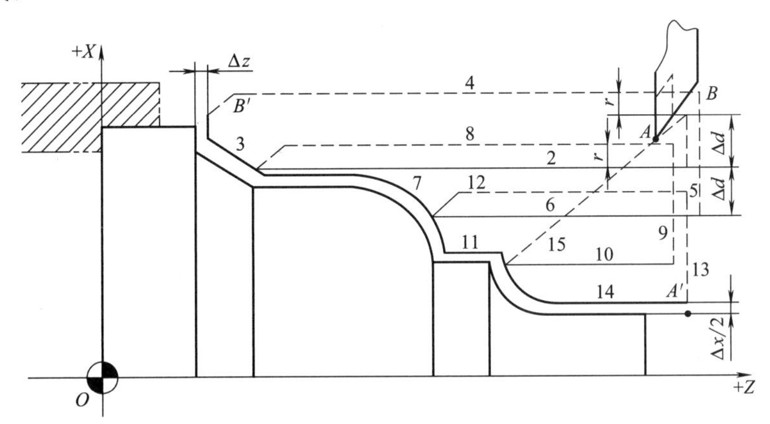

图5-3　外圆粗车切削循环走刀路线

G71 U(Δ*d*) R(*e*) P(*ns*) Q(*nf*) X(Δ*x*) Z(Δ*z*) F(*f*) S(*s*) T(*t*)

其中：

Δ*d*——背吃刀量，无正、负号，半径指定，可用系统参数设定，也可以用程序指定数值，但程序指定数值优先；

e——退刀量，可用系统参数设定，也可以用程序指定数值；

ns——精加工形状程序段中的开始程序段号；

nf——精加工形状程序段中的结束程序段号；

Δ*x*——*X*轴方向精加工预留量（直径值编程，有正、负号）；

Δ*z*——*Z*轴方向精加工余量（有正、负号）；

F，S，T——粗加工循环的进给速度、主轴转速与刀具功能。

在此应注意：

① 零件轮廓符合*X*轴、*Z*轴方向同时单调增大或单调减小；

② 用G71编程时应指定循环起点位置；

③ 在使用G71进行粗加工循环时，只有含在G71程序段中的F、S、T功能才有效，而包含在*ns*→*nf*程序段中的F、S、T功能，即使被指定对粗车循环也无效；

④ 粗车循环结束后，刀具自动退回循环点；

⑤ 顺序号*ns*→*nf*程序段中可以进行刀具补偿，但不能调用子程序；

⑥ 循环起点位置应选择正确，退刀方向应大于最大毛坯尺寸，以免回切工件。

2. 应用举例

使用G71指令编写如图5-4所示的复杂轴件的加工程序。如表5-2所示。

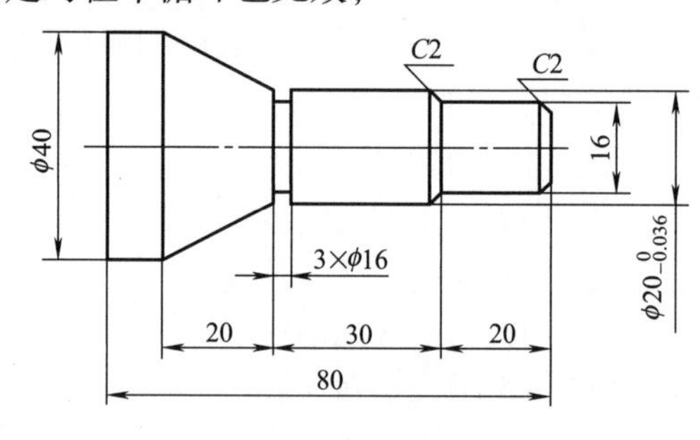

图5-4 复杂轴件

表5-2 加工程序

序号	程序段	说明
1	O0401	程序名称
2	%1234	程序段名
3	G21 G94	初始化程序环境,公制单位mm,分进给
4	T0101	调1号刀,调1号刀补
5	M03 S500	主轴正转,转速500r/min
6	G00 X41 Z5	快速逼近工件
7	G71 U2 R1 P10 Q20 X1 Z0.3 F100	G71粗加工指令应用
8	N10 G00 X0 Z5 S750	精加工起始程序,刀具到*X*0点
9	G01 Z0 F60	工进到*Z*0
10	G01 X16 Z0 C2 F60	平端面及倒角
11	Z-20	切右端小外圆
12	X20 Z-20 C2	倒角
13	Z-50	切右端大外圆
14	X40 Z-70	切锥面
15	Z-83	切左端大外圆
16	N20 X40	平端面工进退刀

续表

序号	程序段	说明
17	G00 X100	快速到 X100
18	G00 Z100	退刀到换刀点
19	T0202	换切断刀
20	G00 X35 Z-50	快速到切削起点
21	G01 X16 F50	切削槽
22	G04 P4000	停留4s,修光槽底
23	G01 X45 F100	工进退刀
24	G00 Z-83	快速定位
25	G01 X0 F50	切断
26	G01 X45 F100	工进退刀
27	G00 X100 Z100	到换刀点
28	M05	主轴停止
29	M30	程序结束

三、任务训练

圆弧面编程

1. 任务要求

针对如图5-5所示的圆弧轮廓轴零件，进行工艺制订、编制数控加工程序、进行数控加工等技能训练。

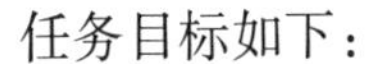

任务目标如下：

① 零件图样分析；

② 能制订零件的加工工艺路线；

③ 会合理选择加工过程中的切削用量；

④ 能应用循环指令编写圆弧轮廓轴类零件的加工程序；

⑤ 能操作机床完成零件切削加工；

⑥ 零件加工质量评测。

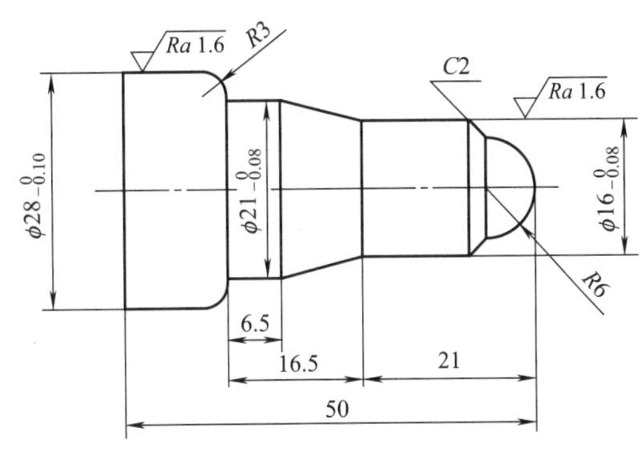

图5-5　外圆弧轮廓

2. 工序卡填写（见表5-3）

表5-3　数控加工工序卡

<table>
<tr><td rowspan="2">单位</td><td rowspan="2">数控加工工序卡</td><td>产品名称或代号</td><td>零件名称</td><td>零件图号</td></tr>
<tr><td></td><td>圆弧轮廓轴</td><td>003</td></tr>
<tr><td colspan="2" rowspan="6"></td><td>车间</td><td colspan="2">使用设备</td></tr>
<tr><td></td><td colspan="2">CK3675V</td></tr>
<tr><td>工艺序号</td><td colspan="2">程序编号</td></tr>
<tr><td>004-1</td><td colspan="2">004-1</td></tr>
<tr><td>夹具名称</td><td colspan="2">夹具编号</td></tr>
<tr><td>三爪卡盘</td><td colspan="2"></td></tr>
</table>

续表

工步号	工步作业内容			加工面	刀具号	刀补量	主轴转速/(r/min)	进给速度/(mm/min)	切削深度/mm	备注
1	粗加工			外圆	T0101		500	100	2	
2	精加工			外圆	T0101		500	100	0.5	
3	切断			左端面	T0202		400	50		
编制		审核		批准		年 月 日		共 页		第 页

3. 编写加工程序

此零件加工程序编写中，使用G71指令进行粗加工，G01指令精加工，使用G01指令进行切断编程。见表5-4。

表5-4 加工程序

序号	程序段	说明
1	O0401	程序名称
2	%1234	程序段名
3	G21 G94	初始化程序环境,公制单位mm,分进给
4	T0101	调1号刀,调1号刀补
5	M03 S500	主轴正转,转速500r/min
6	G00 X35 Z5	快速逼近工件
7	G71 U2 R1 P10 Q20 X1 Z0.2 F100	G71粗加工循环指令应用
8	N10 G00 X0	快进到*X*0
9	G01 Z0 F60	工进到零件端面中心
10	G03 X12 Z-6 R6 F100	粗车圆弧,半径6mm
11	G01 X16 Z-8	倒角*C*2
12	Z-21	车外圆
13	X21 Z-31	倒锥角
14	Z-37.5	直径21mm圆柱
15	X22	平端面
16	G03 X28 Z-40.5 R3	车圆弧
17	G01 Z53	车大圆柱
18	N20 X35	平端面退刀
19	G00 X100 Z100	快速退至换刀点
20	T0202 S400	换切断刀(刀宽3mm),转速400r/min
21	G00 X35 Z-53	快速进刀到切削起点
22	G01 X-1 F50	切断
23	G01 X35 F120	工进退刀
24	G00 X100 Z100	退刀到换刀点
25	M05	主轴停止
26	M30	程序结束

4. 零件切削加工

（1）加工操作（见表5-5）

表 5-5 圆弧轮廓轴加工操作过程

序号	操作模块	操作步骤
1	安装工件	①选取训练用毛坯棒料 ②在保证目标加工零件尺寸需求的前提下，尽量缩短工件伸出夹具卡爪外的距离，65~70mm ③其他同前述内容
2	安装刀具	90°偏刀、3mm宽度槽刀的安装方法同前
3	对刀	参照前述操作技术，以零件右端面中心为工件坐标系，进行90°偏刀、槽刀对刀
4	程序输入 程序核验	①创建程序，输入程序 ②检查程序正确性 ③使用机床程序检验功能
5	试切加工	①将机床功能设置为单段模式 ②降低进给倍率
6	尺寸检验	使用精度为0.02mm的游标卡尺，对加工完成的零件表面进行尺寸检测

（2）零件质量检验、考核（见表5-6）

表 5-6 零件质量检验、考核表

零件名称	圆弧轮廓轴			允许读数误差		±0.007mm			教师评价（填写T/F）
序号	项目	尺寸要求/mm	使用的量具	测量结果				项目判定	
				No.1	No.1	No.1	平均值		
1	外径	$\phi16_{-0.08}^{\ 0}$						合 否	
2	外径	$\phi21_{-0.08}^{\ 0}$						合 否	
3	外径	$\phi28_{-0.10}^{\ 0}$						合 否	
结论(对上述三个测量尺寸进行评价)		合格品		次品		废品			
处理意见									

四、知识巩固

① 使用G71指令加工时，程序段号可以全部省略吗？

② G71走刀轨迹是封闭的还是开放的轨迹？

③ 使用G71指令加工时需要注意哪些？

五、技能要点

应用G71指令时必须为零件加工设定一个循环起点，该点的*X*坐标一定要大于毛坯的外径，*Z*坐标要远离工件的右端面3~5mm。

任务二 球面切削加工

一、预备知识

1. 数控刀片盒上的参数信息

（1）加工对象参数

P代表普通钢件。理论硬度180HB，切削范围是指碳钢、铸钢。主要包括调质钢、易切钢等。

M代表不锈钢件。理论硬度180HB，切削范围为不锈钢材质，切削范围较小。

K代表铸铁件。理论硬度220~250HB，切削范围有灰铸铁、球墨铸铁、可锻铸铁。

N代表铝/铜等有色金属。理论硬度75HB，切削范围有铝合金、铸造合金、铜合金等有色金属。

S代表钛合金/镍合金。理论硬度350HB，切削范围有铁基高温合金，含镍基、钴基、钛基超合金，钛合金等。

H代表淬硬钢/冷硬铸铁。理论硬度60HRC，切削范围有淬硬硬化钢、铸造冷硬铸铁、淬硬铸铁等。

实际刀具应用时，是根据这些来选择刀具材质，不过也没那么简单，比如M10、M40在加工中，M10耐磨性能强些，适于精加工；而M40韧性较好，耐磨性相对差些，适于大进给大切深。

（2）切削参数　如图5-6所示的P、M后的v_c、f_n、a_p为切削对象的理论切削三要素，实际数控加工时只是提供参考的作用。另外数控编程时采用转速，则可通过下面的公式进行换算。通过公式表明，当v_c参数一定的情况下，n转速的高低受到已加工工件直径的影响，即直径越大速度应该越低。

$$v_c = \frac{\pi dn}{1000}$$

（3）刀片型号　一般刀片型号都是由10个号位来表示刀片的。这个型号中前四个字母表示刀片的特征，接着六个数字表示刀片的尺寸型号特征。

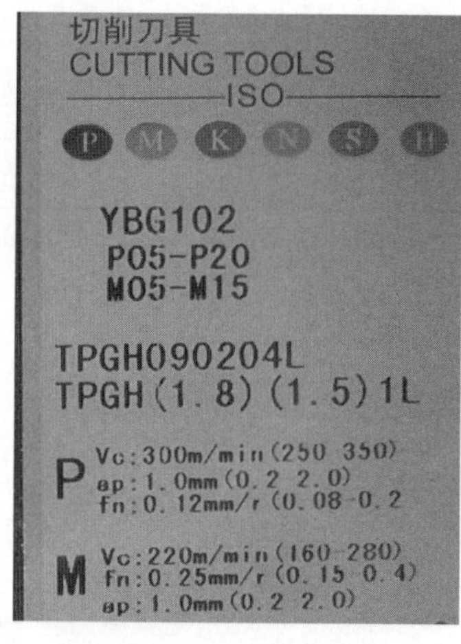

图5-6　刀片参数信息

如DNMG150408-MS这一款刀片，D表示55°菱形刀片，N表示刀片后角是0°，M是刀片制造的精度等级，G表示前刃面及中心孔型，15表示切削刃长度数值是15mm，04表示刀片厚度4.76mm，08表示刀尖圆弧半径0.8mm。

数控刀片的具体识别方法。

① 第1个字母一般表示数控刀片的形状，通常有H、O、P、S、T、C、D和E，分别是正六角形、正八角形、正五角形、正方形、正三角形、菱形80°顶角、菱形55°顶角和菱形75°顶角。

② 第2个字母很显然是表示刀片后角角度，常用的字母为A、B、C、D、E、F、G、O，A表示后角角度为3°，B为5°，C为7°，D为15°，E为20°，F为25°，G为30°，N为0°，P为11°，O表示其他后角角度。

③ 第3个字母表示刀片精度等级，最常用的是M级与G级，一般粗加工及半精加工、精加工刀片都是M级，精密加工用刀片以及超硬刀片一般都是G级。

④ 第4个字母表示刀片的前刃面及中心孔型（槽和孔）。

⑤ 数字总共有6个，分为三组，第一组表示刀片刃长，第二组表示刀片厚度，第三组表示刀片刀尖圆弧半径。

2. 数控车床的软硬限位

为了保证数控车床的运行安全，每个直线轴的两端都有限位。数控车床的限位可分为软限位、硬限位与机械硬限位。

（1）硬限位　在伺服轴的正、负极限位置，装有限位开关或接近开关，这就是所谓的硬限位。硬限位是伺服轴运动超程的最后一道防护，越过硬限位后的很短距离就到达机械硬限位。由于伺服系统功率很大，一旦撞上机械硬限位，就有可能造成机件的损坏，这是不允许的。因此，硬限位的开关动作的结果是引起紧急停车。

当进给轴移动超出机床的行程后，机床的限位就会起作用，机床出现报警，造成手动或手轮操作时对应坐标轴不能继续运动；自动加工时所有坐标轴会停止加工。此时，认为数控车床发生了限位故障。

（2）软限位　伺服轴的软限位是以机床参考点为基准，用机床参数（FANUC系统为1320、1321属于轴型参数）设定的该轴的运动范围。如果超出了这个范围，就叫做过了软限位。软限位没有限位开关，仅是一组位置坐标值。

（3）软限位参数1320、1321的设置

① 数控车床回零。

② 手动移动坐标轴到达预想设定的软限位点，记下机床坐标值。

③ 将坐标值写入参数中，注意单位是μm。

FANUC系统：P1320与P1321参数（μm单位）。

SIMENS系统：36100与36110参数。

GSK系统：45~48参数（可以看汉字提示）。

参数解锁后才可修改软限位参数。

（4）数控车床的限位解除　要解除限位故障，首先要区分故障属于哪一类，即是软限位还是硬限位。区分方法是报警信息或者是观察进给轴的位置。

① 软限位解除：一般只要将轴向超程反方向移动退出超程区域后，按复位键即可消除报警，机床恢复正常。

② 硬限位解除：一般需在按住机床上“超程释放”（“超程解除”）的同时反方向移动。如果机床没有释放按钮，则需设法反方向盘动丝杠。

注意：此时要按下急停，否则电气自锁。

G71指令加凹凸轮廓

二、基础理论

1. 凸凹轮廓轴类零件粗加工指令G71

指令格式：

G71　U(Δd)　R(e)　P(ns)　Q(nf)　E(Δe)　F(f)　S(s)　T(t)

这种G71指令格式适用于棒料毛坯粗车内外圆轮廓，以切除毛坯的较大余量。它加工的零件轮廓表面非单调递增或递减，仍是复合循环指令。在切削之前要为加工设定复合循环起点。它是用G71指令粗车外径的加工路线，如图5-7所示。

其中：

Δd——背吃刀量，无正、负号，半径指定，可用系统参数设定，也可以用程序指定数值，但程序指定数值优先；

e——退刀量，可用系统参数设定，也可以用程序指定数值；

ns——精加工形状程序段中的开始程序段号；

nf——精加工形状程序段中的结束程序段号；

Δe——X轴、Z轴方向精加工预留量；

F，S，T——粗加工循环的进给速度、主轴转速与刀具功能。

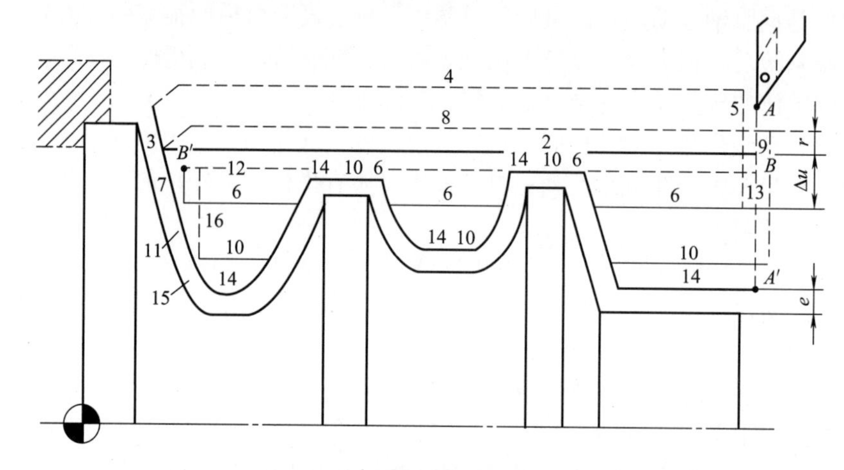

图5-7　外圆粗车切削循环走刀路线

2. 应用举例

使用上述G71的轮廓参数E进行图5-8所示工件的加工程序编制。加工程序见表5-7。

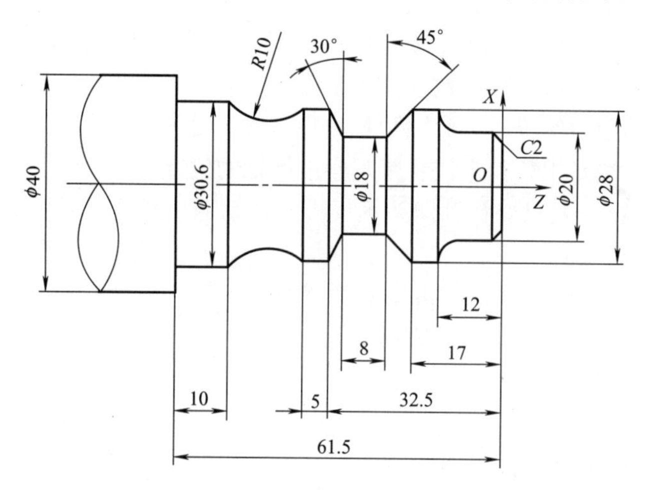

图5-8　范例图形

表5-7　加工程序

序号	程序段	说明
1	O3322	程序名称
2	%1234	程序段名称
3	G21 G94	初始化环境
4	M03 S500	主轴正转
5	T0101	换90°偏刀(大副后角尖刀)
6	G00 X42 Z10	到循环起点
7	G71 U2 R1 P10 Q20 E0.6 F100	粗加工
8	N10 G00 X0	精加工起始行
9	G01 Z0 F50	工进到端面

续表

序号	程序段	说明
10	G01 X16	平端面
11	X20 Z-2	倒角
12	Z-8	车外圆
13	G02 X28 Z-12 R4	切圆弧
14	G01 Z-17	车外圆
15	X18 Z-22	切倒锥
16	W-8	切圆柱
17	X28 Z-32.5	切正锥
18	W-5	切圆柱
19	G02 X30.6 Z-51.5 R10	加工圆弧表面
20	G01 Z-61.5	切圆柱
21	N20 G01 X35	平端面
22	G00 X100 Z100	到换刀点
23	M05	主轴停止
24	M30	程序结束

三、任务训练

1. 任务要求

针对如图5-9所示的螺纹轴零件，进行工艺制订、编制数控加工程序，进行数控加工等技能训练。

任务目标如下：

① 零件图样分析；

② 能制订零件的加工工艺路线；

③ 会合理选择加工过程中的切削用量；

④ 能应用循环指令编写阶梯轴类零件的加工程序；

⑤ 能操作机床完成零件切削加工；

⑥ 零件加工质量评测。

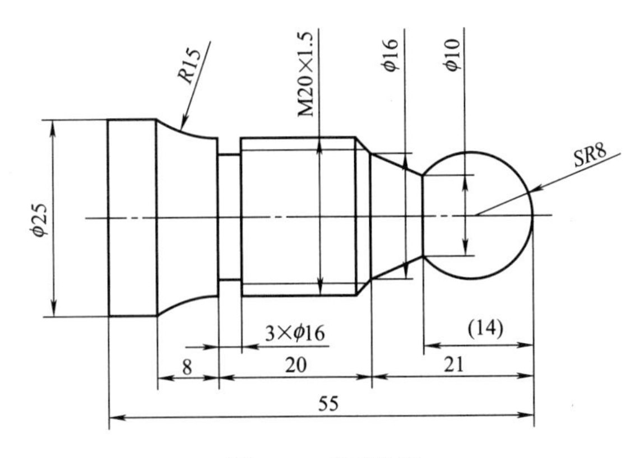

图5-9 球面轮廓

2. 工序卡填写（见表5-8）

表5-8 数控加工工序卡

单位	数控加工工序卡	产品名称或代号				零件名称		零件图号
						球面轮廓轴		003
		车间				使用设备		
						CK3675V		
		工艺序号				程序编号		
		004-1				004-1		
		夹具名称				夹具编号		
		三爪卡盘						
工步号	工步作业内容	加工面	刀具号	刀补量	主轴转速/(r/min)	进给速度/(mm/min)	切削深度/mm	备注
1	粗加工	外圆	T0101		500	100	2	
2	精加工	外圆	T0101		500	100	0.3	
3	切螺纹	螺纹	T0303		400	1.5		
4	切断	左端面	T0202		400	50		
编制	审核	批准		年 月 日		共 页		第 页

3. 编写加工程序

此零件加工程序编写中，使用G71（e参数）指令进行粗加工，基本指令精加工，使用G82螺纹切削指令切螺纹，使用基本指令进行切断编程。为简化数控编程，采用一把刀进行粗、精加工。加工程序见表5-9。

表5-9 加工程序

序号	程序段	说明
1	O0401	程序名称
2	%1234	程序段名
3	G21 G94	初始化程序环境，公制单位mm，分进给
4	T0101	调1号刀，调1号刀补
5	M03 S500	主轴正转，转速500r/min
6	G00 X30 Z10	快速逼近工件
7	G71 U2 R1 P10 Q20 E0.6 F100	G71(e)粗加工循环指令应用
8	N10 G00 X0	快进到X0
9	G01 Z0 F60	工进到零件端面中心
10	G03 X10 Z-14 R8 F100	粗车圆弧，半径8mm
11	G01 X16 Z-21	车锥
12	X20 Z-23	倒角
13	Z-41	车螺纹圆柱
14	G02 X25 Z-49 R15	车圆弧表面
15	G01 Z-58	车圆柱
16	N20 X29	平端面退刀
17	G00 X100 Z100	快速退至换刀点
18	T0202 S400	换切断刀（刀宽3mm），转速400r/min
19	G00 X35 Z-41	快速进刀到切槽起点

续表

序号	程序段	说明
20	G01 X16 F50	切槽
21	G04 P4000	暂停修光保尺寸
22	G01 X35 F120	工进退刀
23	G00 X100 Z100	快速到换刀点
24	T0303 S400	换螺纹刀，改转速
25	G00 X35 Z15	到循环点
26	G82 X19 Z-40 F1.5	切削螺纹第一切
27	X18.5	切削螺纹第二切
28	X18.2	切削螺纹第三切
29	G00 X100 Z100	快速到换刀点
30	T0202 S400	换槽刀，确定转速
31	G00 X35 Z-58	快速定位到起点
32	G01 X-1 F50	切断
33	G04 P3000	修光
34	G01 X35 F120	工进退刀
35	G00 X100 Z100	退刀到换刀点
36	M05	主轴停止
37	M30	程序结束

4. 零件切削加工

（1）加工操作（见表5-10）

表5-10　球面轮廓轴加工操作过程

序号	操作模块	操作步骤
1	安装工件	①选取训练用毛坯棒料 ②在保证目标加工零件尺寸需求的前提下，尽量缩短工件伸出夹具卡爪外的距离，65~70mm
2	安装刀具	①90°偏刀、3mm宽度槽刀的安装方法同前 ②将已经装配好刀片的数控螺纹刀，将刀杆靠装到刀架3号位的上边，确保刀杆紧贴刀架侧壁，使用刀架扳手锁紧两个螺钉，将螺纹刀具安装到刀架上
3	对刀	以零件右端面中心为工件坐标系，进行90°偏刀、槽刀对刀
4	程序输入 程序核验	①创建程序，输入程序 ②检查程序正确性 ③使用机床程序检验功能
5	试切加工	①将机床功能设置为单段模式 ②降低进给倍率 ③关上仓门，执行“循环启动”键 ④手扶“急停按钮”，如果发生意外情况，迅速拍下“急停按钮”
6	尺寸检验	使用精度为0.02mm的游标卡尺，对加工完成的零件表面进行尺寸检测

（2）零件质量检验、考核（见表5-11）

表 5-11 零件质量检验、考核表

<table>
<tr><td>零件名称</td><td colspan="3">球面轮廓轴</td><td colspan="2">允许读数误差</td><td colspan="2">±0.007mm</td><td rowspan="3">教师评价（填写 T/F）</td></tr>
<tr><td rowspan="2">序号</td><td rowspan="2">项目</td><td rowspan="2">尺寸要求/mm</td><td rowspan="2">使用的量具</td><td colspan="4">测量结果</td><td rowspan="2">项目判定</td></tr>
<tr><td>No.1</td><td>No.1</td><td>No.1</td><td>平均值</td></tr>
<tr><td>1</td><td>外径</td><td>M20 × 1.5</td><td></td><td></td><td></td><td></td><td></td><td>合 否</td><td></td></tr>
<tr><td>2</td><td>外径</td><td>SR8</td><td></td><td></td><td></td><td></td><td></td><td>合 否</td><td></td></tr>
<tr><td>3</td><td>长度</td><td>55</td><td></td><td></td><td></td><td></td><td></td><td>合 否</td><td></td></tr>
<tr><td colspan="2">结论（对上述三个测量尺寸进行评价）</td><td colspan="7">合格品　　次品　　废品</td><td></td></tr>
<tr><td colspan="2">处理意见</td><td colspan="7"></td><td></td></tr>
</table>

四、知识巩固

① 有凹槽零件和无凹槽零件在加工方面有哪些区别？

② G71格式中的精加工预留量X方向是直径值还是半径值？

③ G71指令中的粗精加工进给量是如何区分给定的？

五、技能要点

在数控加工中精加工余量不能太大，也不能太小。

任务三　手柄切削加工

一、预备知识

1. 零件的精加工

（1）精加工余量确定　在数控加工过程中，精加工余量不能太大，也不能太小。如果太大，则精加工过程中起不到精加工的效果；反之，如果精加工余量留太少，则不能纠正上道工序的加工误差。数控车床通常采用经验估算法或查表修正法确定加工余量，一般取0.2~0.5mm（精加工余量的确定还要根据工件材料，刀具材质不同而确定）。

（2）精加工进给路线确定

① 零件成形轮廓的进给路线：在安排进行一刀或多刀加工的精车进给路线时，零件的最终成形轮廓应该由最后一刀连续加工完成，并且要考虑到加工刀具的进刀、退刀位置；尽量不要在连续的轮廓轨迹中安排切入、切出以及换刀和停顿（切入、切出及接刀点位置应选在有空刀槽或表面间有拐点、转角的位置，不能选在曲线要求相切或光滑的部位，以免造成工件的弹性变形、表面划伤等缺陷）。

② 加工中需要换刀的进给路线：主要根据工步顺序的要求来决定各把加工刀具的先后顺序以及各把加工刀具的进给路线的衔接。

③ 刀具切入、切出以及接刀点的位置选择：加工刀具的切入、切出以及接刀点，应该尽量选取在有空刀槽或表面间有拐点、转角的位置处，曲线要求相切或光滑连接的部位不能作为加工刀具切入、切出以及接刀点的位置。

④ 如果零件各加工部位的精度要求相差不大，应以最高的精度要求为准，一次连续走

刀加工完成零件的所有加工部位；如果零件各加工部位的精度要求相差很大，应把精度接近的各加工表面安排在同一把车刀的走刀路线内完成加工部位的切削，并应先加工精度要求较低的加工部位，再加工精度要求较高的加工部位。

2. 夹具装夹安装

工件装在夹具上，不再进行找正，便能直接得到准确加工位置的装夹方式。

如图5-10所示，采用夹具装夹方法，不需要进行划线就可把工件直接放入夹具中去。工件通过夹具体内的内圆柱面与轴肩端面定位，限制5个自由度，通过夹紧螺母进行夹紧工件，完成了工件的装夹过程。夹具通过圆柱与轴肩端面定位夹紧到三爪卡盘上，下一工件进行加工时，夹具在机床上的位置不动，只需松开夹紧螺母进行装卸工件即可。

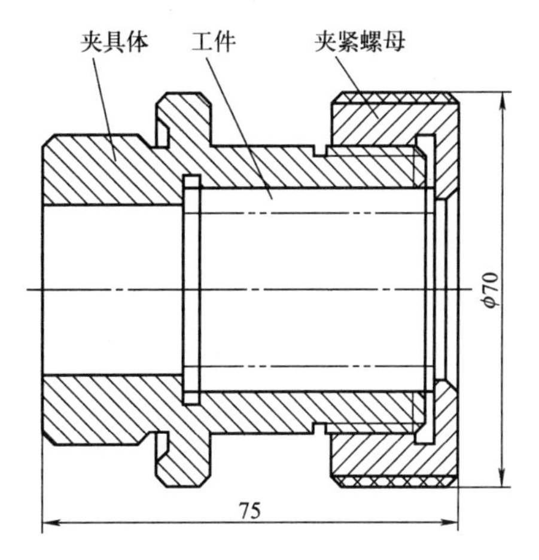

图5-10　套筒专用夹具

通过此例会发现使用专用夹具的优点如下：

① 保证稳定可靠地达到各项加工精度要求；

② 缩短加工工时，提高劳动生产率；

③ 降低生产成本；

④ 减轻工人劳动强度；

⑤ 可由较低技术等级的工人进行加工；

⑥ 能扩大机床工艺范围。

夹具精度保证加工一批工件时，只要在允许的刀具尺寸磨损限度内，都不必调整刀具位置，不需进行试切，直接保证加工尺寸要求。这就是用夹具装夹工件时，采用调整法达到尺寸精度的工作原理。

二、基础理论

1. 精加工复合循环指令G70（华中系统没有G70指令）

用G71指令粗加工后，用G70进行精加工，切除粗加工中留下的余量。

（1）指令格式

G70 P（*ns*）Q（*nf*）；

精加工指令G70

其中各代码含义：

ns——精加工形状程序的第一个段号；

nf——精加工形状程序的最后一个段号。

（2）注意事项

① G70指令在程序中不能单独出现，要与G71配合使用。

② G70指令的程序段的前一段程序中的*X*、*Z*坐标值为切削循环的起点位置，也是加工完后刀具退回的终点位置。G70精加工循环指令加工时循环点的设置，一定要与其他粗加工固定循环指令时设定的循环起点坐标一致，否则精加工轨迹会移位。

③ 精加工时，G71程序段中的F、S、T指令无效，只有在N(*ns*）到N(*nf*）之间的程序段中的F、S、T才有效。或者可以在G70指令之前指定。

注：华中HNC-818数控系统默认不使用G70指令。如要使用G70指令，则需要将NC参数68号设置为0X2。如果此参数不打开而执行G70指令，系统报警。

2. 刀尖圆弧半径补偿

为了提高刀尖的强度和降低工件表面粗糙度，在实际车削中常将刀尖修磨成半径较小的圆弧，如图5-11所示。由于在用圆头车刀进行圆锥面或圆弧切削时，会产生过切或欠切现象，但又为了确保工件的尺寸及形状精度，加工时是不允许刀具刀尖圆弧的圆心运动轨迹与被加工工件轮廓重合的，而应与工件轮廓偏移一个刀尖半径值，这种偏移就称为刀尖圆弧半径补偿。

刀尖圆弧半径补偿

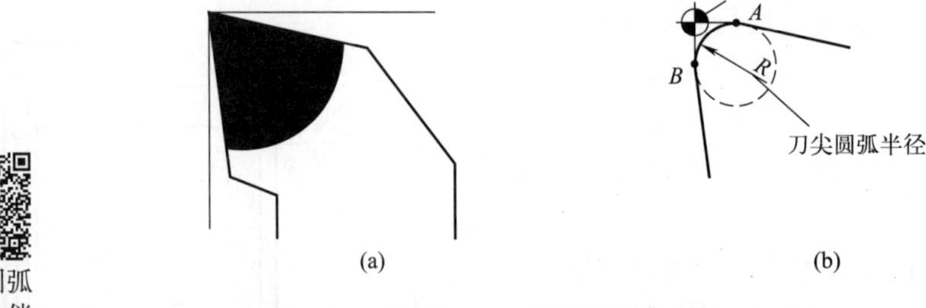

图5-11 车刀刀尖放大图

当刀具磨损或刀具重磨后，刀具半径变小或变大，这时只需要通过面板输入改变后的刀具半径，而不需要修改已编好的程序。

（1）刀尖圆弧半径补偿指令

G41/G42 G01/G00 X（U）—Z（W）—

……

G40 G01/G00 X（U）—Z（W）—

其中：

G41 是刀具半径左补偿指令，即沿刀具运动方向看，刀具位于工件左侧时的刀具半径补偿，如图5-12所示；G42是刀具半径右补偿，即沿刀具运动方向看，刀具位于工件右侧时的刀具半径补偿，如图5-12所示；G40是取消刀具半径补偿指令；X（U）、Z（W）是G01、G00运动的目标点坐标。

（2）使用刀具圆弧半径补偿指令时应注意以下几点：

① G41、G42、G40必须与G00或G01指令一起使用，不能与圆弧插补指令G02/G03一起使用。

② 写在同一程序段中。

③ 在G41或G42指令模式中，不允许有两段连续的非移动指令，否则刀具在前面程序段终点的垂直位置停止，会产生过切或欠切现象。

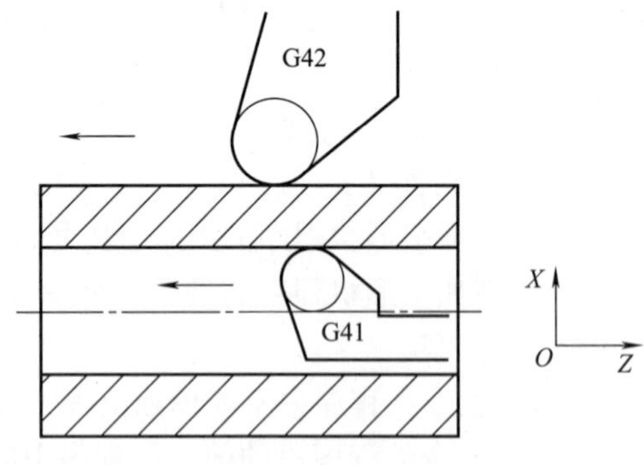

图5-12 刀尖半径补偿

④ G41或G42指令必须与G40指令成对使用。

⑤ 在加工比刀尖半径小的凹圆弧时，会产生报警。

⑥ 加工阶梯形状工件时，若阶梯高小于刀尖半径，会产生报警。

⑦ 在建立刀具半径补偿之前，刀具应远离零件轮廓适当的距离。

三、任务训练

1. 任务要求

加工如图5-13所示手柄零件。可先加工螺纹端，然后通过辅助工艺夹具，旋合螺纹，然后加工成形表面。下面仅编写成形端的加工程序，螺纹端很简单，省略。

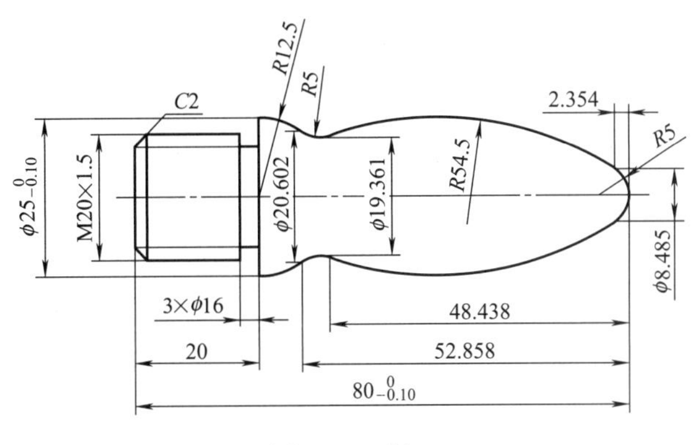

图5-13　手柄

手柄加工工艺

任务目标如下：

① 能读懂零件图，为手柄加工选择合适的加工方案；

② 会使用所学的G71、G70指令为零件编写加工程序；

③ 能为粗加工选择合适的切削用量；

④ 能为精加工确定合适的余量和切削用量；

⑤ 会操作机床完成零件切削加工。

2. 工序卡填写（见表5-12）

表5-12　数控加工工序卡

单位	数控加工工序卡	产品名称或代号				零件名称	零件图号	
						手柄	003	
		车间				使用设备		
						CK3675V		
		工艺序号				程序编号		
		004-1				004-1		
		夹具名称				夹具编号		
		三爪卡盘						
工步号	工步作业内容	加工面	刀具号	刀补量	主轴转速/(r/min)	进给速度/(mm/min)	切削深度/mm	备注
1	粗加工	外圆	T0101		500	100	1	
2	精加工	外圆	T0101		500	100	1	
3	切断	左端面	T0202		400	50		
编制	审核	批准			年　月　日	共　页		第　页

3. 编写加工程序

此零件加工程序编写中，使用G71指令进行粗加工，基本指令精加工，使用基本指令进行切断编程。为简化数控编程，采用一把刀进行粗、精加工。见表5-13。

表5-13 加工程序

序号	程 序 段	说 明
1	O0401	程序名称
2	%1234	程序段名
3	G21 G94	初始化程序环境，公制单位mm，分进给
4	T0101	调1号刀，调1号刀补(大副偏角)
5	M03 S500	主轴正转，转速500r/min
6	G00 X35 Z10	快速逼近工件
7	G71 U2 R1 P10 Q20 E0.6 F100	G71粗加工循环指令应用
8	N10 G42 G00 X0	快进到*X*0，刀尖半径右补偿
9	G01 Z0 F60	工进到零件端面中心
10	G03 X8.458 Z-2.345 R5 F100	精车圆弧，半径5mm
11	G03 X19.361 Z-48.438 R54.5	精车半径54.5mm圆弧
12	G02 X20.602 Z-52.858 R5	车*R*5圆弧
13	G03 X25 Z-60 R12.5	车*R*12.5圆弧
14	G01 Z-62	车直径25mm圆柱
15	N20 G40 X30	平端面退刀，取消半径补偿
16	G00 X100 Z100	快速退至换刀点
17	M05	主轴停止
18	M30	程序结束

4. 零件切削加工

（1）加工操作（见表5-14）

表5-14 手柄加工操作过程

序号	操作模块	操 作 步 骤
1	安装工件	①选取训练用毛坯棒料 ②在保证目标加工零件尺寸需求的前提下，尽量缩短工件伸出夹具卡爪外的距离，75~80mm ③其他同前述内容
2	安装刀具	90°偏刀、3mm宽度槽刀的安装方法同前
3	对刀	以零件右端面中心为工件坐标系，进行90°偏刀、槽刀对刀
4	程序输入 程序核验	①创建程序，输入程序 ②检查程序正确性 ③使用机床程序检验功能
5	试切加工	①将机床功能设置为单段模式 ②降低进给倍率 ③关上仓门，执行“循环启动”键 ④手扶“急停按钮”，如发生意外情况，迅速拍下“急停按钮”
6	尺寸检验	使用精度为0.02mm的游标卡尺，对加工完成的零件表面进行尺寸检测

（2）零件质量检验、考核（见表5-15）

表5-15　零件质量检验、考核表

<table>
<tr><td>零件名称</td><td colspan="4">手柄</td><td colspan="2">允许读数误差</td><td colspan="2">±0.007mm</td><td rowspan="3">教师评价
（填写T/F）</td></tr>
<tr><td rowspan="2">序号</td><td rowspan="2">项目</td><td rowspan="2">尺寸要求
/mm</td><td rowspan="2">使用的
量具</td><td colspan="4">测量结果</td><td rowspan="2">项目
判定</td></tr>
<tr><td>No.1</td><td>No.1</td><td>No.1</td><td>平均值</td></tr>
<tr><td>1</td><td>外径</td><td>$\phi25_{-0.10}^{0}$</td><td></td><td></td><td></td><td></td><td></td><td>合 否</td><td></td></tr>
<tr><td>2</td><td>螺纹</td><td>M20×1.5</td><td></td><td></td><td></td><td></td><td></td><td>合 否</td><td></td></tr>
<tr><td>3</td><td>长度</td><td>$80_{-0.10}^{0}$</td><td></td><td></td><td></td><td></td><td></td><td>合 否</td><td></td></tr>
<tr><td colspan="2">结论(对上述三个
测量尺寸进行评价)</td><td colspan="7">合格品　　　　次品　　　　废品</td><td></td></tr>
<tr><td colspan="2">处理意见</td><td colspan="7"></td><td></td></tr>
</table>

注意事项：

① 使用G71指令，其循环起点一定要在工件毛坯外侧；

② 加工过程中可以通过调节转速和进给倍率控制工件加工质量。

四、知识巩固

① 手柄如何选择加工方案？

② 加工中粗精加工切削用量如何选择？

③ 加工过程中发现加工尺寸不对应该怎样修改？

五、技能要点

在零件加工过程中观察到零件的加工尺寸不正确，可以把机床功能选择到单段执行状态，在程序模块下按到编辑状态对错误的程序指令进行修改，修改完成保存之后再按循环启动键继续执行程序。

项目六

夹紧套加工

夹紧套零件是夹具上的常用零件之一，与锥堵心轴配合以实现套类零件的装夹定位的夹具。图6-1所示的夹紧套零件由内外圆表面组成，加工时要保证内外圆表面的同轴度要求。所以在加工过程中要合理编排加工工艺，保证夹紧套足够的精度要求。

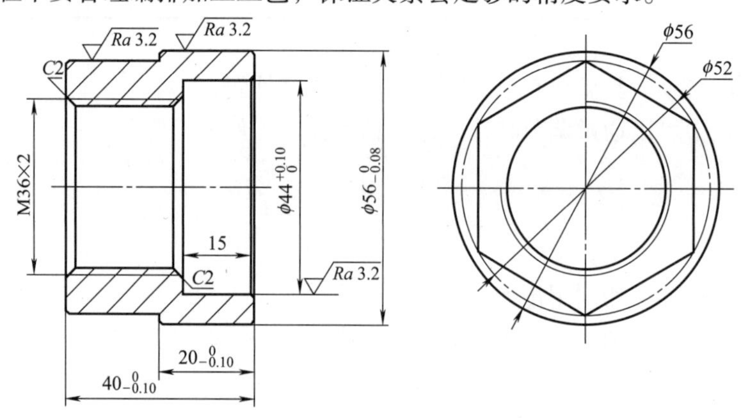

图6-1　夹紧套

任务一　内 孔 加 工

一、预备知识

1. 内孔表面的加工方法

孔类型及加工方法

内孔表面可以在车、钻、镗、拉、磨床上进行。常用的加工方法有钻孔、扩孔、铰孔、镗孔、拉孔和磨孔等。加工时应用哪种加工方法应该根据工件的尺寸大小、尺寸精度、形状精度、位置精度和表面质量来选择。本项目中的套类零件加工都是在数控车床上完成的。

（1）车床钻削加工　车床钻孔常指的是钻头安装在尾座上，随尾座沿轴向移动做进给运动。工件夹持在主轴卡盘上，并随主轴高速旋转构成主运动。

（2）车床镗削加工　用车床可以镗孔。车孔和镗孔的区别是，车孔是工件转，刀具不转；镗孔是工件不转，刀具旋转。本来运动就是相对的，理论上区别不大。只是因为机床结构不同形式不同而已，车床镗孔可以是刀具旋转也可以是工件旋转，镗床镗孔只能是刀具工件不旋转。

2. 内径千分尺的使用

内径千分尺的正确测量方法如下。

① 内径千分尺在测量及其使用时，必须用尺寸最大的接杆与其测微头连接，依次顺接到测量触头，以减小连接后的轴线弯曲。

② 测量时应看测微头固定和松开时的变化量。

③ 使用时，用内径尺测量孔时，将其测量触头测量面支撑在被测表面上，调整微分筒，使微分筒一侧的测量面在孔的径向截面内摆动，找出最小尺寸。然后拧紧固定螺钉读出读数。

④ 内径千分尺测量时支撑位置要正确。

内孔测量

二、基础理论

1. 内径粗车单一循环指令G80

该指令主要用于内外圆柱面的切削循环，本任务只要求掌握内圆柱面的切削加工。

指令格式：　G80 X__Z__ F__；

如图6-2所示，执行该循环指令时，刀具将从循环起点*A*出发，经过切削起点*B*、切削终点*C*、退刀点*D*，最后返回循环起点*A*，构成一个矩形进给轨迹。

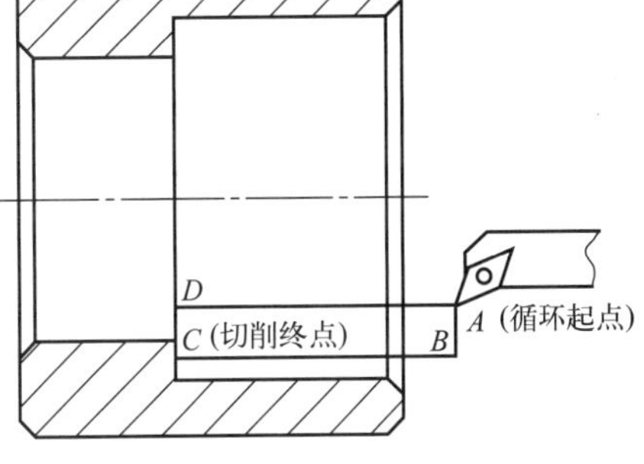

图6-2　G80加工示意图

说明：

（1）绝对编程时，X、Z为切削终点*C*在工件坐标系下的坐标。

（2）增量编程时，X、Z为切削终点*C*相对于循环起点*A*的有向距离。

（3）F为指定的进给速度。该指令为模态指令，具有续效性。

2. 粗、精加工分开

G80指令一般都是零件的粗车加工指令，为了保证零件的尺寸精度还需要对零件进行精车加工，零件的精车一般余量很小，切削速度要比粗加工速度高，使用G01指令沿着零件轮廓切削完成。

3. 内孔车削刀具的选择

内孔粗车加工

（1）麻花钻的选择　钻孔时，对于精度要求不高的内孔可以直接用麻花钻钻出，对于精度要求高的内孔，钻孔后还需要再加工孔，用麻花钻钻削后应留出后续工序的加工余量。选择麻花钻长度时，一般应使麻花钻螺旋槽长度大于孔深，直径大小选择应以车削的最小孔来确定。当孔径较大时，一般采用钻—扩或者钻—镗的方式进行加工。

内孔刀选择和使用

（2）内孔车刀的选择　内孔车刀有通孔车刀和盲孔车刀两类。车削直通孔类零件时选择通孔车刀；车削不通孔或台阶类孔时选择盲孔车刀。刀柄截面的形状优先选用圆柄车刀。由于圆柄车刀的刀尖高度是刀柄高度的二分之一，且柄部为圆形，有利于排屑，故在加工相同直径的孔时圆柄车刀的刚性明显高于方柄车刀，所以在条件许可时应尽量采用圆柄车刀。

标准内孔车刀已给定了最小加工孔径。对于加工最大孔径范围，一般不超过比它大一个规格的车孔刀所定的最小加工孔径。

三、任务训练

1. 任务要求

针对如图6-3所示的套件零件，进行工艺制订、编制数控加工程序、数控加工等技能训练。

任务目标如下：

零件加工工艺安排

① 零件图样分析；
② 能制订零件的加工工艺路线；
③ 会合理选择加工过程中的切削用量；
④ 能应用循环指令编写套件类零件的加工程序；
⑤ 能操作机床完成零件切削加工；
⑥ 零件加工质量评测。

2. 工序卡填写

以ϕ65mm×80mm毛坯为例，零件的加工工艺路线是先粗加工右端面，外圆，钻内孔ϕ30，然后半精车内孔、倒角，精车端面、外表面，精车内孔，切断，精车左端面，倒内外角。下面以半精加工内孔为例编写加工程序。数控加工工序卡见表6-1。

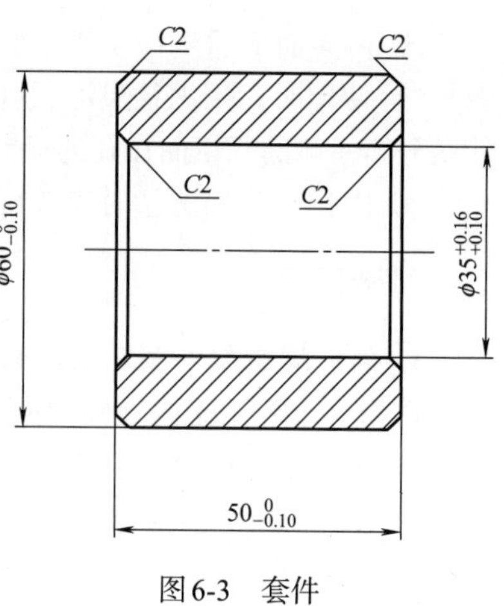

图6-3 套件

表6-1 数控加工工序卡

单位	数控加工工序卡	产品名称或代号				零件名称		零件图号
						套件		003
		车间				使用设备		
						CK3675V		
		工艺序号				程序编号		
		004-1				004-1		
		夹具名称				夹具编号		
		三爪卡盘						
工步号	工步作业内容	加工面	刀具号	刀补量	主轴转速/(r/min)	进给速度/(mm/min)	切削深度/mm	备注
1	粗加工右端各表面	内外圆	T0101		500	100	1	
2	精加工右端各表面	内外圆	T0101		500	100	1	
3	切断	左端面	T0202		400	50		
4	精车端面与倒角	内外圆	T0101		500	100	1	
编制	审核	批准		年 月 日		共 页		第 页

3. 编写加工程序

此零件加工程序编写中，使用G80指令进行粗加工，G01指令精加工，使用G01指令进行切断编程。见表6-2。

表6-2 加工程序

序号	程 序 段	说 明
1	O0888	程序名称
2	%1234	程序段名
3	G21 G94	初始化程序环境，公制单位mm，分进给
4	T0101	调1号刀，调1号刀补，内孔镗刀
5	M03 S450	主轴正转，转速500r/min

续表

序号	程　序　段	说　　明
6	G00 X29 Z10	快速逼近工件
7	G80 X31 Z-55 F50	G80半精加工内孔
8	X32	直径ϕ32
9	X33	直径ϕ33
10	X34	直径ϕ34
11	X34.6	直径ϕ34.6
12	G00 X100 Z100	退刀到换刀点
13	M05	主轴停止
14	M30	程序结束

4. 零件切削加工

（1）加工操作（见表6-3）

表6-3　套件加工操作过程

序号	操作模块	操 作 步 骤
1	安装工件	①选取训练用毛坯棒料 ②在保证目标加工零件尺寸需求的前提下，尽量缩短工件伸出夹具卡爪外的距离，60~65mm
2	安装刀具	90°偏刀、3mm宽度槽刀的安装方法同前
3	对刀	以零件右端面中心为工件坐标系，进行90°偏刀、槽刀对刀
4	程序输入 程序核验	①创建程序，输入程序 ②检查程序正确性 ③使用机床程序检验功能
5	试切加工	①将机床功能设置为单段模式 ②降低进给倍率 ③关上仓门，执行“循环启动”键 ④手扶“急停按钮”，如发生意外情况，迅速拍下“急停按钮”
6	尺寸检验	使用精度为0.02mm的游标卡尺，对加工完成的零件表面进行尺寸检测

（2）零件质量检验、考核（见表6-4）

表6-4　零件质量检验、考核表

零件名称	套件			允许读数误差		±0.007mm			教师评价（填写T/F）
序号	项目	尺寸要求/mm	使用的量具	测量结果				项目判定	
				No.1	No.1	No.1	平均值		
1	内径	$\phi 35_{+0.10}^{+0.16}$						合 否	
2	外径	$\phi 60_{-0.10}^{0}$						合 否	
3	长度	$50_{-0.10}^{0}$						合 否	
结论（对上述三个测量尺寸进行评价）		合格品		次品		废品			
处理意见									

四、知识巩固

① 用内孔车刀加工内孔时进退刀方向与外圆加工相同吗？有什么区别？

② 应用G80车削内表面时循环起点如何确定？

③ 内表面加工转速和进给速度可以和外表面加工相同吗？

五、技能要点

1. G80车削内表面换刀点选定

应用G80车削内表面时换刀点应该远离工件，以内孔刀为准，确保换刀时刀具和工件不发生干涉。

2. 工件装夹技巧

如果工件的加工内容只有孔的加工，工件的伸出长度应尽可能短，以提高工件的刚性；如果工件的材料比较软，装夹工件时要注意夹紧力不宜过大。

任务二　台阶孔加工

一、预备知识

1. 刀具材料应具备的性能

刀具材料是指刀具切削部分的材料。金属切削时，刀具切削部分直接和工件及切屑相接触，承受着很大的切削压力和冲击，并受到工件及切屑的剧烈摩擦，产生很高的切削温度。因此，刀具材料应具备一定的性能。

（1）足够的硬度　一般来说，刀具材料的硬度必须高于被切工件材料的硬度，常温硬度要求60HRC以上，除此之外，还必须具备较高的高温硬度（热硬性）和显微硬度（金相组织硬度）。

（2）高耐磨性和耐热性　刀具材料的耐磨性是指抵抗磨损的能力。一般来说，刀具材料硬度越高，耐磨性也越好，但材料的耐磨性不单纯取决于材料的硬度，也并非材料越硬耐磨性就越高。因为硬度过高，内应力增加，可能会加快对表层的破坏，使耐磨性降低。

（3）足够的强度和韧性（坚韧性）　强度是指抵抗切削力的作用而不至于崩刃或刀杆折断所应具备的性能，一般用抗弯强度来表示。冲击韧性是指刀具材料在断续切削或有冲击的工作条件下保证不崩刃的能力。强度越高，承受切削抗力的能力越大，刃口崩损的倾向越小。

（4）良好的导热性　刀具材料的导热性用热导率［单位为W/(m·K)］来表示。热导率大，表示导热性好，切削时产生的热量容易传导出去，从而降低切削部分的温度、减轻刀具磨损。

（5）较好的工艺性和经济性　为便于加工制造，要求刀具材料有良好的工艺性能，即具有良好的可加工性能、可磨削性、高温塑性、锻造性、焊接性及热处理工艺性等。工艺性能与经济性能差的材料不宜制造刀具。

（6）良好的抗粘接性和化学稳定性　抗粘接性防止工件与刀具材料分子间在高温高压作用下互相吸附产生粘接。化学稳定性指刀具材料在高温下，不易与周围介质发生化学反应。

刀具材料的种类繁多，且随着科学技术的发展，新的刀具材料也不断出现，常用刀具材料可分为四大类，即工具钢、硬质合金、陶瓷及超硬材料。

2. 常用的内孔刀具材料

（1）高速钢　碳素工具钢是指碳的质量分数为0.65%~1.35%的优质高碳钢，常用的有

T8A、T10A、T12A等。这种材料的优点是刀具刃磨性好，热塑性好，切削加工性好，价格低廉等。缺点是热处理后变形大，淬透性差，耐热性差，最高切削温度为250℃左右，主要用于切削速度低于8m/min、加工效率较低的情况，故多用于低速、手动工具，如丝锥、锉刀及手锯条等。

（2）硬质合金　硬质合金中的碳化物（WC、TiC、TaC等）的硬度高、熔点高。碳化物所占的比例越大，硬度越高；碳化物的粒度越小，则碳化物颗粒的总面积越大，而黏结层的厚度减小，即相当于黏结层金属相对减少，使其硬度提高，抗弯强度降低。因此，硬质合金的硬度、耐磨性和耐热性都高于高速钢。由于硬质合金具有高的热硬性（可达1000℃左右），允许切削速度为高速钢的数倍，故目前已成为主要刀具材料之一。但硬质合金抗弯强度较低，脆性大，承受冲击能力较差，制造工艺性较差，刃口不如高速钢锋利。目前国内外已研制出许多新型硬质合金，提高了综合性能。

① 硬质合金的种类

a. 钨钴类（K类）硬质合金。钨钴类硬质合金的硬质相材料是WC，黏结剂是Co。常用牌号有YG3、YG6、YG8等，如YG8中含有金属钴（Co）8%，依此类推。

b. 钨钛钴类（P类）硬质合金。钨钛钴类硬质合金的硬质相材料是WC和TiC，黏结剂为Co。常用的牌号有YT5、YT15、YT30等，如YT15中表明含有TiC量15%。

c. 钨钛钽（铌）钴类（M类）硬质合金，主要成分为WC+TiC+TaC（NbC）+Co，常用的牌号有YW1、YW2。YW类硬质合金也叫通用硬质合金，是一种用途广泛的硬质合金。各类硬质合金牌号中，含钴量越多，韧性越好，适用于粗加工；含碳化物量越多，热硬性越高韧性越差，适用于精加工。

② 硬质合金的选用　正确选用适当型号的硬质合金，对于发挥其切削性能及经济性等都具有十分重要的意义。

a. 根据加工性质选用。

粗加工时，切削用量大，切削抗力大，有时还有冲击和振动。这时要求刀具材料具有高的抗弯强度和冲击韧性，应选用含钴量高的硬质合金，如YG8、YT5等。

精加工时，要求加工精度较高，表面粗糙度值小、切削量小，切削力也小，切削过程比较平稳，一般情况下的切削速度比较高，要求刀具材料的硬度、耐磨性及耐热性高，以保持刀刃的锋利、平直及稳定的几何形状，应选择含钴（Co）量少的硬质合金，如YG3、YT30等。切削不规则的工件，要求刀具抗冲击能力强，一般应选择含钴量较高的硬质合金，如YG8、YT5等。

b. 根据工件材料选用。

切削铸铁等脆性材料，一般形成崩碎切屑，切削力和切削热都集中在刀尖附近，切削不平稳，有冲击和振动，要求刀具有较高的抗弯强度、韧性和导热性，宜选用YG类硬质合金。

切削钢等塑性材料时，一般形成带状切屑，塑性变形大，摩擦力大，切削温度高，切削过程连续而且平稳，要求刀具材料有较高的硬度、耐磨性和耐热性，宜选用YT类硬质合金。切削不锈钢、高强度钢、高温合金及钛合金等较难加工材料时，由于这类材料的强度高，韧性大，黏附性强，切削力大，切削温度较高，导热性差，另外，不锈钢、钛合金中的Ti元素与刀具之间的亲和作用会加剧刀具的磨损。因而对刀具材料的抗弯强度、韧性及导热性的要求更高，宜选用YG类硬质合金。YW类硬质合金，一般是在YT类中，使用TaC（NbC）代替部分TiC。硬质合金中加入TaC（NbC）后，提高了刀具的抗弯强度和冲击韧度，同时，耐磨性和耐热性也有所提高。这类硬质合金刀具，既可切削加工铸铁和非铁合金材料（如铜、铝合金），也可以加工各类钢料，主要用于加工较难加工材料。

陶瓷有很高的硬度和耐磨性，耐热性高达1200℃以上，切削速度可比硬质合金提高2~5倍。化学稳定性好，与金属的亲和力小，抗黏结和抗扩散磨损的能力强。陶瓷的最大缺点是抗弯强度很低，冲击韧度很差。因此，目前主要用于各种金属材料（钢、铸铁、有色金属等）的精加工和半精加工。

（3）金刚石　金刚石具有极高的硬度和耐磨性，耐热性差、强度低、脆性大。一般只适宜作精加工，是磨削硬质合金及高强度、高硬度材料的特效工具。

立方氮化硼可对高温合金、淬硬钢、冷硬铸铁进行半精加工和精加工。

二、基础理论

1. 孔加工工步遵循原则

所谓工步是在加工表面和加工工具、主轴转速及进给量不变的情况下，所连续完成的那一部分作业。孔加工划分工步一般应遵循以下原则。

① 先粗后精原则。应先切除整个零件的大部分余量，再将其表面精加工一遍，以保证加工精度和表面粗糙度要求。

② 先内后外原则。先以外圆定位加工内孔，再以内圆定位加工外圆，这样就可以保证同轴度要求。

③ 内外交叉原则。先进行内、外表面粗加工，再进行内外表面精加工。

④ 先主后次。先安排主要表面、基准面加工，后安排次要表面加工。

⑤ 保证工件的加工刚度要求。

2. 内孔车刀安装

① 刀杆伸出刀架处的长度应尽可能短，以增加刚性，避免因刀杆弯曲变形，而使孔产生锥形误差。一般比被加工孔长5~6mm。

② 刀尖应等高或略高于工件的旋转中心，以减少振动和扎刀现象，防止内孔刀下部碰坏孔壁，影响加工精度。

③ 刀杆要装正，应平行于工件的轴线，不能歪斜，以防止刀杆后半部分碰到工件孔口。

④ 盲孔车刀装夹时，内偏刀的主刃应与孔底面成3°~5°，并且在车平面时要求横向有足够的退刀余量。

3. 麻花钻的安装与找正

① 麻花钻的安装：一般直柄麻花钻的安装都是直接安装在钻夹头或钻夹套上，再将钻夹头的锥柄插入尾座孔内。

② 麻花钻的找正：使钻头的中心与工件的旋转中心缓慢对准，不能用力过大，否则可能导致孔径钻大、钻偏，或者直接使钻头折断。

三、任务训练

1. 任务要求

针对如图6-4所示的螺纹轴零件，进行工艺制订、编制数控加工程序，进行数控加工等技能训练。

任务目标如下：

① 零件图样分析；

② 能制订零件的加工工艺路线；

③ 会合理选择加工过程中的切削用量；

④ 能应用循环指令编写台阶孔套件的加工程序；

⑤ 能操作机床完成零件切削加工；

⑥ 零件加工质量评测。

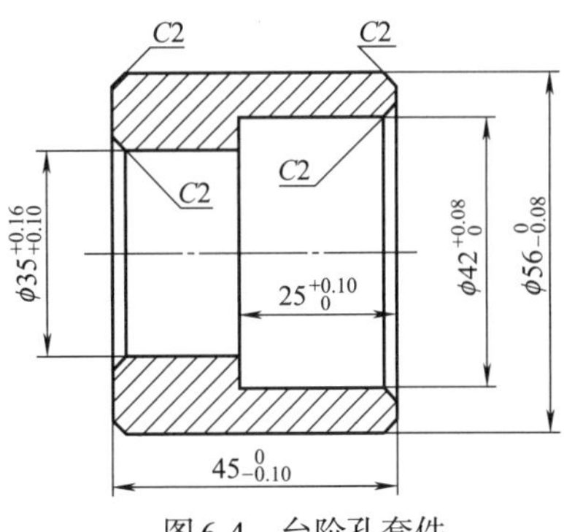

图6-4　台阶孔套件

台阶孔加工程序编写

2. 工序卡填写（见表6-5）

表6-5　数控加工工序卡

单位	数控加工工序卡	产品名称或代号				零件名称		零件图号
						台阶孔套件		003
		车间				使用设备		
						CK3675V		
		工艺序号				程序编号		
		004-1				004-1		
		夹具名称				夹具编号		
		三爪卡盘						
工步号	工步作业内容	加工面	刀具号	刀补量	主轴转速/(r/min)	进给速度/(mm/min)	切削深度/mm	备注
1	粗加工（端面、外圆、钻孔、扩孔）	内外圆	T0101		500	100	1	
2	精加工（外圆、内孔）	内外圆	T0101		500	100	1	
3	切断	左端面	T0202		400	1.5		
4	精切左端面、内外倒角	左端面	T0101		400	50		
编制	审核	批准		年　月　日		共　页		第　页

3. 编写加工程序

此零件加工程序编写中，使用G80指令进行粗加工，使用G01指令精加工。加工程序见表6-6。

表6-6　加工程序

序号	程　序　段	说　　明
1	O0810	程序名称
2	%1234	程序段名
3	G21 G94	初始化程序环境，公制单位mm，分进给
4	T0303	调1号刀，调1号刀补，内孔镗刀
5	M03 S500	主轴正转，转速500r/min
6	G00 X30 Z10	快速逼近工件（已钻ϕ30孔）
7	G80 X31 Z-45 F90	内孔加工循环ϕ31长度45mm

续表

序号	程 序 段	说 明
8	X32	内孔加工循环ϕ32长度45mm
9	X33	内孔加工循环ϕ33长度45mm
10	X34	内孔加工循环ϕ34长度45mm
11	X35 Z25	内孔加工循环ϕ35长度25mm
12	X36	内孔加工循环ϕ36长度25mm
13	X37	内孔加工循环ϕ37长度25mm
14	X38	内孔加工循环ϕ38长度25mm
15	X39	内孔加工循环ϕ39长度25mm
16	X40	内孔加工循环ϕ40长度25mm
17	X41	内孔加工循环ϕ41长度25mm
18	G00 X50 S750	快速定位，转速750r/min
19	G00 Z2	*Z*向定位
20	G01 X42 Z-2 F60	倒角*C*2
21	Z-25	车内圆柱
22	X35	平内端面
23	Z-48	车内圆柱
24	X32	平端面退刀
25	G00 X32 Z100	快速退至*Z*100
26	X100	快速退至*X*100
27	M05	主轴停止
28	M30	程序结束

4. 零件切削加工

（1）加工操作（见表6-7）

表6-7 台阶孔套件加工操作过程

序号	操作模块	操 作 步 骤
1	安装工件	①选取训练用毛坯棒料 ②在保证目标加工零件尺寸需求的前提下，尽量缩短工件伸出夹具卡爪外的距离，60~70mm ③其他同前述内容
2	安装刀具	①90°偏刀、3mm宽度槽刀的安装方法同前 ②已经装配好刀片的数控内孔刀，将当前刀位选择为3号刀位，然后，将内孔刀平行于主轴安装到4号刀座上，并使刀尖指向卡盘与操作者方向
3	对刀	以零件左端面中心为工件坐标系，进行90°偏刀、槽刀对刀
4	程序输入 程序核验	①创建程序，输入程序 ②检查程序正确性 ③使用机床程序检验功能

续表

序号	操作模块	操 作 步 骤
5	试切加工	①将机床功能设置为单段模式 ②降低进给倍率 ③关上仓门，执行“循环启动”键 ④手扶“急停按钮”，如发生意外情况，迅速拍下“急停按钮”
6	尺寸检验	使用精度为0.02mm的游标卡尺，对加工完成的零件表面进行尺寸检测

（2）零件质量检验、考核（见表6-8）

表6-8　零件质量检验、考核表

零件名称	台阶孔套件			允许读数误差	±0.007mm			教师评价（填写T/F）
序号	项目	尺寸要求/mm	使用的量具	测量结果				项目判定	
				No.1	No.1	No.1	平均值		
1	内径	$\phi35^{+0.16}_{+0.10}$						合 否	
2	内径	$\phi42^{+0.08}_{0}$						合 否	
3	外径	$\phi56^{0}_{-0.08}$						合 否	
结论（对上述三个测量尺寸进行评价）		合格品		次品		废品			
处理意见									

四、知识巩固

① 说明套件加工的工艺安排原则。

② 怎么样选择所用的内孔车刀尺寸？

③ 车削内孔前要先钻孔，钻孔前用中心钻加工中心孔吗？为什么？

五、技能要点

钻孔前，应先找平工件的端面，以利于钻头定心，即用钻尖钻入工件，然后摇动尾座手柄，钻出一定的孔深。也可以先在工件的端面上钻出中心孔，然后再用麻花钻钻削。

任务三　内螺纹孔加工

一、预备知识

1. 内螺纹底径的算法

内螺纹小径是相对于螺纹大径D而言用公式来定义的，是内螺纹上最靠近轴心处的直径值。内螺纹的计算公式可以根据项目四的图4-3螺纹参数图的螺纹简图的几何原理计算，其中D_1为小径值，P为螺距，H为牙型高度。小径值D_1=公称直径D−1.0825P（螺距）。即由三角函数可知：$\frac{5}{8}H : \frac{P}{4} = \tan 60°$，则可计算出：

$$2 \times \frac{5}{8}H = 2 \times \frac{P}{4} \times \tan 60° = P \times \frac{\sqrt{3}}{4} = 1.0825P$$

所以，小径$D_1=D-2 \times \frac{5}{8}H=D_1-1.0825P$，实际应用中考虑加大0.1~0.2mm直径。

2. 内孔螺纹刀的选择

内孔螺纹刀的使用

① 刀片与刀杆的选择。图6-5（a）所示刀片与刀杆首先以加工孔的规格选择，刀片应以所能加工螺纹的规格选择，刀杆选择时应以与刀片相配合为准则。选择刀杆时应根据使用要求从刀杆表格中选择。

② 刀座选择首先要与刀杆的变径套相适配，然后就是要与机床的刀架相适配，如图6-5（b）、（c）、（d）所示。如刀座的规格SBHA32-32，前者是机床刀架高度，后者是安装变径套孔的直径。而变径套的规格如：32-12，前者是变径套的外径直径，后者是变径套内孔安装刀杆的孔直径。而选择刀具时，就根据变径套的内孔来选择对应的刀杆直径。只有正确理顺刀具、变径套、刀座三者的型号尺寸关系，才能保证组装后的套装件能够在机床上顺利使用。

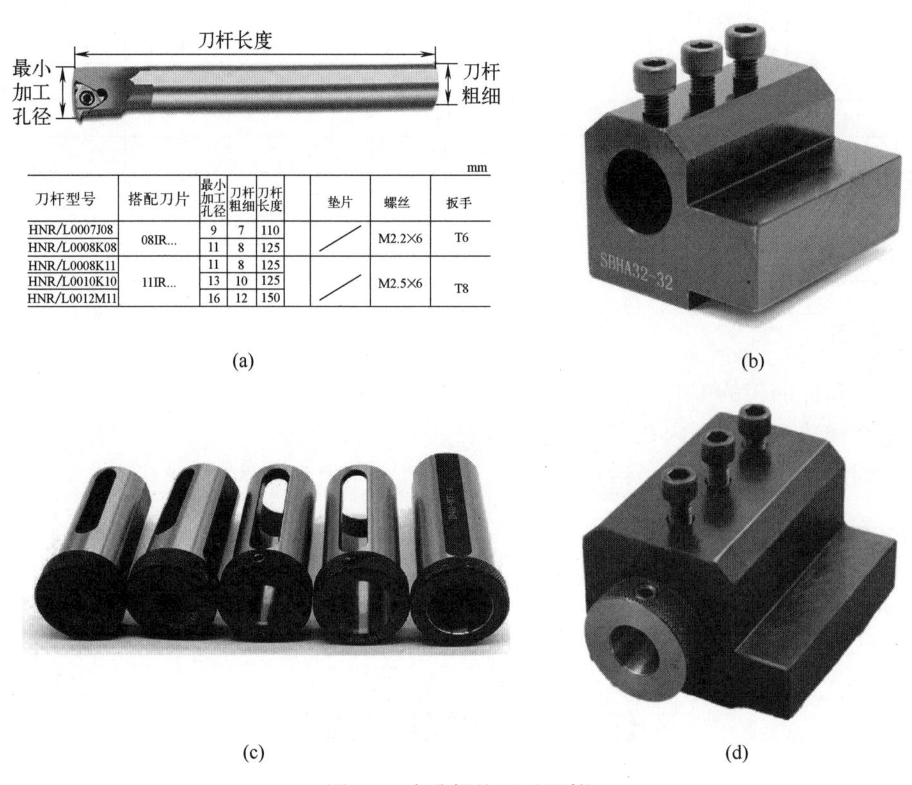

mm

刀杆型号	搭配刀片	最小加工孔径	刀杆粗细	刀杆长度		垫片	螺丝	扳手
HNR/L0007J08	08IR...	9	7	110		/	M2.2×6	T6
HNR/L0008K08		11	8	125				
HNR/L0008K11	11IR...	11	8	125		/	M2.5×6	T8
HNR/L0010K10		13	10	125				
HNR/L0012M11		16	12	150				

图6-5 内孔螺纹刀及配件

二、基础理论

1. 内沟槽的加工

（1）加工指令G01

如图6-6所示为内沟槽表面加工。

指令格式：G01 X__ Z__ F__

说明：

X、Z——沟槽在当前坐标系下切削终点C的X、Z方向的绝对坐标值；

F——切削沟槽的进给速度。

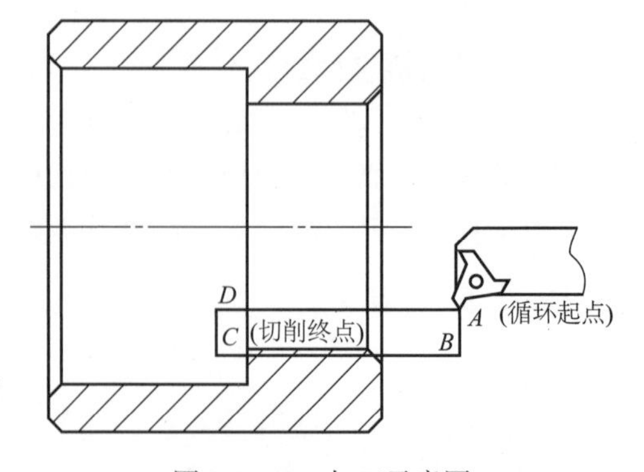

图6-6 G82加工示意图

内螺纹编程指令

应用内沟槽车刀加工沟槽时要注意以下问题。

① 槽不宜过深，一般为0.75~1.5mm。

② 槽太深，使前角过大、楔角减小，刀尖强度降低，刀具容易折断。

③ 防止磨成台阶形，切削时切屑不容易流出。

（2）内沟槽刀的安装

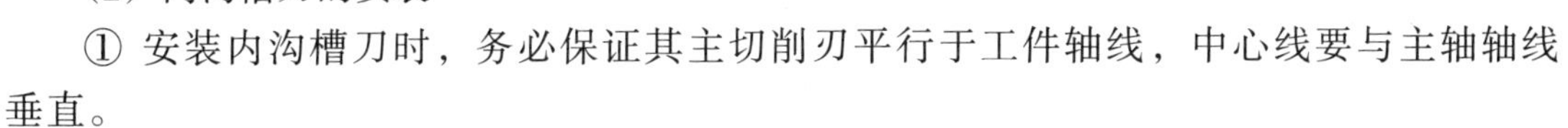
① 安装内沟槽刀时，务必保证其主切削刃平行于工件轴线，中心线要与主轴轴线垂直。

② 主切削刃要与工件轴线处于同一高度。

③ 槽刀刀体不能倾斜，避免切削过程中与工件产生碰撞，出现打刀现象。

④ 刀体伸出端不能过长，造成加工过程中刀具刚性不够，发生崩刀现象。

2. 内螺纹切削加工

（1）加工指令G82

指令格式：G82 X（U）__Z（W）__ R__ E__ C__ P__ F__

如图6-6所示。

说明：

X(Z）——螺纹终点绝对坐标；

U(W）——螺纹终点相对起点的有向距离；

F——公制螺纹螺距（长轴方向上）；

P——螺纹起始点角度；

C——螺纹头数，为0或1时切削单头螺纹；

R——*Z*方向退尾量，增量指定，如有退刀槽，参数可省略；

E——*X*方向退尾量，增量指定，如有退刀槽，参数可省略。

（2）应用G82指令切削螺纹注意事项

① G82指令加工内螺纹时，循环起点的确定要保证刀具与工件内表面不发生干涉；

② G82指令中*Z*坐标的选择既要保证能加工出整个螺纹，还要保证在螺纹刀退刀时不碰到已加工表面。

三、任务训练

1. 任务要求

针对如图6-7所示的螺纹套件，进行工艺制订、编制数控加工程序、进行数控加工等技能训练。

任务目标如下：

① 零件图样分析；

② 能制订零件的加工工艺路线；

③ 会合理选择加工过程中的切削用量；

④ 能应用循环指令编写螺纹套件类零件的加工程序；

⑤ 能操作机床完成零件切削加工；

⑥ 零件加工质量评测。

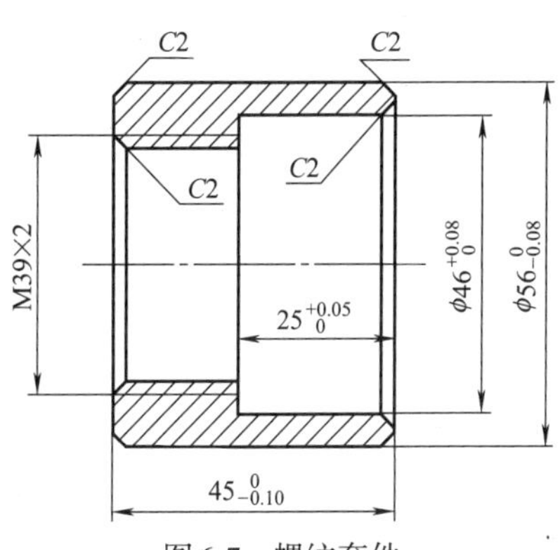

图6-7　螺纹套件

2. 工序卡填写（见表6-9）

表6-9 数控加工工序卡

单位	数控加工工序卡	产品名称或代号	零件名称	零件图号
			螺纹套件	003
C2 C2 C2 C2 M39×2 $25^{+0.05}_{0}$ $\phi46^{+0.08}_{0}$ $\phi56^{0}_{-0.08}$ $45^{0}_{-0.10}$		车间	使用设备	
			CK3675V	
		工艺序号	程序编号	
		004-1	004-1	
		夹具名称	夹具编号	
		三爪卡盘		

工步号	工步作业内容	加工面	刀具号	刀补量	主轴转速/(r/min)	进给速度/(mm/min)	切削深度/mm	备注
1	粗加工右端面	端面	T0101		500	100	1	
2	粗加工ϕ56外圆表面	外圆	T0101		500	100	1	
3	钻加工ϕ30通孔,镗ϕ46阶梯孔	内孔	T0404		500	100	1	
4	精加工外圆、内孔	右全部	T0101		750	60	0.5	
5	切削左端内螺纹	螺纹	T0303		450	1.5	1.875	三刀前多后少
6	切断	左端面	T0202		400	50		
7	精加工左端面、倒角	左端面	T0101		500	100		
编制	审核		批准		年 月 日	共 页		第 页

3. 编写加工程序

此零件加工程序编写中，使用G80指令进行粗加工，使用G01指令进行精加工、倒角加工，使用G82指令加工零件，使用G01指令进行切断编程。为简化数控编程，采用一把刀进行粗、精加工。见表6-10。

表6-10 加工程序

序号	程序段	说明
1	O0603	程序名称
2	%1234	程序段名
3	G21 G94	初始化程序环境,公制单位mm,分进给
4	T0404	调4号刀,调4号刀补
5	M03 S400	主轴正转,转速500r/min
6	G00 X35 Z20	快速逼近工件
7	G00 Z5	快速进刀到平端面起点
8	G82 X37.9 Z-48 F2	D_1=39-1.0825×2+(0.1 ~ 0.2)=37(mm),G82切螺纹第一切
9	X38.6	第二切
10	X39.1	第三切
11	G00 Z100	快速移动Z100
12	G00 X100	快速退刀到换刀点
13	M05	主轴停止
14	M30	程序结束

4. 零件切削加工

（1）加工操作（见表6-11）

表6-11 螺纹套件加工操作过程

序号	操作模块	操 作 步 骤
1	安装工件	①选取训练用毛坯棒料 ②在保证目标加工零件尺寸需求的前提下，尽量缩短工件伸出夹具卡爪外的距离，65~70mm ③其他同前述内容
2	安装刀具	①90°偏刀、3mm宽度槽刀的安装方法同前 ②已经装配好刀片的数控螺纹车刀，确保当前刀位是4号位，并将刀杆靠装到刀架4号刀位的上边，确保刀杆紧贴刀架侧壁，使用刀架扳手锁紧两个螺钉，将螺纹车刀安装到刀架上
3	对刀	①以零件右端面中心为工件坐标系，进行90°偏刀、槽刀对刀 ②螺纹车刀Z向贴刀到工件表面，先采用大倍率（100×）逼近工件端面，然后，改为10×与1×倍率精确贴刀到工件端面上，见到产生切屑则完成Z向贴刀，改为X向移动，离开工件端面，在刀补表4号对应行上，可输入与第一把刀相同的试切长度值，完成Z向对刀 ③螺纹车刀X向贴刀到工件内表面，先采用大倍率（100×）逼近工件已经切削的圆柱表面，然后，改为10×与1×倍率精确贴刀到工件圆柱表面上，见到产生切屑则完成X向贴刀，改为Z向移动，离开工件端面，在刀补表4号对应行上，可输入与第一把刀相同的试切直径值，完成X向对刀
4	程序输入 程序核验	①创建程序，输入程序 ②检查程序正确性 ③使用机床程序检验功能
5	试切加工	①将机床功能设置为单段模式 ②降低进给倍率 ③关上仓门，执行“循环启动”键 ④手扶“急停按钮”，如发生意外情况，迅速拍下“急停按钮”
6	尺寸检验	使用精度为0.02mm的游标卡尺，对加工完成的零件表面进行尺寸检测

（2）零件质量检验、考核（见表6-12）

表6-12 零件质量检验、考核表

零件名称	螺纹套件				允许读数误差		±0.007mm		教师评价（填写T/F）
序号	项目	尺寸要求/mm	使用的量具	测量结果				项目判定	
				No.1	No.1	No.1	平均值		
1	外径	$\phi 56_{-0.08}^{0}$						合 否	
2	内径	$\phi 46_{0}^{+0.08}$						合 否	
3	螺纹	M39×2						合 否	
结论（对上述三个测量尺寸进行评价）		合格品		次品		废品			
处理意见									

5. 文明生产

① 工具、量具等摆放规范；

② 机床操作按照操作规程；

③ 卫生清理及时，环境清洁有序；

④ 现场行为规范有秩序。

四、知识巩固

① 加工内孔时要注意哪些问题？

② 加工内螺纹时需要注意哪些问题？

③ 为什么内表面加工要比外表面加工有难度？

五、技能要点

① 内螺纹尺寸控制。

螺纹检测

a. 在内螺纹切削过程中，切削原则本着被吃刀量逐刀递减的原则，最后一刀的切削量最小，以得到更好的螺纹表面质量。

b. 加工之后可以拿标准的丝锥与加工螺纹配合，如果精度不好不能旋合，可以改刀补尺寸进行修复，以保证最终的螺纹尺寸。

c. 使用标准内螺纹检具进行检测，可在不卸下工件的情况下进行修补加工，以确保螺纹尺寸符合技术要求。

② 依据加工材料收缩性以及加工刀数的不同，确定合理的底孔尺寸，并配合必要的冷却液来进行螺纹加工。

任务四　夹紧套加工

一、预备知识

1. 装配方法及其选择

装配方法的选择

（1）互换装配法　互换装配法就是在装配时各配合零件不经修理、选择或调整即可达到装配精度的方法。分为完全互换装配法和不完全互换装配法两种。

（2）选配装配法　在成批或大量生产的条件下，对于组成环不多而装配精度要求却很高的尺寸链，若采用完全互换法，则零件的公差将过严，甚至超过了加工工艺的现实可能性，在这种情况下可采用选配装配法。选配装配法有三种：直接选配法、分组选配法和复合选配法。其中，复合选配法是直接选配与分组装配的综合装配法，即预先测量分组，装配时再在各对应组内凭工人经验直接选配。

（3）修配装配法　修配装配法是在单件生产和成批生产中，对那些要求很高的多环尺寸链，各组成环先按经济精度加工，在装配时修去指定零件上预留修配量达到装配精度的方法。

2. 辅助工装设计与制作

（1）能稳定地保证工件的加工精度　用夹具装夹工件时，工件相对于刀具及机床的位置精度由夹具保证，不受工人技术水平的影响，使一批工件的加工精度趋于一致。

（2）能减少辅助工时，提高劳动生产率　使用夹具装夹工件方便、快速，工件不需要划线找正，可显著地减少辅助工时；工件在夹具装夹后提高了工件的刚性，可加大切削用量；可使用多件、多工位装夹工件的夹具，并可采用高效夹紧机构，进一步提高劳动生产率。

（3）能扩大机床的使用范围，实现一机多能　根据加工机床的成形运动，辅以不同类型的夹具，即可扩大机床原有的工艺范围。例如在车床的溜板上或摇臂钻床工作台上装上镗模，就可以进行箱体零件的镗孔加工。

（4）保证加工精度　采用夹具安装，可以准确地确定工件与机床、刀具之间的相互位置，工件的位置精度由夹具保证，不受工人技术水平的影响，其加工精度高而且稳定。

（5）提高生产率、降低成本　用夹具装夹工件，无需找正便能使工件迅速地定位和夹紧，显著地减少了辅助工时；用夹具装夹工件提高了工件的刚性，因此可加大切削用量；可以使用多件、多工位夹具装夹工件，并采用高效夹紧机构，这些因素均有利于提高劳动生产率。另外，采用夹具后，产品质量稳定，废品率下降，可以安排技术等级较低的工人，明显地降低了生产成本。

（6）扩大机床的工艺范围　使用专用夹具可以改变原机床的用途和扩大机床的使用范围，实现一机多能。例如，在车床或摇臂钻床上安装镗模夹具后，就可以对箱体孔系进行镗削加工；通过专用夹具还可将车床改为拉床使用，以充分发挥通用机床的作用。

（7）减轻工人的劳动强度　用夹具装夹工件方便、快速，当采用气动、液压等夹紧装置时，可减轻工人的劳动强度。

二、基础理论

1. 工艺方案的确定

在划分了加工阶段以及各表面加工先后顺序后，就可以把这些内容组成各个工序。在组成工序时，有两条原则，即工序集中和工序分散。

数控加工工序与工步的划分

（1）工序集中　工序集中就是将工件加工内容在少数几道工序内完成，每道工序的加工内容较多。

工序集中有如下特点：

① 在一次装夹中可完成零件多个表面的加工，可以较好地保证这些表面的相互位置精度。同时，减少了装夹时间和减少工件在车间内的搬运工作量，利于缩短生产周期。

② 减少机床数量，并相应减少操作工人，节省车间面积，简化生产计划和生产组织工作。

③ 可采用高效率的机床或自动线、数控机床等，生产效率高。

（2）工序分散　工序分散就是将工件加工内容分散在较多的工序中进行，每道工序的加工内容较少，最少时每道工序只包含一个简单工步。

工序分散有如下特点：

① 机床设备及工艺装备简单，调整和维修方便，工人易于掌握。

② 生产准备工作量少，便于平衡工序时间。

③ 可采用最合理的切削用量，减少基本时间。

④ 设备数量多，操作工人多，占用场地大。

单件小批生产采用通用机床顺序加工，使工序集中，可以简化生产计划和组织工作。对于重型工件，为了减少工件装卸和运输的劳动量，工序应适当集中。大批大量生产的产品，可采用专用设备和工艺装备，可以工序集中，也可将工序分散后组织流水生产。但对一些结构简单的产品，如轴承和刚性较差、精度较高的精密零件，则工序应适当分散。

2. 六点定位原理

如图6-8所示，对于确定的刚体，如果设置相应的六个约束，分别用于限制该刚体的六个运动自由度，就可以使该自由刚体在空间有一个确定的位置，该方法称之为六点定位原理。

六点定位原理是指工件在空间具有六个自由度，即沿X、Y、Z三个直角坐标轴方向的移动自由度和绕这三个坐标轴的转动自由度。因此要完全确定工件的位置，就必须消除这六个自由度，通常用六个支承点（即定位元件）来限制工件的六个自由度，其中每一个支承点限制相应的一个自由度。

六点定位原理

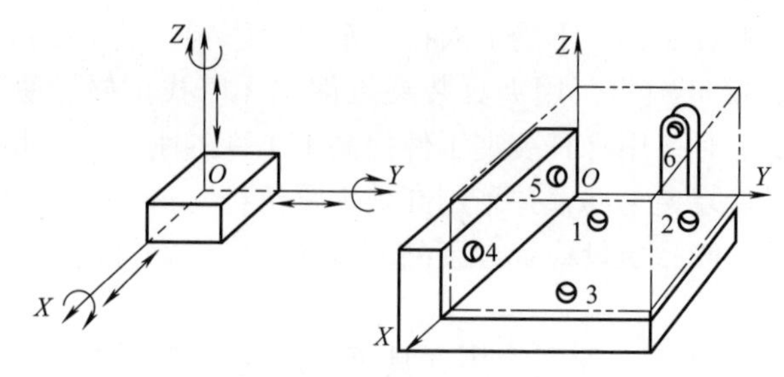

图6-8 工件的六点定位

3. 定位的分类

（1）完全定位 六个自由度均被限制的定位方式称为完全定位。

（2）不完全定位 根据零件加工要求实际限制的自由度数少于六个的定位方法称为不完全定位。

（3）欠定位 根据零件的加工要求，应限制的自由度未被限制的定位方法称为欠定位。欠定位在生产中是不允许出现的。

（4）过定位 某一个自由度同时由多于一个的定位元件来限制，这种定位方式称为过定位。

三、任务训练

1. 任务要求

加工如图6-9所示零件图。

任务目标如下：

① 能制订零件完整合理的加工工艺路线；

② 会合理选择加工过程中的切削用量；

③ 能应用正确指令编写夹紧套零件加工程序；

④ 会操作机床完成零件切削加工。

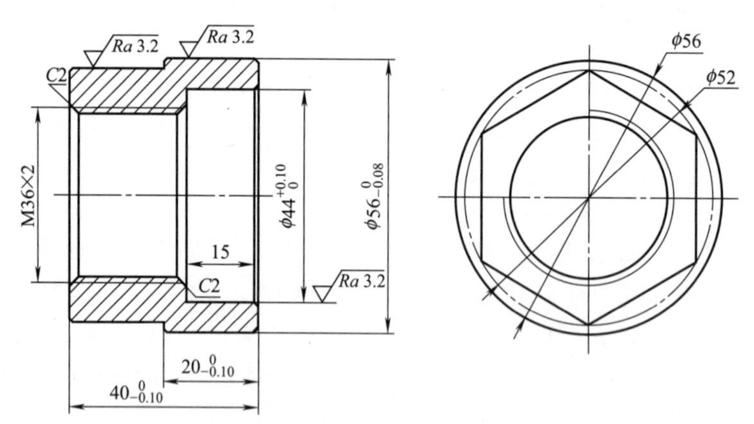

图6-9 夹紧套零件图

2. 加工工艺分析

（1）工艺路线拟定 本任务零件的加工工艺过程为：右端粗车外圆、内孔——右端精车外圆、内孔、切螺纹——粗精车左端外圆及端面——铣六角（铣削，可用分度头或数控转台）。

（2）工、量、刃具准备

① 选择工具。工件装夹在三爪自定心卡盘中，掉头装夹需要用百分表校正。

② 选择量具。外表面测量可以使用外径千分尺或游标卡尺，长度尺寸测量可以用游标卡尺，螺纹检测可以用标准螺柱或螺纹环规，表面粗糙度用表面粗糙度量块比对。

③ 选择刀具。外圆表面的粗车、精车加工用90°外圆车刀，内孔加工用内孔车刀，螺纹尺寸较小可以螺纹车刀或者用丝锥攻螺纹，切断用切槽刀。

(3) 加工工艺　毛坯夹紧，伸出长度要比零件总长45mm长10mm左右，先粗、精加工外轮廓，再粗精车内表面，再粗精车螺纹，然后用切断刀切断。这只是建议的加工顺序，可以根据毛坯尺寸自行选择加工工艺顺序。

(4) 切削参数选择　初定加工材料为45钢，可以参照表6-13选择加工切削用量（最后的加工工艺安排及参数选择见数控加工工序卡，即表6-14）。

表6-13　数控车削加工工艺卡

工步号	工步内容	刀具号	转速/(r/min)	进给量/(mm/min)	背吃刀量a_p/mm
1	车端面	T01	500	100	1
2	粗车外圆	T01	500	100	1.5
3	精车外表面至尺寸	T02	1000	60	0.2
4	打中心孔	中心钻	400	30	0.5
5	钻孔	钻头	400	30	0.5
6	粗车内表面	T02	400	80	1
7	精车内表面	T02	600	50	0.2
8	切断	T03	300	40	

表6-14　数控加工工序卡

<table>
<tr><td rowspan="2">单位</td><td rowspan="2">数控加工工序卡</td><td colspan="4">产品名称或代号</td><td colspan="2">零件名称</td><td>零件图号</td></tr>
<tr><td colspan="4"></td><td colspan="2"></td><td></td></tr>
<tr><td colspan="2" rowspan="6"> 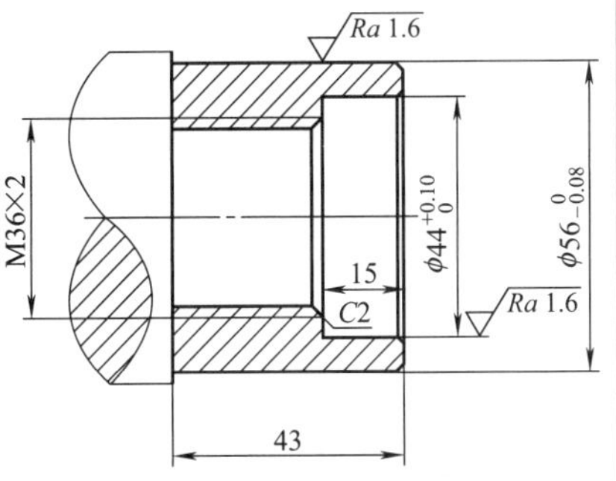</td><td colspan="4">车间</td><td colspan="3">使用设备</td></tr>
<tr><td colspan="4"></td><td colspan="3"></td></tr>
<tr><td colspan="4">工艺序号</td><td colspan="3">程序编号</td></tr>
<tr><td colspan="4"></td><td colspan="3"></td></tr>
<tr><td colspan="4">夹具名称</td><td colspan="3">夹具编号</td></tr>
<tr><td colspan="4">三爪卡盘</td><td colspan="3"></td></tr>
<tr><td>工步号</td><td>工步作业内容</td><td>加工面</td><td>刀具号</td><td>刀补量</td><td>主轴转速/(r/min)</td><td>进给速度/(mm/min)</td><td>切削深度/mm</td><td>备注</td></tr>
<tr><td>1</td><td>粗车端面、车外圆</td><td>外圆端面</td><td>T0101</td><td></td><td>500</td><td>100</td><td>1</td><td></td></tr>
<tr><td>2</td><td>钻孔</td><td>内孔</td><td>钻头</td><td></td><td>400</td><td>100</td><td>通孔</td><td></td></tr>
<tr><td>3</td><td>粗精镗孔</td><td>内孔</td><td>T0303</td><td></td><td>500</td><td>80</td><td>1</td><td></td></tr>
<tr><td>4</td><td>精车外圆</td><td>外圆</td><td>T0101</td><td></td><td>500</td><td>100</td><td>1</td><td></td></tr>
<tr><td>5</td><td>切螺纹</td><td>螺纹</td><td>T0404</td><td></td><td>500</td><td>2</td><td>三刀</td><td></td></tr>
<tr><td>6</td><td>切断</td><td>端面</td><td>T0202</td><td></td><td>400</td><td>50</td><td></td><td></td></tr>
<tr><td>7</td><td>粗精车左侧外圆、端面</td><td>外圆</td><td>T0101</td><td></td><td>500</td><td>100</td><td>1</td><td></td></tr>
<tr><td>8</td><td>倒角</td><td>倒角</td><td>T0303</td><td></td><td>500</td><td>100</td><td>1</td><td></td></tr>
<tr><td>编制</td><td>审核</td><td colspan="2">批准</td><td colspan="2">年 月 日</td><td colspan="2">共 页</td><td>第 页</td></tr>
</table>

3. 编写加工程序

略。

4. 零件切削加工

（1）加工准备。

① 准备零件所需尺寸的坯料。

② 检查机床状态，按顺序开机，回参考点。

③ 输入程序。

④ 装夹工件和刀具。

（2）试切对刀。

（3）程序校验。

（4）自动加工。

5. 零件质量检验、考核打分

略。

6. 心轴夹具装配

（1）装配的概念　根据规定的要求，将若干零件装配成部件的过程叫部装；把若干个零件和部件装配成最终产品的过程叫总装。

（2）装配工作的基本内容

① 清洗。

② 连接。

③ 调整。

④ 检验和试验。

四、知识巩固

① 夹紧套零件加工工序如何安排？

② 加工过程中注意哪些问题？

五、技能要点

（1）加工工序安排

① 在工件的一次装夹中尽可能加工更多的表面。

② 工件加工过程中，每把刀具加工内容尽量一次完成，避免频繁换刀。

③ 零件工序选择尽量使加工路线简单易行。

④ 内外表面同时为基准加工零件，以保证同轴度要求。

（2）保证X尺寸的对刀方式　加工中同一把刀X向只对一次刀，这样有利于掉头加工时径向尺寸的一致性。

六、强化训练

以下题目任选其一。

① 根据图6-10所示零件，制订零件加工工艺并编制左侧内孔的全加工程序。

② 根据图6-11所示零件，制订零件加工工艺并编制左侧内孔的全加工程序。

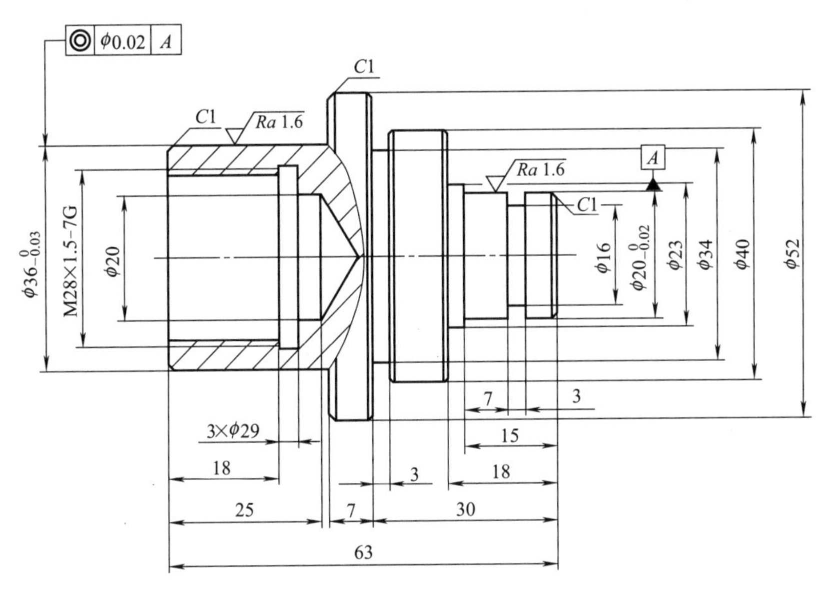

图6-10　组合轴件（1）

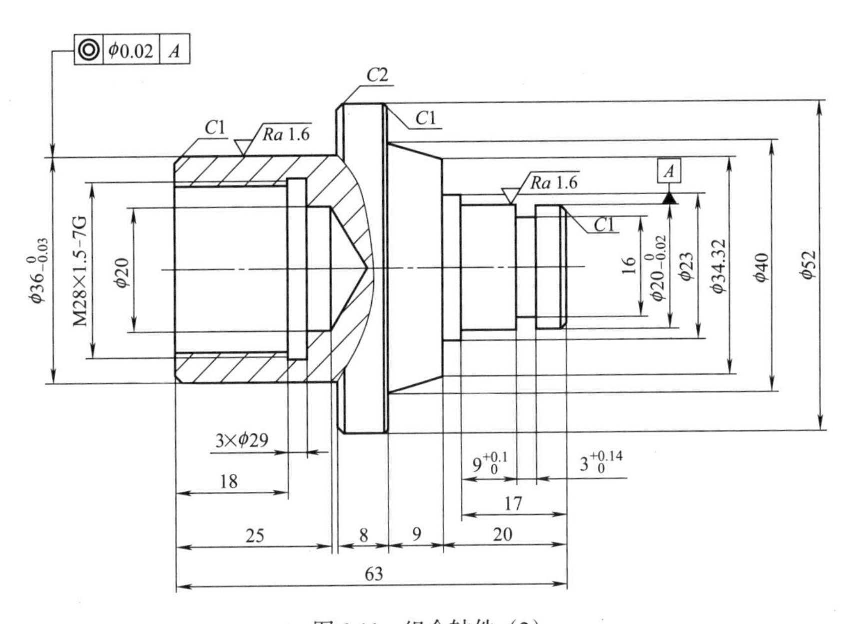

图6-11　组合轴件（2）

项目七

复杂零件加工

复杂零件主要包括带轮、配合件等。本项目主要研究复杂零件的制造工艺、工装设计以及数控车削加工技术等。

带轮是常用的传动件，能向外输出负载，并保证部件与其他部件正确安装。应用比较多的是V带轮，按照带轮直径和基准直径之间的关系有实心带轮、腹板带轮、孔板带轮、椭圆轮辐带轮。本项目选取实心带轮为载体，如图7-1所示。带轮的加工质量不但直接影响装配精度和运动精度，还会影响工作精度。

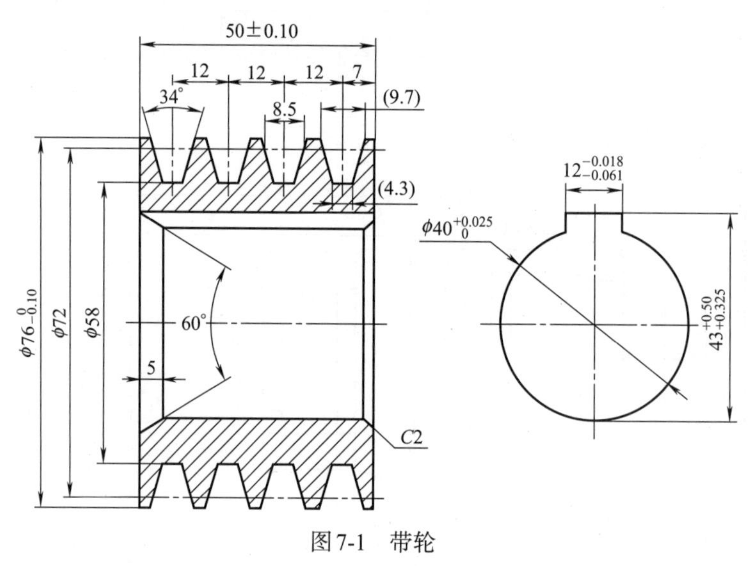

图7-1　带轮

配合件的加工是非常普遍的，二件配合、三件配合，还有更多零件的配合。如图7-2所示。本项目为了提高学生对加工零件的精度要求和实用性的了解，安排了零件的配合加工，共选用了两套载体零件，分别是轴孔类零件和螺纹类零件。让学生在加工过程中学会零件的修配加工，使其能够满足使用要求。同时也提高了学生解决实际问题的能力，会选择合适的方法进行零件间的修配，提高车削加工技能。

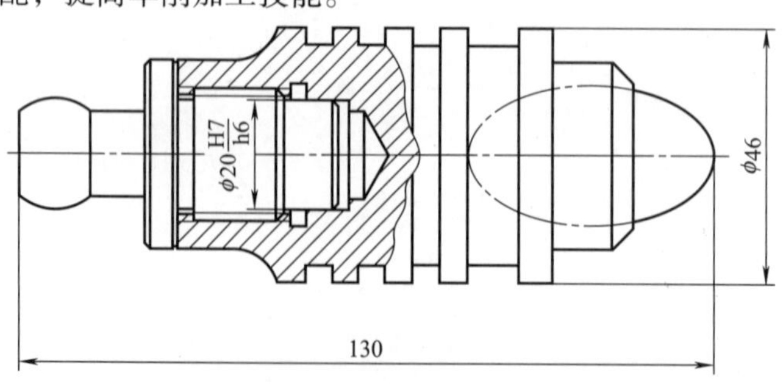

图7-2　配合件

任务一 带 轮 加 工

一、预备知识

1. 夹具的分类

机床夹具的种类很多，形状千差万别，为了设计、制造和管理的方便，往往按某一个属性进行分类。

（1）按夹具的通用特性分类

① 通用夹具　通用夹具是指结构、尺寸均已标准化且具有一定通用性的夹具，如三爪卡盘、四爪卡盘、台虎钳、中心架，分度头等，其特点是适用性强、不需要调整或稍加调整即可装夹一定形状范围内的各种工件。这类夹具已经商品化。这类夹具可使加工成本降低，但夹具的加工精度不高，且很难装夹形状复杂的工件，故适用于单件小批量生产中。

② 专用夹具　专用夹具是针对某一个工件的某一个工序的加工要求而设计和制造的夹具，其特点是针对性很强，专用夹具可获得较高的生产率和加工精度。

③ 可调夹具　可调夹具是针对通用夹具和专用夹具的缺陷而发展起来的一类新型夹具。对不同类型和尺寸的工件，只需调整或更换原来夹具上的个别定位元件和夹紧元件便可使用。

④ 组合夹具　组合夹具是一种模块化的夹具，并已商品化。标准的模块元件具有较高精度和耐磨性，可组装成各种夹具，夹具用毕即可拆卸，留待组装新的夹具。是数控加工中一种较经济的夹具。

（2）按夹具使用的机床分类　这是专用夹具设计所用的分类方法。按使用的机床分类，可把夹具分为车床夹具、铣床夹具、钻床夹具、镗床夹具、磨床夹具、齿轮机床夹具、数控机床夹具等。

（3）按夹具动力源来分类　按夹具夹紧动力源可将夹具分为手动夹具和机动夹具两大类。手动夹具应有扩力机构和自锁性能。常用的机动夹具有气动夹具、液压夹具、气液夹具、电动夹具、电磁夹具等。

2. 机床夹具的组成

（1）定位支承元件　定位支承元件的作用是确定工件在夹具中正确位置并支承工件，是夹具的主要功能元件之一。定位支承元件的定位精度直接影响工件加工的精度。

（2）夹紧装置　夹紧装置的作用是将工件压紧夹牢，并保证在加工过程中工件的正确位置不变。

（3）连接定向元件　这种元件用于将夹具与机床连接并确定夹具对机床主轴、工作台或导轨的相互位置。

（4）导向元件　这些元件的作用是保证工件加工表面与刀具之间的正确位置。

（5）夹具体　夹具体是夹具的基体骨架，用来配置、安装各夹具元件，使之组成一个整体。

上述各组成部分中，定位元件、夹紧装置、夹具体是夹具的基本组成部分。

二、基础理论

零件的定位——基准选择

1. 工件定位的基本原理

夹具设计最主要的任务就是在一定精度范围内将工件定位。工件的定位就是使一批工件每次放置到夹具中都能占据同一位置。

一个尚未定位的工件，其位置是不确定的，这种位置的不确定性，称为自由度。如果将工件假想为一理想刚体，并将其放在一空间直角坐标系中，如图7-3所示，以此坐标系作为参照系来观察刚体位置和方位变动，由运动学可知，一个自由刚体在空间有且仅有六个自由度。如果要使自由刚体在空间有一个确定的位置，就必须设置相应的约束。如果工件的六个自由度都被约束，刚体的位置就会被确定下来。如图7-4所示，工件定位的实质就是约束其自由度。

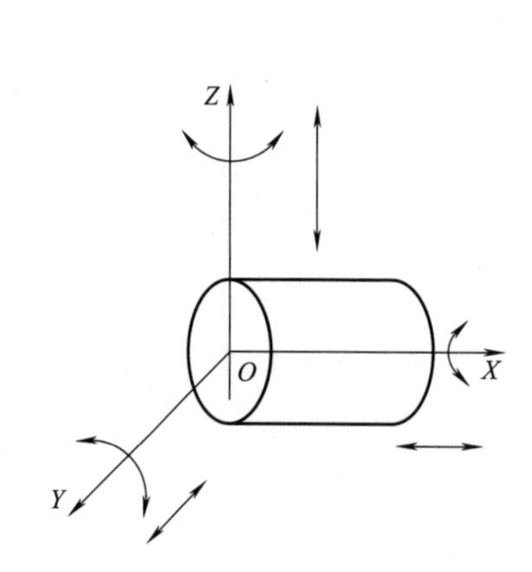

图7-3 工件的六个自由度

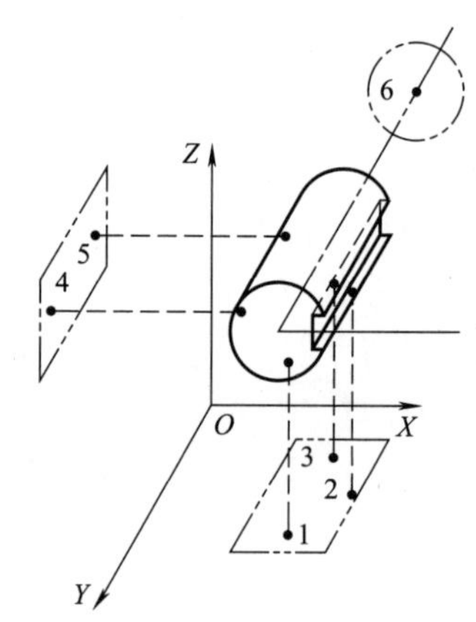

图7-4 圆柱形工件定位

2. 工件定位中的约束分析

工件定位与加工要求的关系

根据工件自由度被约束的情况，工件定位可分为以下几种类型。

（1）完全定位 是指工件的六个自由度不重复地被全部约束的定位。

（2）不完全定位 根据工件的加工要求，有时并不需要约束工件的全部自由度，这样的定位方式称为不完全定位。

（3）欠定位 根据工件的加工要求，应该约束的自由度没有完全被约束的定位称为欠定位。这种定位在加工过程中是不允许的。

（4）过定位 夹具上的两个或两个以上的定位元件重复约束同一个自由度的现象，称为过定位。这种定位现象应该尽量避免和消除。

试结合如图7-5所示带轮加工所用的专用夹具，找出带轮加工所属的定位类型。

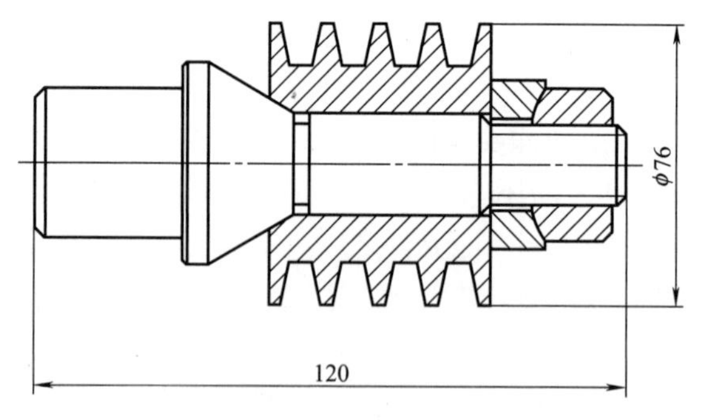

图7-5 带轮夹具

3. 常用的定位元件及选用

工件在夹具中要想获得正确定位，首先应正确选择定位基准，其次则是选择合适的定位元件。

（1）对定位元件的基本要求

① 限位基面应有足够的精度。定位元件具有足够的精度，才能保证工件的定位精度。

② 限位基面应有较好的耐磨性。要求定位元件限位表面的耐磨性要好，以保持夹具的使用寿命和定位精度。

③ 支承元件应有足够的强度和刚度。加工过程中受工件重力、夹紧力和切削力的作用，

因此要求定位元件应有足够的刚度和强度，避免使用中变形和损坏。

④ 定位元件应有较好的工艺性。定位元件要求结构简单、合理、便于制造、装配和更换。

⑤ 定位元件应便于清除切屑。定位元件的结构和工件表面形状应利于清除切屑，以防切屑嵌入夹具内影响加工和定位精度。

（2）常用定位元件所能约束的自由度　常用定位元件可按工件典型定位基准面分为以下几类。

① 用于平面定位的定位元件：包括固定支承（钉支承和板支承）、自位支承和辅助支承。

② 用于外圆柱面定位的定位元件，包括V形块、定位套和半圆定位座等。

③ 用于孔定位的定位元件，包括定位销（圆柱定位销和圆锥定位销）、圆柱心轴和小锥度心轴。

4. 圆锥面内径切削循环

格式：G80 X__Z__I__F__；

说明：

X、Z：绝对编程时，为切削终点C在工件坐标系下的坐标；增量编程时，为切削终点C相对于循环起点A的有向距离。

I：为切削起点A与切削终点C的半径差。

该指令走刀路径如图7-6所示。

5. 陡锥面外径切削循环

格式：G81 X__Z__K__F__；

说明：

X、Z：绝对编程时，为切削终点C在工件坐标系下的坐标；增量编程时，为切削终点C相对于循环起点A的有向距离。

K为切削起点B与圆锥端面切削终点C的轴向增量。走刀路径如图7-7所示。

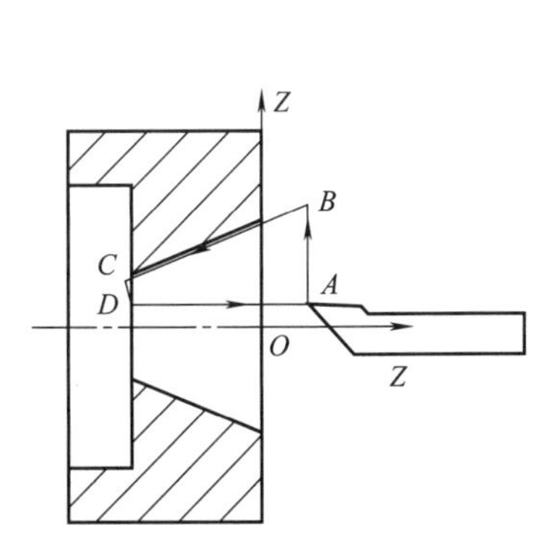

图7-6　内锥面加工路径

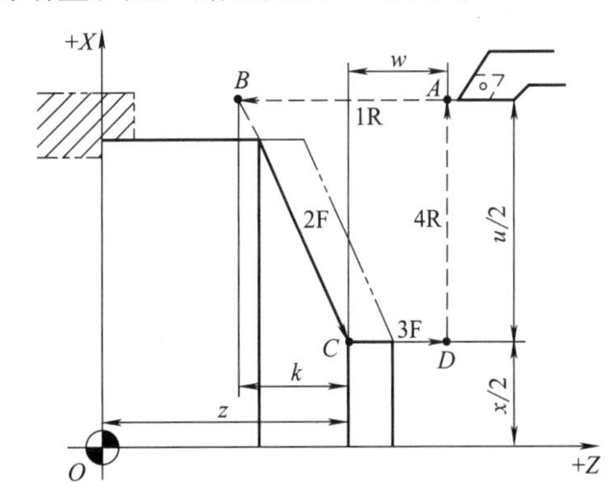

图7-7　陡锥面外径切削

6. 轮槽的切削加工

根据图纸尺寸，加工带轮，确定加工工艺顺序。本教材中只针对带轮特征部分的加工作讲解。

（1）选择刀具　在普通车床上加工轮槽时，可采用成形刀具，而在数控车床上可根据槽的特征，选择数控槽刀为加工所用的刀具，通过规划适合的走刀路线，从而完成轮槽的数控加工。

（2）选择加工轨迹　结合如图7-8所示槽的尺寸和精度要求，可以为其选择加工轨迹：首先，使用槽刀加工直槽，然后再使用槽刀加工两边的斜坡表面，最终完成整个轮槽的加工。

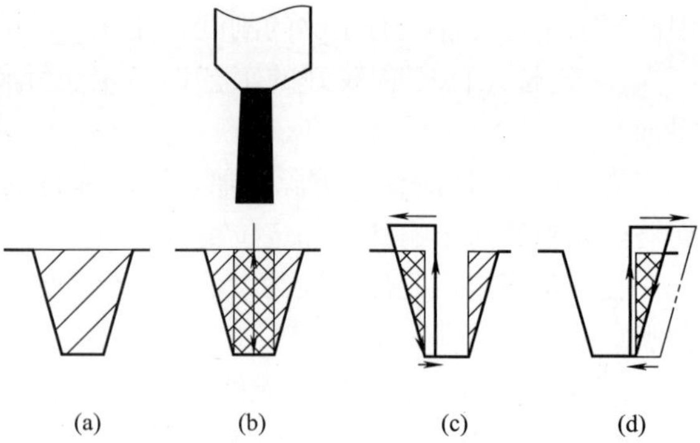

(a)　(b)　(c)　(d)

图7-8　槽的加工路径

（3）编写加工程序　根据确定的刀具轨迹，应用G01和G81指令编写加工程序。

直槽使用G01/G81指令可以加工，编写程序如下：

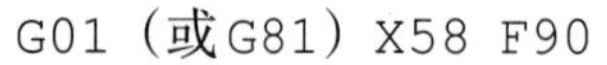

G01（或G81）X58 F90

两边斜坡三角形表面加工采用G81端面切削指令，编写程序如下：

左侧锥圆编程：

G01 X77.25（确定循环起始点）

G81 X58 W-0.6 K-2（切锥第一切）

G81 X58 W-0.6 K-3.5（切锥第二切）

右侧锥圆编程：

G01 X77.25（确定循环起始点）

G81 X58 W0.6 K2（切锥第一切）

G81 X58 W0.6 K3.5（切锥第二切）

三、任务训练

1. 任务要求

加工如图7-9所示的零件。仅编写带轮零件上轮槽部分的加工程序。

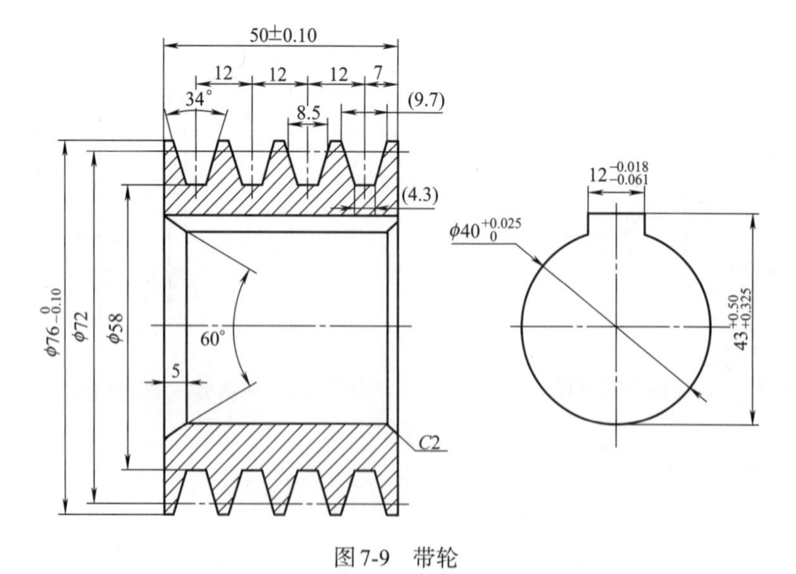

图7-9　带轮

任务目标如下：

① 能读懂零件图，为手柄加工选择合适的加工方案。

② 会使用所学的G80、G81指令为零件编写内锥孔、陡锥表面的加工程序。

③ 会编写带轮轮槽的加工程序。

④ 能为粗加工选择合适的切削用量。

⑤ 能为精加工确定合适的余量和切削用量。

⑥ 会操作机床完成零件切削加工。

2. 工序卡填写（见表7-1）

表7-1 数控加工工序卡

<table>
<tr><td rowspan="2">单位</td><td rowspan="2">数控加工工序卡</td><td colspan="4">产品名称或代号</td><td colspan="2">零件名称</td><td colspan="2">零件图号</td></tr>
<tr><td colspan="4"></td><td colspan="2">带轮</td><td colspan="2">003</td></tr>
<tr><td colspan="2" rowspan="6">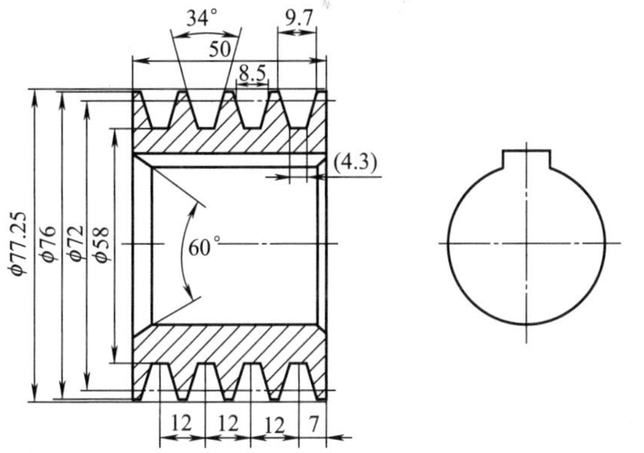
</td><td colspan="4">车间</td><td colspan="4">使用设备</td></tr>
<tr><td colspan="4"></td><td colspan="4">CK3675V</td></tr>
<tr><td colspan="4">工艺序号</td><td colspan="4">程序编号</td></tr>
<tr><td colspan="4">007-1</td><td colspan="4">007-1</td></tr>
<tr><td colspan="4">夹具名称</td><td colspan="4">夹具编号</td></tr>
<tr><td colspan="4">三爪卡盘</td><td colspan="4"></td></tr>
<tr><td>工步号</td><td>工步作业内容</td><td>加工面</td><td>刀具号</td><td>刀补量</td><td>主轴转速/(r/min)</td><td>进给速度/(mm/min)</td><td>切削深度/mm</td><td colspan="2">备注</td></tr>
<tr><td>1</td><td>粗加工</td><td>外圆</td><td>T0101</td><td></td><td>500</td><td>100</td><td>1</td><td colspan="2"></td></tr>
<tr><td>2</td><td>精加工</td><td>外圆</td><td>T0101</td><td></td><td>750</td><td>100</td><td>1</td><td colspan="2"></td></tr>
<tr><td>编制</td><td>审核</td><td>批准</td><td colspan="2"></td><td>年 月 日</td><td>共 页</td><td colspan="3">第 页</td></tr>
</table>

3. 编写加工程序

此零件加工程序编写中，使用G81指令进行粗加工，G01指令精加工，加工程序见表7-2。

表7-2 加工程序

序号	程 序 段	说 明
1	O0401	程序名称
2	%1234	程序段名
3	G21 G94	初始化程序环境，公制单位mm，分进给
4	T0101	调1号刀，调1号刀补（槽刀）
5	M03 S500	主轴正转，转速500r/min
6	G00 X85 Z-8.5	快速逼近工件到直槽起点
7	G81 X58 F70	切削第一个带轮槽的直槽
8	G01 X77.25	确定循环起始点
9	G81 X58 W-0.6 K-2	左切锥第一切
10	G81 X58 W-0.6 K-3.5	左切锥第二切
11	G81 X58 W0.6 K2	右切锥第一切

续表

序号	程 序 段	说 明
12	G81 X58 W0.6 K3.5	右切锥第二切
13	G00 X85 Z-20.5	快速逼近工件到直槽起点
14	G81 X58 F70	切削第二个带轮槽的直槽
15	G01 X77.25	确定循环起始点
16	G81 X58 W-0.6 K-2	左切锥第一切
17	G81 X58 W-0.6 K-3.5	左切锥第二切
18	G81 X58 W0.6 K2	右切锥第一切
19	G81 X58 W0.6 K3.5	右切锥第二切
20	G00 X85 Z-32.5	快速逼近工件到直槽起点
21	G81 X58 F70	切削第三个带轮槽的直槽
22	G01 X77.25	确定循环起始点
23	G81 X58 W-0.6 K-2	左切锥第一切
24	G81 X58 W-0.6 K-3.5	左切锥第二切
25	G81 X58 W0.6 K2	右切锥第一切
26	G81 X58 W0.6 K3.5	右切锥第二切
27	G00 X85 Z-44.5	快速逼近工件到直槽起点
28	G81 X58 F70	切削第四个带轮槽的直槽
29	G01 X77.25	确定循环起始点
30	G81 X58 W-0.6 K-2	左切锥第一切
31	G81 X58 W-0.6 K-3.5	左切锥第二切
32	G81 X58 W0.6 K2	右切锥第一切
33	G81 X58 W0.6 K3.5	右切锥第二切
34	G00 X150 Z150	返回换刀点
35	M05	主轴停止
36	M30	程序结束,光标返回程序头

4. 零件切削加工

(1)加工操作(见表7-3)

表7-3 加工操作过程

序号	操作模块	操 作 步 骤
1	安装工件	①选取待试切加工轮槽的半成品带轮工件 ②使用配套的专用夹具安装工件,并正确夹紧。该夹具有定位与自位夹紧部分,能够满足工件的定位与夹紧要求。然后采用一夹一顶方式安装到数控车床上(如图7-5所示),也可以只用三爪卡盘夹紧
2	安装刀具	3mm宽度槽刀的安装方法同前述学过的内容
3	对刀	参照前述操作技术,以零件右端面中心为工件坐标系,进行槽刀对刀
4	程序输入 程序核验	①创建程序,输入程序 ②检查程序正确性 ③使用机床程序检验功能
5	试切加工	①将机床功能设置为单段模式 ②降低进给倍率 ③关上仓门,执行“循环启动”键 ④手扶“急停按钮”,如发生意外情况,迅速拍下“急停按钮”
6	尺寸检验	使用精度为0.02mm的游标卡尺,对加工完成的零件表面进行尺寸检测

（2）零件质量检验、考核（见表7-4）

表7-4　零件质量检验、考核表

<table>
<tr><td>零件名称</td><td colspan="4">带轮</td><td colspan="2">允许读数误差</td><td colspan="2">±0.007mm</td><td rowspan="3">教师评价（填写T/F）</td></tr>
<tr><td rowspan="2">序号</td><td rowspan="2">项目</td><td rowspan="2">尺寸要求/mm</td><td rowspan="2">使用的量具</td><td colspan="4">测量结果</td><td rowspan="2">项目判定</td></tr>
<tr><td>No.1</td><td>No.1</td><td>No.1</td><td>平均值</td></tr>
<tr><td>1</td><td>外径</td><td>$\phi76_{-0.10}^{0}$</td><td></td><td></td><td></td><td></td><td></td><td>合　否</td><td></td></tr>
<tr><td>2</td><td>外径</td><td>$\phi58$</td><td></td><td></td><td></td><td></td><td></td><td>合　否</td><td></td></tr>
<tr><td>3</td><td>长度</td><td>8.5</td><td></td><td></td><td></td><td></td><td></td><td>合　否</td><td></td></tr>
<tr><td colspan="3">结论（对上述三个测量尺寸进行评价）</td><td colspan="6">合格品　　　　次品　　　　废品</td><td></td></tr>
<tr><td colspan="3">处理意见</td><td colspan="6"></td><td></td></tr>
</table>

四、知识巩固

① 一面两孔定位中，夹具定位元件为何采用支承板、一个短圆柱销和一个短削边销？

② 简述锥堵心轴如何实现带轮定位。

③ 带轮加工时参数如何选取？

五、技能要点

夹紧元件的设计原则如下。

① 工件不移动原则。夹紧过程中，应不改变工件定位后所占据的正确位置。

② 工件不变形原则。夹紧力的大小要适当，既要保证夹紧可靠，又应使工件在夹紧力的作用下不致产生加工精度所不允许的变形。

③ 工件不振动原则。对刚性较差的工件，或者进行连续切削，以及不宜采用气缸直接夹紧的情况，应提高支承元件和夹紧元件的刚性，并使夹紧部位靠近加工表面，以避免工件和夹紧系统的振动。

④ 安全可靠原则。夹紧传力机构应有足够的夹紧行程，手动夹紧要有自锁性能，以保证夹紧可靠。

⑤ 经济实用原则。夹紧装置的自动化和复杂程度应与生产纲领相适应，保证使用前提下结构力求简单，便于制造，工艺性能好，使用性能好。

任务二　轴孔类零件配合加工

一、预备知识

1. 轴孔类零件的配合

（1）配合概念　基本尺寸相同的孔与轴装配在一起，相互结合，叫做配合。

（2）根据孔和轴配合要求不同，配合可分为三种

① 间隙配合　是指具有间隙（包括最小间隙等于零）的配合。此时，孔的公差带在轴的公差带之上。 也就是说，相配合的孔的尺寸减去轴的尺寸之差为正值，此差值为间隙。

② 过盈配合　是指相互配合的孔与轴，在给定公差范围内，孔的实际尺寸总是小于轴的实际尺寸，两者之间没有间隙，不能活动。通常把孔与轴的实际差额叫做过盈或紧度，用负数表示。

③ 过渡配合　可能具有间隙或过盈的配合，称为过渡配合。此时，孔的公差带与轴的公差带相互交叠。

2. 车削过程中工件的刚性

在数控编程精密加工中，往往会出现尺寸不准确的现象，其中一个重要原因是被加工工件的刚度不足，在加工中出现让刀的问题，导致工件尺寸变化。

所谓刚性是指物体抵抗变形的能力，具体指标用刚度表示。轴类工件刚度的大小以从夹持工件的夹具中伸出的长度L与工件毛坯直径D的比值来表示。

（1）轴类工件刚度的分类

① 刚性轴类：长径比$L/D<5$。

② 中等刚性轴类：长径比$5 \leqslant L/D<10$。

③ 挠性轴类：长径比$L/D \geqslant 10$，即细长轴。

（2）根据轴类工件刚度的变化采用的夹持方法

① 刚性轴类：一般精度的工件只用卡盘夹持紧固即可，形状精度要求较高的工件可用后顶尖形成一夹一顶装夹或用专用夹具装夹。

② 中等刚性轴类：工件精度要求不高的，可以用卡盘夹持紧固即可。工件精度要求中等的，可用一夹一顶装夹或用夹具装夹。工件精度要求较高的必须用一夹一顶装夹或专用夹具装夹。

③ 挠性轴类：必须用一夹一顶的装夹或专用夹具装夹，必要时要用中心架或跟刀架。

采用合理的装夹方法，可以提高工件的加工刚度，减小工件加工中变形而造成的车削加工误差。编制加工工艺中，优先考虑工件的刚性，避免出现提前削弱工件刚性的工艺过程。

3. 刀尖半径补偿的指令

（1）刀尖半径补偿　如图7-10所示，在实际加工生产中，为了提高刀具的耐用度以满足一定长度的车削量，刀具的尖角都被加工成为一个圆弧，实际的刀位点A在刀具圆弧的外部。但是，编程一般是假设刀具刀尖中心（刀位点A）的运动轨迹是沿着工件轮廓运动的，而实际的刀具运动轨迹与工件轮廓有一个偏移量，这个偏移量就是刀尖半径，这样在数控车床对刀操作完成以后，加工工件时容易出现过切和少切现象。

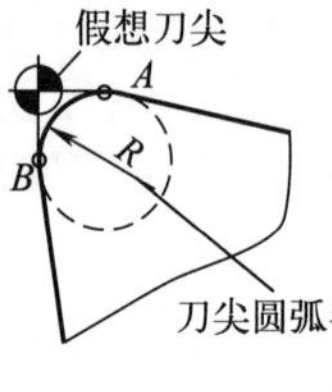

图7-10　刀尖圆弧角

如图7-11所示是加工圆锥时出现的少切削现象。图7-12所示是加工圆弧时出现的过切削和少切削现象。

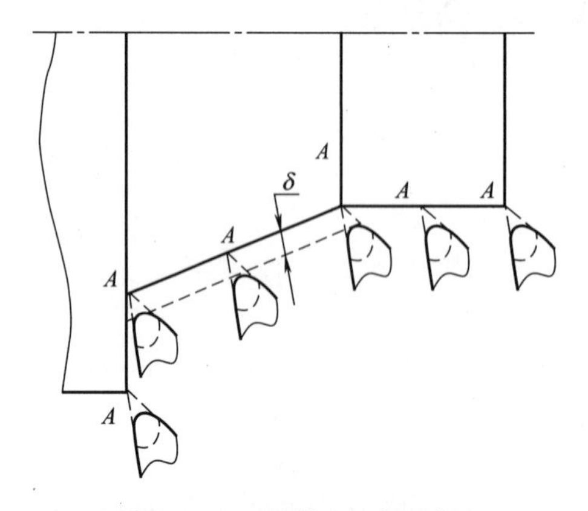

图7-11　刀具的少切削现象

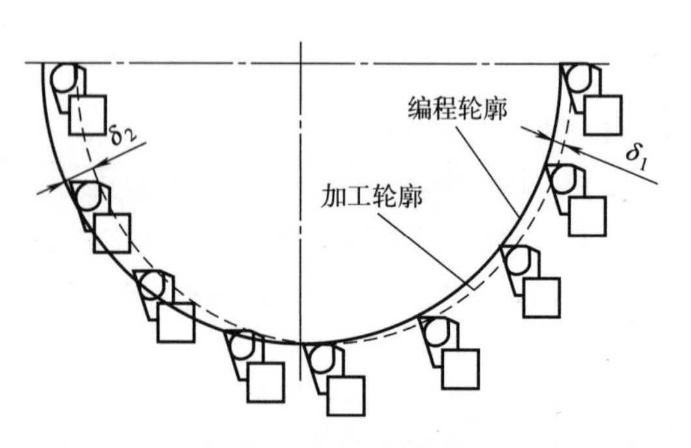

图7-12　加工圆弧时的过切削和少切削现象

利用刀具半径补偿功能则可以避免加工时出现的过切削与少切削现象。

刀尖半径补偿指令及判断方法如图7-13（后刀架）和图7-14所示（前刀架）。

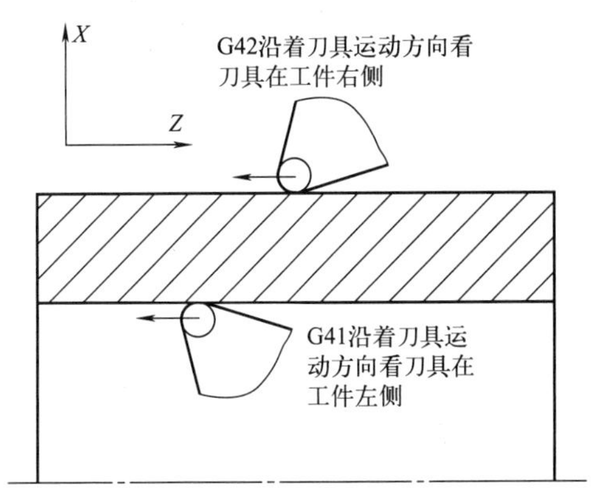

图7-13　后刀架的刀尖半径左右补偿

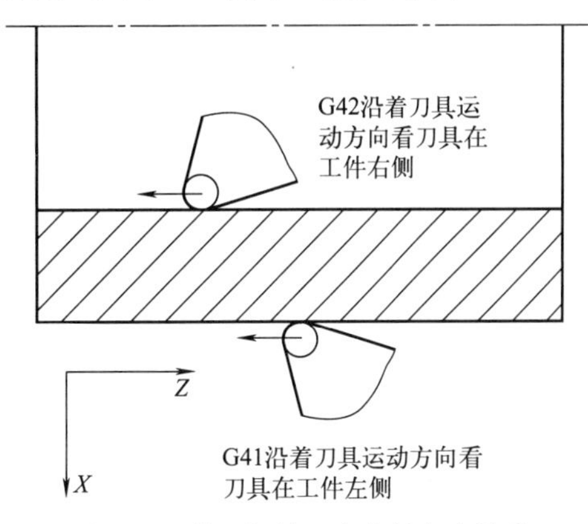

图7-14　前刀架的刀尖半径左右补偿

（2）刀尖半径补偿准备功能指令

① 刀尖半径左补偿指令G41。顺着刀具运动方向看，刀具刀位点在工件的左侧，简称左补偿，如图7-13所示（前刀架的数控车床要改为前刀架，如图7-14所示）。编程时，G41可写在一个程序段中，也可以单独编成一段。

② 刀尖半径右补偿指令G42。顺着刀具运动方向看，刀具刀位点在工件的右侧，简称右补偿，如图7-13所示（前刀架的数控车床要改为前刀架，如图7-14所示）。编程时，G42可写在一个程序段中，也可以单独编成一段。

③ 取消刀尖半径左、右补偿指令G40。如果需要取消刀尖半径左右补偿可编入G40指令，使假想刀尖（刀位点）轨迹与编程轨迹重合。

（3）举例　一般在进刀的过程中建立刀尖半径补偿，不得接触工件表面；一般在退刀的过程中取消刀尖半径补偿。

例1：建立刀尖半径左补偿。

G41　G01（或G00）　X（U）__ Z（W）__（F__）

例2：建立刀尖半径右补偿。

G42　G01（或G00）　X（U）__ Z（W）__（F__）

例3：取消刀尖半径补偿。

G40　G01（或G00）　X（U）__ Z（W）__（F__）

端面复合循环指令G72

二、基础理论

1. 端面粗车循环G72

用于端面形状变化大的场合。它既可用于大圆柱毛坯粗车外径切削，也可以用于端面尺寸变化加大的内表面切削。本任务要完成内、外表面的粗车加工。图7-15所示为用G72指令粗车外径的加工路线。图中精加工路径是$A—A'—B'—B$的轨迹。

（1）指令格式

G72 W（Δd） R(r) P（ns） Q（nf） X(Δx) Z（Δz） F(f) S(s) T(t)

其中：

Δd——切削深度（每次切削量），指定时不加符号，方向由矢量AA'决定；

r——每次退刀量；

ns——精加工程序路径第一程序段的顺序号；

nf——精加工程序路径最后程序段的顺序号；

Δx——X轴方向精加工预留量（直径值编程，有正、负号）；

Δz——Z轴方向精加工余量（有正、负号）；

F，S，T——粗加工循环的进给速度、主轴转速与刀具功能。

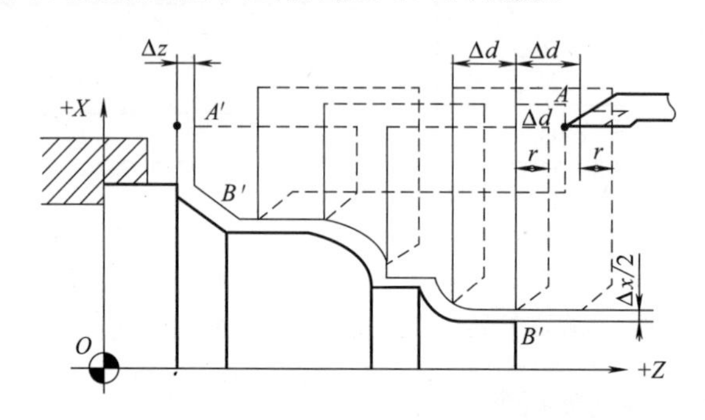

图7-15 外圆粗车切削循环走刀路线

在此应注意：

① G72指令必须带有P、Q地址，否则不能进行该循环加工；

② 在ns的程序段中应包含G00/G01指令，进行由A到A'的动作，且该程序段中不应编有X向移动指令；

③ 在顺序号为ns到顺序号为nf的程序段中，可以有G02/G03指令，不应包含子程序。

（2）应用举例 编制如图7-16所示零件的加工程序：要求循环起点在A（80，1），切削深度为1.2mm。退刀量为1mm，X方向精加工余量为0.2mm，Z方向精加工余量为0.5mm，其中点画线部分为工件毛坯。

```
%3328
N1 G21 G94                 初始化环境
N2 T0101                   换刀，确定坐标系
N3 M03 S500                主轴正转
N4 G00 X65 Z65             到程序起点
N5 X65 Z1                  到循环起点
N6 G72 W0.5 R0.5 P9 Q20 X0.2 Z0.5 F100
                           外圆粗车循环
N7 G00 X100 Z100           粗车后到换刀点
N8 X65 Z1                  到循环起点
N9 G41 G00 Z-9             精加工轮廓开始，半径补偿
N10 G01 X52 F50            精加工锥面
N11 G01 Z-8                精加工φ52外圆
N12 G02 X50 Z-7 R1         精加工R1圆弧
N13 G01 X34                精加工X34处端面
N14 G03 X32 Z-6 R1         精加工R1圆弧
```

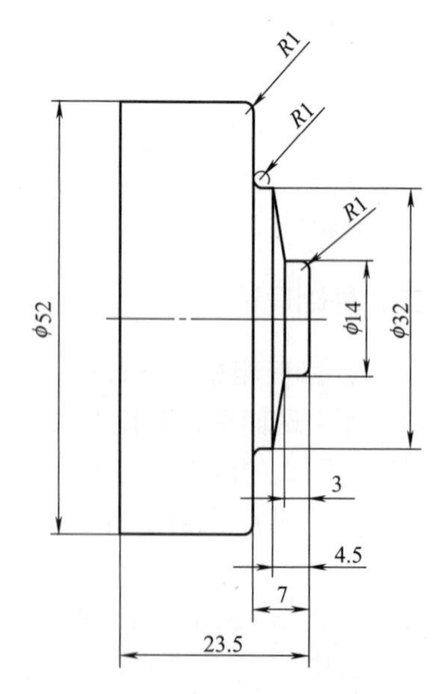

图7-16 端面加工零件

```
N15 Z-4.5              精加工Z-4.5处外圆
N16 G01 X14 Z-3        精加工锥面
N17 Z-1                精加工φ14圆柱表面
N18 G02 X12 Z0 R1      精加工圆角
N19 G01 X0             精加工φ14右肩端面
N20 G40 G01 Z0.8 F50
N21 G00 X65 Z65        取消刀具半径补偿，返回程序起点
N22 M05                主轴停止
N23 M30                程序结束
```

G72
应用实例

2. 补偿指令的判定与应用

根据刀具行走路线方向，刀具在工件的左侧，因而应该是左补偿G41，假想刀尖号应该是3。G41可追加到上边N10 G01 X52 F50上边，而取消刀尖补偿应该追加到N21 G00 X65 Z65上边。

三、任务训练

1. 任务要求

针对如图7-17所示的配合件零件，进行工艺制订、编制数控加工程序、进行数控加工等技能训练。

任务目标如下：

① 零件图样分析。

② 能制订零件的加工工艺路线。

③ 会合理选择加工过程中的切削用量。

④ 能选择合适加工指令编写配合件零件的加工程序。

⑤ 能操作机床完成零件切削加工。

⑥ 零件加工质量评测。

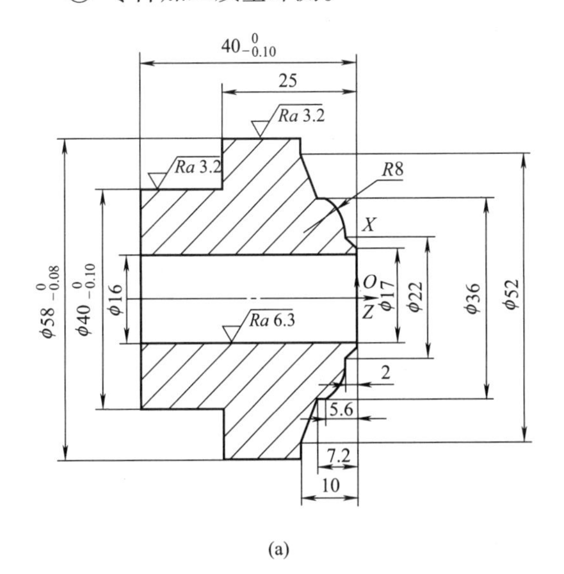

(a)

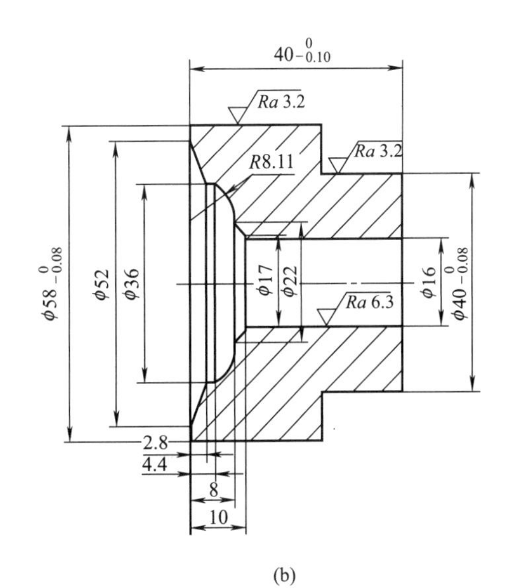

(b)

图7-17 配合件

2. 工序卡填写

工序卡部分仅选择两件的凹凸面工序，其他工序从略。见表7-5、表7-6。

表7-5 数控加工工序卡（a件）

<table>
<tr><td rowspan="2">单位</td><td rowspan="2">数控加工工序卡</td><td>产品名称或代号</td><td>零件名称</td><td>零件图号</td></tr>
<tr><td></td><td>配合件a件</td><td>003</td></tr>
<tr><td colspan="2" rowspan="6">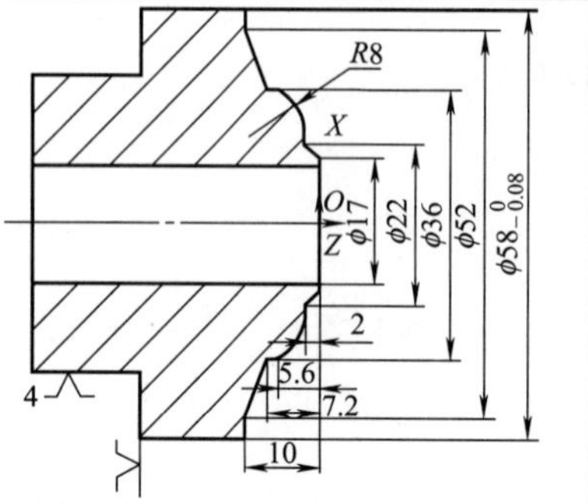
</td><td>车间</td><td colspan="2">使用设备</td></tr>
<tr><td></td><td colspan="2">CK3675V</td></tr>
<tr><td>工艺序号</td><td colspan="2">程序编号</td></tr>
<tr><td>007-2</td><td colspan="2">007-2</td></tr>
<tr><td>夹具名称</td><td colspan="2">夹具编号</td></tr>
<tr><td>三爪卡盘</td><td colspan="2"></td></tr>
</table>

工步号	工步作业内容	加工面	刀具号	刀补量	主轴转速/(r/min)	进给速度/(mm/min)	切削深度/mm	备注
1	粗加工轮廓	外圆	T0101		500	90	1	
2	精加工轮廓	外圆	T0202		700	50	1	
编制	审核		批准		年 月 日	共 页		第 页

表7-6 数控加工工序卡（b件）

<table>
<tr><td rowspan="2">单位</td><td rowspan="2">数控加工工序卡</td><td>产品名称或代号</td><td>零件名称</td><td>零件图号</td></tr>
<tr><td></td><td>配合件b件</td><td>003</td></tr>
<tr><td colspan="2" rowspan="6">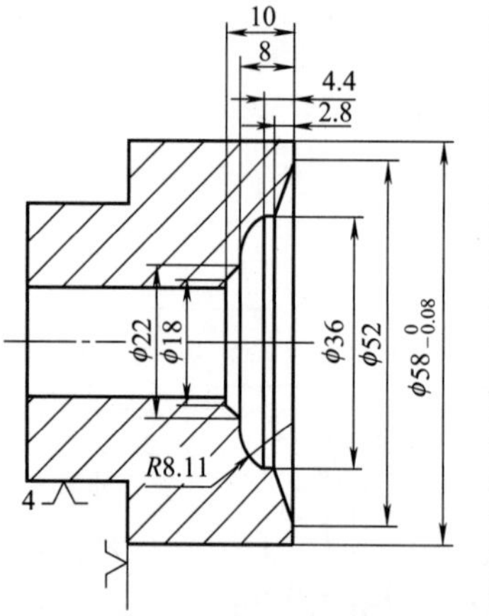
</td><td>车间</td><td colspan="2">使用设备</td></tr>
<tr><td></td><td colspan="2">CK3675V</td></tr>
<tr><td>工艺序号</td><td colspan="2">程序编号</td></tr>
<tr><td>007-3</td><td colspan="2">007-3</td></tr>
<tr><td>夹具名称</td><td colspan="2">夹具编号</td></tr>
<tr><td>三爪卡盘</td><td colspan="2"></td></tr>
</table>

工步号	工步作业内容	加工面	刀具号	刀补量	主轴转速/(r/min)	进给速度/(mm/min)	切削深度/mm	备注
1	粗加工内轮廓	内圆	T0101		500	80	1	
2	精加工内轮廓	内圆	T0202		700	50	0.5	
编制	审核		批准		年 月 日	共 页		第 页

3. 编写加工程序

此零件加工程序编写中，使用G72指令进行粗加工。采用一把刀粗加工，一把刀精加工。编程中使用刀尖半径补偿，图7-17（a）件采用G41左补偿指令，图7-17（b）件采用G42右补偿指令，取消刀尖补偿采用G40指令。加工程序见表7-7、表7-8。

表7-7　加工程序（a件）

序号	程序段	说明
1	O0703	程序名称
2	%1234	程序段名
3	G21 G94	初始化程序环境，公制单位mm，分进给
4	T0101	调1号刀，调1号刀补，90°偏刀
5	M03 S500	主轴正转，转速500r/min
6	G00 X58 Z10	快速逼近工件
7	G72 U1 R0.5 P10 Q20 X0.2 Z0.2 F80	G72粗加工循环指令应用
8	N10 G41 G00 Z-10	快进到切削起点，并刀尖半径补偿
9	G01 X52 F50	平端面
10	X36 Z-7.2	切锥面
11	Z-5.6	切圆柱
12	G02 X22 Z-2 R8.11	切圆弧曲面
13	G01 X17 Z0	切小锥
14	X0	车端面到中心
15	N20 G40 G01 Z5	退刀
16	G00 X100 Z100	快速退至换刀点
17	M05	主轴停止
18	M30	程序结束

表7-8　加工程序（b件）

序号	程序段	说明
1	O0704	程序名称
2	%1234	程序段名
3	G21 G94	初始化程序环境，公制单位mm，分进给
4	T0202	调2号刀，调2号刀补，盲孔镗刀
5	M03 S500	主轴正转，转速500r/min
6	G00 X15 Z10	快速逼近工件
7	G72 U0.5 R0.5 P10 Q20 X-0.2 Z0.2 F80	G72粗加工循环指令应用
8	N10 G42 G00 Z-10	快进到切削起点，并刀尖半径补偿
9	G01 X18 F50	平端面
10	X22 Z-8	切锥面
11	G02 X36 Z-4.4 R8	切圆弧
12	G01 Z-2.8	切内圆柱
13	G01 X52 Z0	切锥
14	X58	车端面到边缘
15	N20 G40 G01 Z5	退刀取消刀尖半径补偿
16	G00 X100 Z100	快速退至换刀点
17	M05	主轴停止
18	M30	程序结束

4. 零件切削加工

（1）加工操作（见表7-9）

表 7-9 配合件加工操作过程

序号	操作模块	操作步骤
1	安装工件	①选取前序工序完成的工件 ②以工序图所示的外圆与轴肩端面为定位基准，安装
2	安装刀具	90°偏刀、3mm宽度槽刀的安装方法同前
3	对刀	以零件端面中心为工件坐标系，进行外圆90°偏刀（或内孔镗刀）对刀
4	程序输入 程序核验	①创建程序，输入程序 ②检查程序正确性 ③使用机床程序检验功能
5	试切加工	①将机床功能设置为单段模式 ②降低进给倍率 ③关上仓门，执行“循环启动”键 ④手扶“急停按钮”，如发生意外情况，迅速拍下“急停按钮”
6	尺寸检验	使用精度为0.02mm的游标卡尺，对加工完成的零件表面进行尺寸检测

（2）零件质量检验、考核（见表7-10）

表 7-10 零件质量检验、考核表

零件名称	配合件				允许读数误差		±0.007mm		教师评价（填写T/F）
序号	项目	尺寸要求/mm	使用的量具	测量结果				项目判定	
				No.1	No.1	No.1	平均值		
1	外径	$\phi58_{-0.08}^{0}$						合 否	
2	外径	$\phi52_{-0.08}^{0}$						合 否	
3	长度	$40_{-0.10}^{0}$						合 否	
结论（对上述三个测量尺寸进行评价）		合格品		次品		废品			
处理意见									

四、知识巩固

① G72适用于加工哪类零件？

② G72使用时循环起点如何确定？

③ 零件修配加工方法有哪些？

五、技能要点

1. 配合面加工

零件上配合面加工属于端面形状变化较大的类型，要使用正确的加工指令，且使用时要注意循环起点的选择。外圆表面加工*X*方向要比毛坯的尺寸要大，内表面加工要比加工的内表面最小尺寸要小，外圆表面加工时*Z*方向要远离工件的端面，内表面加工时*Z*方向要等于或者大于*Z*向最大的加工长度。实际应用时根据零件图纸尺寸选择合适的起点切削。

2. G72应用要点

① 当加工内表面时，*X*向的精加工余量要留负值，否则系统将报错。

② 当加工表面是内表面时，循环起点在靠近回转中心轴处，精加工径向刀路由内向外走刀；当加工表面为外表面时，循环起点在远离回转中心轴处，精加工径向刀路由外向内走刀。

③ 循环起点是全精加工刀路中Z值最大点，而且Z值尽量贴近工件端面，可以减少切削过程中的空走刀现象。

④ 刀尖半径补偿的添加与取消都要放置到Z向起始与Z向退刀位置。

任务三　螺纹配合零件加工

一、预备知识

1. 螺纹的测量

（1）用螺纹环（塞）规及卡板测量　对于一般标准螺纹，都采用螺纹环规或塞规来测量，如图7-18（a）所示。在测量外螺纹时，如图7-18（b）所示，如果螺纹“过端”环规正好旋进，而“止端”环规旋不进，则说明所加工的螺纹符合要求，反之就不合格。测量内螺纹时，采用螺纹塞规，以相同的方法进行测量。

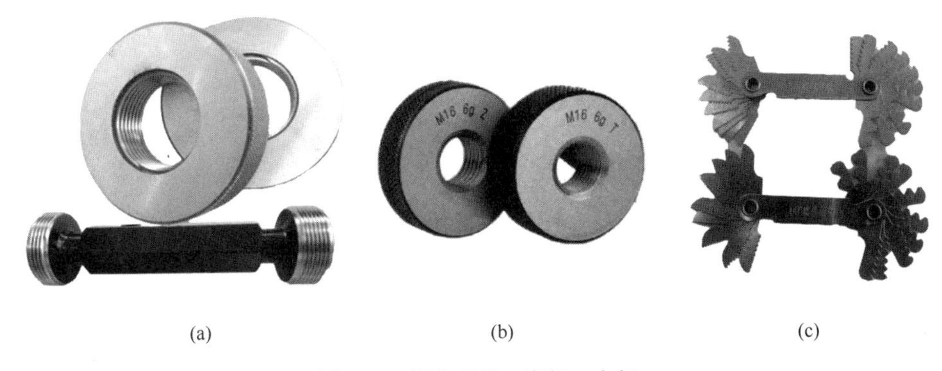

(a)　(b)　(c)

图7-18　螺纹环规、塞规、卡板

在使用螺纹环规或塞规时，应注意不能用力过大或用扳手硬旋，在测量一些特殊螺纹时，须自制螺纹环（塞）规，但应保证其精度。对于直径较大的螺纹工件，可采用螺纹牙型卡板来进行测量、检查，如图7-18（c）所示。

（2）用螺纹千分尺测量外螺纹中径　如图7-19（a）所示为螺纹千分尺的外形。它的构造与外径千分尺基本相同，只是装有特殊的测量头，用它来直接测量外螺纹的中径。螺纹千

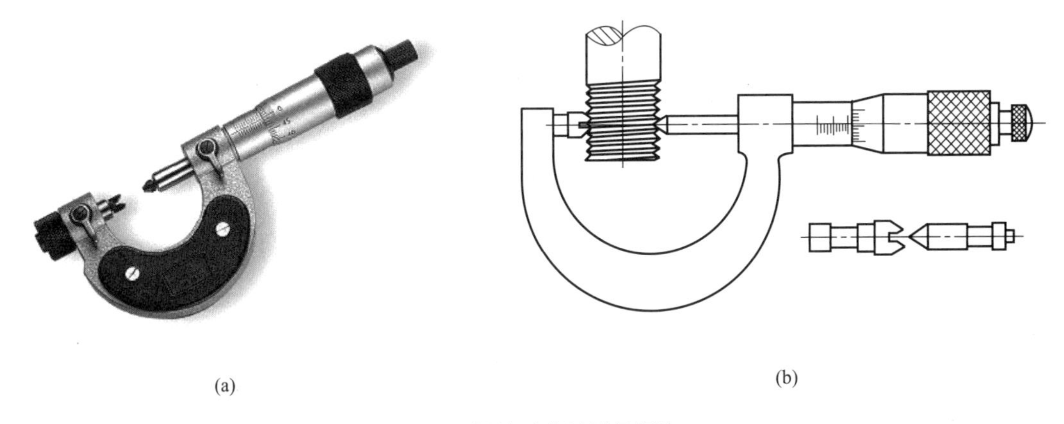

(a)　(b)

图7-19　螺纹千分尺测量螺纹

分尺的分度值为0.01mm。测量前，用尺寸样板来调整零位。每对测量头只能测量一定螺距范围内的螺纹，如图7-19（b）所示，使用时根据被测螺纹的螺距大小，按螺纹千分尺附表来选择，测量时由螺纹千分尺直接读出螺纹中径的实际尺寸。

（3）三针测量法　用量针测量螺纹中径的方法称三针量法，测量时，在螺纹凹槽内放置具有同样直径d_0的三根量针，如图7-20所示，然后用适当的量具（如千分尺等）来测量尺寸M的大小，以验证所加工的螺纹中径是否正确。

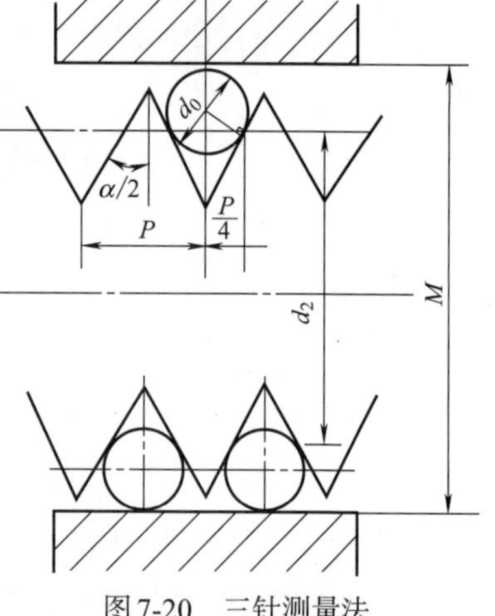

图7-20　三针测量法

螺纹中径的计算公式：

$$d_2 = M - d_0\left(1 + \frac{1}{\sin\frac{\alpha}{2}}\right) + \frac{1}{2}t\cot\frac{\alpha}{2}$$

式中，M为千分尺测量的数值，mm；d_0为量针直径，mm；$\alpha/2$为牙型半角；t为工件螺距或蜗杆周节，mm。

量针直径d_0的计算公式为

$$d_0 = \frac{t}{2\cos\frac{\alpha}{2}}$$

如果已知螺纹牙型角，也可用表7-11简化公式计算。

表7-11　螺纹的量针规格

螺纹牙型角α	简化公式
29°	d_0=0.516t
30°	d_0=0.518t
40°	d_0=0.533t
55°	d_0=0.564t
60°	d_0=0.577t

例1：对M24×1.5的螺纹进行三针测量，已知M=24.325mm，求需用的量针直径d_0及螺纹中径d_2。

解：将α=60°代入d_0=0.577t中，得d_0=0.577×1.5=0.8655（mm）

得d_2=24.325−0.8655（1+1/0.5）+1.5×1.732/0.5=23.0275（mm）

与理论值（d_2=23.026）相差Δ=23.0275−23.026=0.0015（mm），可见其差值非常小。

实际上螺纹的中径尺寸，一般都可以从螺纹标准中查得或从零件图上直接注明，因此只要将上面计算螺纹中径的公式移项，变换一下，便可得出计算千分尺应测得的读数公式：

$$M = d_2 + d_0\left(1 + \frac{1}{\sin\frac{\alpha}{2}}\right) - \frac{1}{2}t\cot\frac{\alpha}{2}$$

如果已知牙型角，也可以用表7-12简化公式计算。

表 7-12　三针测量法千分尺读值公式

螺纹牙型角 α	简化公式
29°	$M=d_2+4.994d_0-1.933t$
30°	$M=d_2+4.864d_0-1.886t$
40°	$M=d_2+3.924d_0-1.374t$
55°	$M=d_2+3.166d_0-0.960t$
60°	$M=d_2+3d_0-0.866t$

例 2：用三针测量法测量 M24×1.5 的螺纹，已知 d_0=0.866mm，d_2＝23.026mm，求千分尺应测得的读数值。

解：将 α=60°代入公式

$M=d_2+3d_0-0.866t=23.026+3\times0.866-0.866\times1.5$

$=24.325$（mm）

2. 配合制

同一极限制的孔和轴组成配合的一种制度，称为配合制。

国家标准《极限与配合》规定了两种配合基准制，即基孔制和基轴制。

（1）基孔制　基孔制配合是指基本偏差为一定的孔的公差带，与不同基本偏差的轴的公差带形成各种配合的一种制度。在基孔制配合中，孔称为基准孔，基本偏差代号为 H。

（2）基轴制　基轴制配合是指基本偏差为一定的轴的公差带，与不同基本偏差的孔的公差带形成各种配合的一种制度。在基轴制配合中，轴为基准轴，基本偏差代号为 h。

二、基础理论

1. 确立刀尖半径补偿的方法

（1）刀尖半径与刀尖方位的确定　如图 7-21 所示，在数控车床对刀操作的同时，在相对应的刀补号上输入刀尖半径 R 的尺寸数值即可。

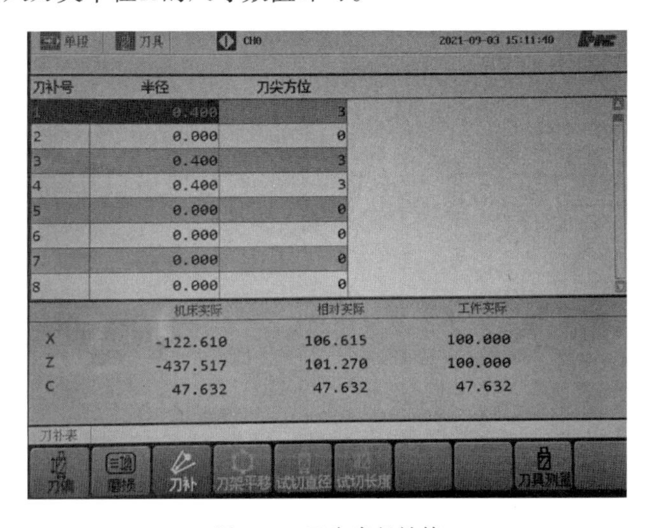

图 7-21　刀尖半径补偿

例如，一号车刀是 90°精车右偏刀，其刀尖圆弧半径为 0.4mm，则在图 7-21 中的 1 号刀补号的一行中，光标移到半径处，输入即可。

（2）数控车床刀尖方位角的选择

① 后置刀架刀尖方位角。如图7-22所示，后置刀架加工中，选择相适应的刀尖方位角输入到图7-21所示的相对应刀补号的位置即可。

② 前置刀架刀尖方位角。如图7-23所示，在第一象限（前刀架）加工中，选择相适应的刀尖方位角输入到图7-21所示的相对应刀补号的位置即可。

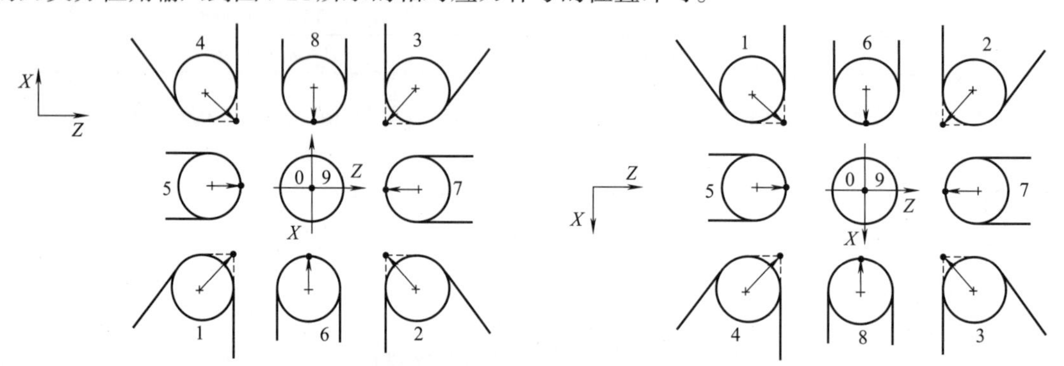

图7-22 后置刀架的刀尖方位角　　图7-23 前置刀架的刀尖方位角

在华中818系统面板的刀补界面上，将光标分别在对应刀补号的水平位置和半径、刀尖方位的位置上，输入相应的刀尖半径和刀尖方位角的数值。

利用刀尖半径补偿准备功能指令G41、G42和对应的刀尖半径、刀尖方位角，能有效地防止过切削和少切削现象的发生，但是切记每一把刀具用完以后在回到换刀点换刀前，要及时用G40取消刀尖半径补偿指令。

2. 试加工件加工精度的调试

如果试加工件的尺寸超差，经过测量后计算出超差值，按下在华中818系统面板上“刀补”键，显示如图7-24所示的对刀界面，按下〔磨损〕对应的软开关键，在磨损界面上对应的加工刀具号的同一行，光标移动到需要修正的坐标下，输入修正后的误差值（增量值）。加工外圆的磨损误差的调整：如果尺寸超差为正值（即实测尺寸减去输入的尺寸为正值），则在磨损界面输入数值相同的负值，反之输入正值。

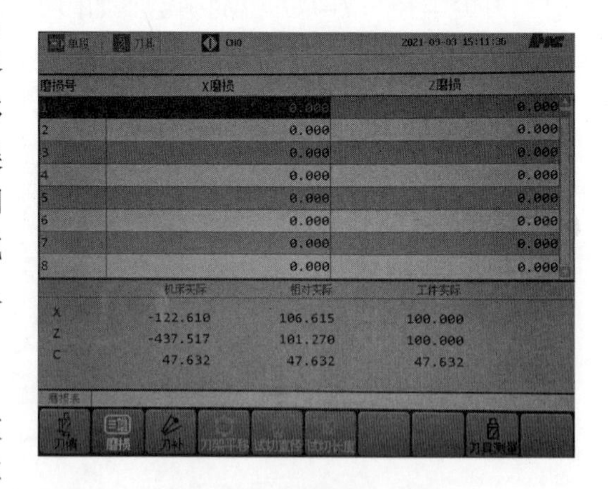

图7-24 磨损误差的调整

3. 螺纹切削复合循环G76

用螺纹车削指令G32和G82车削螺纹时，采用的是直进式进刀法，这在螺纹车削中、小螺距螺纹时是常采用的方法，但是在车削大螺距螺纹或特型螺纹时，因为是双面切削，刀尖的负荷较大，容易出现“啃刀现象”，导致螺纹报废。

G76指令用于螺纹的复合循环切削，能够提高螺纹切削效率，简化加工程序，切削路径如图7-25所示。

（1）指令格式

G76 C(c) R(r) E(e) A(α) X(x) Z(z) I(i) K(k) U(d) V(Δd_{min}) Q(Δd) P(p) F

说明：

c——精整次数，为模态值；

r——螺纹Z向退尾长度，为模态值；

e——螺纹X向退尾长度，为模态值；

α——刀尖角度，为模态值，取值要大于10°，小于80°；

x、z——绝对值编程时，为有效螺纹终点C的坐标；

i——螺纹两端的半径差；

k——螺纹高度，由X轴方向上的半径值指定；

d——精加工余量（半径值）；

Δd_{min}——最小切削深度（半径值）；

Δd——第一次切削深度；

p——主轴基准脉冲处距离切削起始点的主轴转角；

F——螺纹导程。

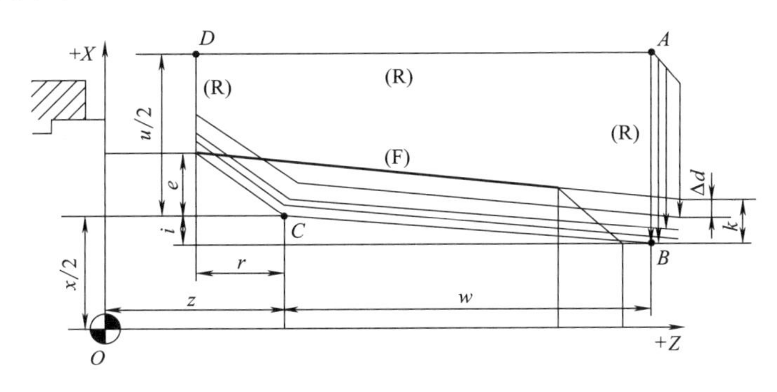

图7-25　螺纹复合循环

（2）注意事项

① 按G76段中的Z和X指令实现循环加工，增量编程时，要注意坐标的正负号。

② G76循环进行单边切削，减小了刀尖的受力。

③ 在单边切削时，B和C点的切削速度由螺纹切削速度指定，而其他轨迹均为快速进给。

4. 应用举例

用螺纹切削复合循环G76指令编程，加工螺纹为ZM60×2，工件尺寸如图7-26所示，其中括弧内尺寸根据标准得到。

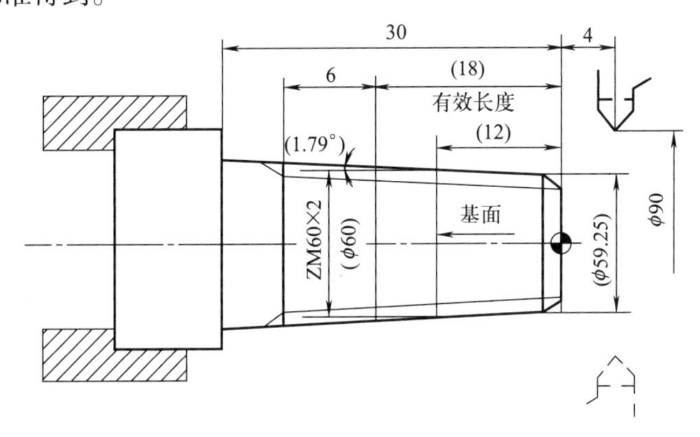

图7-26　应用举例

```
%1331
N1 T0101                                   调刀，确定坐标系
N2 G00 X100 Z100                           到程序起点或换刀点
N3 M03 S500                                主轴正转
N4 G00 X90 Z4                              到简单循环起点
N5 G80 X61.125 Z-30 I-1.06 F3              加工螺纹外表面
N6 G00 Z100 X100                           到换刀点
N7 T0202                                   换刀
N8 S300                                    换速
N9 G00 X90 Z4                              到螺纹循环起点
N10 G76 C2 R-3 E1.3 A60 X58.15 Z-24 I-0.875 K1.299 U0.1 V0.1 Q0.45 F2
N11 G00X 100 Z100                          返回换刀点
N12 M30                                    程序结束
```

三、任务训练

1. 任务要求

针对如图7-27所示的螺纹连接件，进行工艺制订、编制数控加工程序、进行数控加工等技能训练。

任务目标如下：

① 零件图样分析；

② 能制订零件的加工工艺路线；

③ 会合理选择加工过程中的切削用量；

④ 能应用循环指令编写螺纹套件类连接件的加工程序；

⑤ 能操作机床完成零件切削加工；

⑥ 零件加工质量评测。

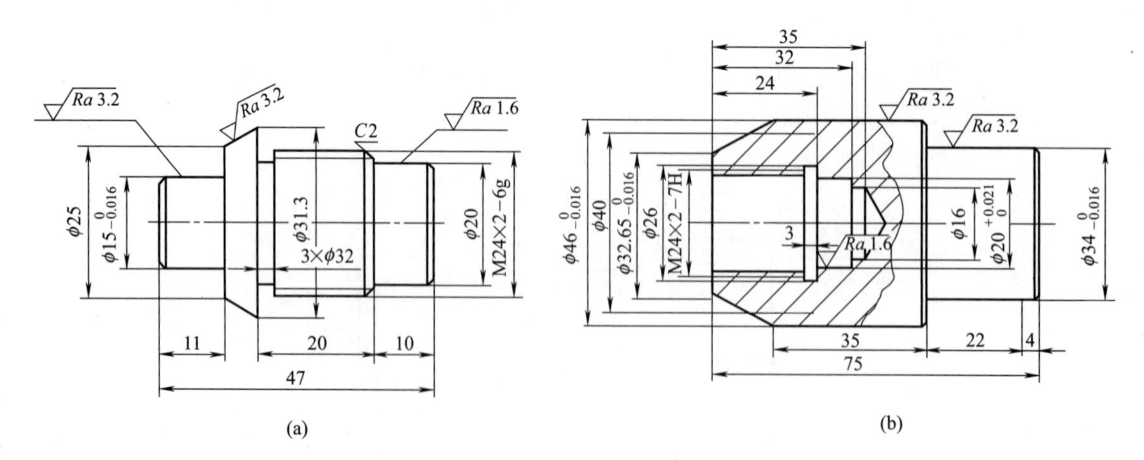

图7-27 螺纹连接件

2. 工序卡填写（见表7-13、表7-14）

表7-13　数控加工工序卡（a件）

<table>
<tr><td rowspan="2">单位</td><td rowspan="2" colspan="2">数控加工工序卡</td><td colspan="3">产品名称或代号</td><td colspan="2">零件名称</td><td>零件图号</td></tr>
<tr><td colspan="3"></td><td colspan="2">螺纹连接件a件</td><td>003</td></tr>
<tr><td rowspan="6" colspan="3">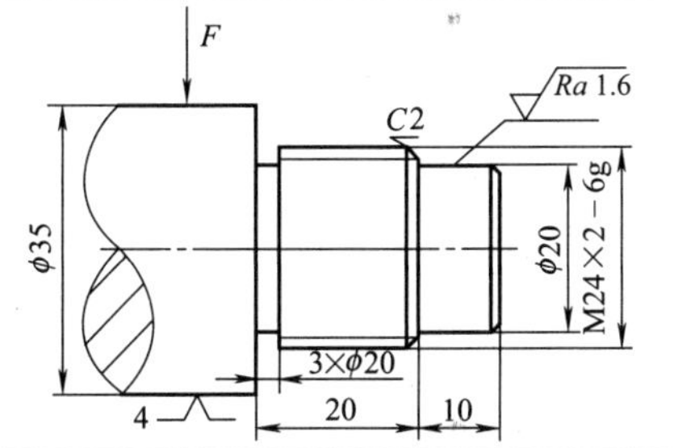
</td><td colspan="3">车间</td><td colspan="3">使用设备</td></tr>
<tr><td colspan="3"></td><td colspan="3">CK3675V</td></tr>
<tr><td colspan="3">工艺序号</td><td colspan="3">程序编号</td></tr>
<tr><td colspan="3">004-1</td><td colspan="3">004-1</td></tr>
<tr><td colspan="3">夹具名称</td><td colspan="3">夹具编号</td></tr>
<tr><td colspan="3">三爪卡盘</td><td colspan="3"></td></tr>
<tr><td>工步号</td><td>工步作业内容</td><td>加工面</td><td>刀具号</td><td>刀补量</td><td>主轴转速/(r/min)</td><td>进给速度/(mm/min)</td><td>切削深度/mm</td><td>备注</td></tr>
<tr><td>1</td><td>粗加工右端面</td><td>端面</td><td>T0101</td><td></td><td>500</td><td>100</td><td>1</td><td></td></tr>
<tr><td>2</td><td>粗φ24、φ20外圆表面</td><td>外圆</td><td>T0101</td><td></td><td>500</td><td>100</td><td>1</td><td></td></tr>
<tr><td>3</td><td>切φ20退刀槽</td><td>槽</td><td>T0101</td><td></td><td>500</td><td>100</td><td>1</td><td></td></tr>
<tr><td>4</td><td>精加工外圆</td><td>右全部</td><td>T0101</td><td></td><td>750</td><td>60</td><td>0.5</td><td></td></tr>
<tr><td>5</td><td>切削右端螺纹</td><td>螺纹</td><td>T0303</td><td></td><td>450</td><td>1.5</td><td>1.875</td><td>前多后少</td></tr>
<tr><td>6</td><td>切断</td><td>右端面</td><td>T0202</td><td></td><td>400</td><td>50</td><td></td><td></td></tr>
<tr><td>编制</td><td>审核</td><td>批准</td><td colspan="3">年　月　日</td><td colspan="2">共　页</td><td>第　页</td></tr>
</table>

表7-14　数控加工工序卡（b件）

<table>
<tr><td rowspan="2">单位</td><td rowspan="2" colspan="2">数控加工工序卡</td><td colspan="3">产品名称或代号</td><td colspan="2">零件名称</td><td>零件图号</td></tr>
<tr><td colspan="3"></td><td colspan="2">螺纹连接件b件</td><td>003</td></tr>
<tr><td rowspan="6" colspan="3">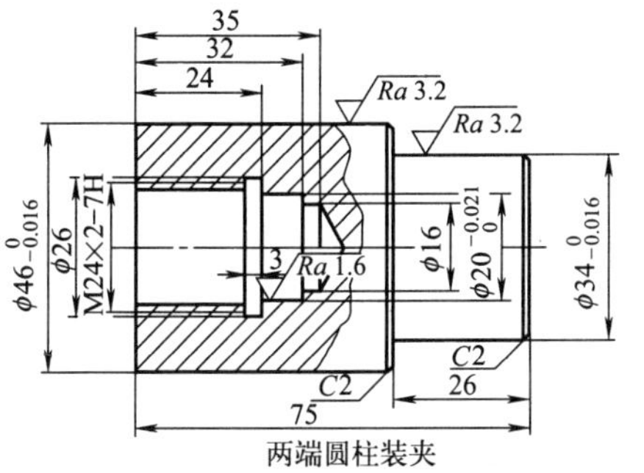

两端圆柱装夹</td><td colspan="3">车间</td><td colspan="3">使用设备</td></tr>
<tr><td colspan="3"></td><td colspan="3">CK3675V</td></tr>
<tr><td colspan="3">工艺序号</td><td colspan="3">程序编号</td></tr>
<tr><td colspan="3">004-1</td><td colspan="3">004-1</td></tr>
<tr><td colspan="3">夹具名称</td><td colspan="3">夹具编号</td></tr>
<tr><td colspan="3">三爪卡盘</td><td colspan="3"></td></tr>
<tr><td>工步号</td><td>工步作业内容</td><td>加工面</td><td>刀具号</td><td>刀补量</td><td>主轴转速/(r/min)</td><td>进给速度/(mm/min)</td><td>切削深度/mm</td><td>备注</td></tr>
<tr><td>1</td><td>粗精加工右端面及φ34、φ46表面</td><td>端外</td><td>T0101</td><td></td><td>500</td><td>100</td><td>1</td><td></td></tr>
<tr><td>2</td><td>掉头，粗精车φ46外圆表面及端面</td><td>外圆</td><td>T0101</td><td></td><td>500</td><td>100</td><td>1</td><td></td></tr>
<tr><td>3</td><td>钻φ16孔，粗精镗φ20阶梯孔</td><td>内圆</td><td>T0202</td><td></td><td>500</td><td>100</td><td>1</td><td></td></tr>
<tr><td>4</td><td>车内槽3×φ26</td><td>内槽</td><td>T0303</td><td></td><td>400</td><td>60</td><td>0.5</td><td></td></tr>
<tr><td>5</td><td>切削左端M24内螺纹</td><td>螺纹</td><td>T0404</td><td></td><td>450</td><td>1.5</td><td>1.875</td><td>三刀前多后少</td></tr>
<tr><td>编制</td><td>审核</td><td>批准</td><td colspan="3">年　月　日</td><td colspan="2">共　页</td><td>第　页</td></tr>
</table>

3. 编写加工程序

此零件加工程序编写中，使用循环指令进行粗加工，使用基本指令进行精加工、倒角加工，加工外锥面时必须使用刀尖补偿指令，螺纹部分可使用G82、G76指令加工零件，使用基本指令进行切断编程。精确控制尺寸可采用磨损补偿修正。本任务使用G76加工螺纹，为简化数控编程，采用一把刀进行粗、精加工。见表7-15、表7-16。

表7-15　外切螺纹加工程序卡

序号	程　序　段	说　明
1	O0603	程序名称
2	%1234	程序段名
3	G21 G94	初始化程序环境,公制单位mm,分进给
4	T0303	调3号刀,调3号刀补
5	M03 S400	主轴正转,转速500r/min
6	G00 X25 Z10	快速逼近工件
7	G00 Z5	快速进刀到平端面起点
8	G76 C2 A60 X22.05 Z-27.5 K1.3 U0.1 V0.1 Q0.45 F2	螺纹切削复合循环G76切削外螺纹
9	G00 Z100	快速移动Z100
10	G00 X100	快速退刀到换刀点
11	M05	主轴停止
12	M30	程序结束

表7-16　内切螺纹加工程序卡

序号	程　序　段	说　明
1	O0705	程序名称
2	%1234	程序段名
3	G21 G94	初始化程序环境,公制单位mm,分进给
4	T0202	调2号刀,调2号刀补(内螺纹刀)
5	M03 S400	主轴正转,转速500r/min
6	G00 X20 Z20	快速逼近工件
7	G00 Z5	快速进刀到平端面起点
8	G76 C2 A60 X24 Z-23 K1.3 U0.1 V0.1 Q0.45 F2	螺纹切削复合循环G76切削内螺纹
9	G00 Z100	快速移动Z100
10	G00 X100	快速退刀到换刀点
11	M05	主轴停止
12	M30	程序结束

4. 零件切削加工

（1）加工操作（见表7-17）

表7-17　螺纹连接件加工操作过程

序号	操作模块	操 作 步 骤
1	安装工件	①选取半成品工件 ②以工件加工完成的直径34mm外圆表面与轴肩为基准安装定位
2	安装刀具	将刀架置为3号位,然后将内螺纹刀安装到2号位上,刀杆沿主轴方向,刀尖指向工件

续表

序号	操作模块	操作步骤
3	对刀	①以零件右端面中心为工件坐标系，进行90°偏刀、槽刀对刀 ②螺纹车刀Z向贴刀到工件表面，先采用大倍率(100×)逼近工件端面，然后，改为10×与1×倍率精确贴刀到工件端面上，见到产生切屑则完成Z向贴刀，改为X向移动，离开工件端面，在刀补表3号对应行上，可输入与第一把刀相同的试切长度值，完成Z向对刀 ③螺纹车刀X向贴刀到工件内表面，先采用大倍率(100×)逼近工件已经切削的圆柱表面，然后，改为10×与1×倍率精确贴刀到工件圆柱表面上，见到产生切屑则完成X向贴刀，改为Z向移动，离开工件端面，在刀补表2号对应行上，可输入与第一把刀相同的试切直径值，完成X向对刀
4	程序输入 程序核验	①创建程序，输入程序 ②检查程序正确性 ③使用机床程序检验功能
5	试切加工	①将机床功能设置为单段模式 ②降低进给倍率 ③关上仓门，执行“循环启动”键 ④手扶“急停按钮”，如发生意外情况，迅速拍下“急停按钮”
6	尺寸检验	使用精度为0.02mm的游标卡尺，对加工完成的零件表面进行尺寸检测

（2）零件质量检验、考核（见表7-18、表7-19）

表7-18　零件质量检验、考核表（b件）

零件名称	螺纹连接件b件			允许读数误差		±0.007mm			教师评价（填写T/F）
序号	项目	尺寸要求/mm	使用的量具	测量结果				项目判定	
				No.1	No.1	No.1	平均值		
1	外径	$\phi34_{-0.08}^{0}$						合　否	
2	内径	$\phi20_{0}^{+0.021}$						合　否	
3	螺纹	M24×2						合　否	
结论(对上述三个测量尺寸进行评价)		合格品　　次品　　废品							
处理意见									

表7-19　零件质量检验、考核表（a件）

零件名称	螺纹连接件a件			允许读数误差		±0.007mm			教师评价（填写T/F）
序号	项目	尺寸要求/mm	使用的量具	测量结果				项目判定	
				No.1	No.1	No.1	平均值		
1	外径	$\phi34_{-0.08}^{0}$						合　否	
2	内径	$\phi15_{-0.016}^{0}$						合　否	
3	螺纹	M24×2						合　否	
结论(对上述三个测量尺寸进行评价)		合格品　　次品　　废品							
处理意见									

四、知识巩固

① 如何选择螺纹加工G82和G76的应用？

② G76中的I和G82中的I意义一样吗？

③ 如何保证螺纹配合件的配合精度？加工尺寸如何修正？

五、技能要点

1. 内螺纹加工要点

在内螺纹加工时，必须注意其排屑状况，若切屑在内径缠绕刀片可以用以下方法处理：

① 切螺纹循环起点设在距离端面30mm处，此时可以每次循环后用切削液清除；

② 改用刀片材质PR930 ，换上PVD涂层硬质合金PR930后，刀尖更强韧且不易损坏，可以稳定进行内螺纹加工。

2. 刀尖半径补偿指令要点

① G41、G42、G40只能使用在G00或G01上，不能使用在其他G指令之上；

② 要使用刀尖半径补偿指令起作用，在数控系统的刀补表中，还必须正确输入刀尖圆弧角的半径与假想刀尖号。

项目八

抛物线零件加工

抛物线是零件加工中选取的创意载体，它的结构由曲线和直线构成，曲线可以是普通的圆弧，也可以是规律的曲线，比如椭圆和抛物线等形状，本项目取椭圆和抛物线形的曲线子弹头零件为载体，让大家掌握曲线类零件的加工，同时趣味性的练习也可以让读者在做中学到新的知识。

任务一　抛物线类零件加工

一、预备知识

用户宏程序是一种类似于高级语言的编程方法，它允许用户使用变量、算术和逻辑运算及条件转移，这使得编制相同的加工程序比传统方式更加方便。同时也可将某些相同加工操作用宏程序编制成通用程序，供用户循环调用。

（1）变量　宏程序用户可以在准备功能指令和轴移动距离的参数中使用变量，如G00X[#43]，此时#43即是变量，用户在调用之前可以对其进行赋值等操作。

变量种类：根据变量号，可以将变量分为局部变量、全局变量、系统变量，各类变量的用途各不相同。另外，对不同的变量的访问属性也有所不同，有些变量属于只读变量。

（2）常量　系统内部定义了一些值不变的常量供用户使用，这些常量的属性为只读。

PI：圆周率。

TRUE：　真，用于条件判断，表示条件成立。

FALSE：假，用于条件判断，表示条件不成立。

（3）运算指令　在宏语句中可灵活运用算术运算符、函数等操作，很方便实现复杂的编程需求。如表8-1所示。

表8-1　宏指令运算命令表

运算种类	运算命令	含义
算术运算	#i = #i + #j	加法运算，#i加#j
	#i = #i - #j	减法运算，#i减#j
	#i = #i * #j	乘法运算，#i乘#j
	#i = #i / #j	除法运算，#i除以#j
条件运算	#i EQ #j	等于判断(=)
	#i NE #j	不等于判断(≠)
	#i GT #j	大于判断(＞)
	#i GE #j	大于等于判断(≥)
	#i LT #j	小于判断(＜)
	#i LE #j	小于等于判断(≤)

续表

<table>
<tr><th>运算种类</th><th>运算命令</th><th>含义</th></tr>
<tr><td rowspan="3">逻辑运算</td><td>#i = #i & #j</td><td>与逻辑运算</td></tr>
<tr><td>#i = #i | #j</td><td>或逻辑运算</td></tr>
<tr><td>#i = ~ #i</td><td>非逻辑运算</td></tr>
<tr><td rowspan="14">函数</td><td>#i= SIN[#i]</td><td>正弦(单位:弧度)</td></tr>
<tr><td>#i = ASIN[#i]</td><td>反正弦</td></tr>
<tr><td>#i = COS[#i]</td><td>余弦(单位:弧度)</td></tr>
<tr><td>#i = ACOS[#i]</td><td>反余弦</td></tr>
<tr><td>#i = TAN[#i]</td><td>正切(单位:弧度)</td></tr>
<tr><td>#i = ATAN[#i]</td><td>反正切</td></tr>
<tr><td>#i = ABS[#i]</td><td>绝对值</td></tr>
<tr><td>#i = INT[#i]</td><td>取整(向下取整)</td></tr>
<tr><td>#i = SIGN[#i]</td><td>取符号</td></tr>
<tr><td>#i = SQRT[#i]</td><td>开方</td></tr>
<tr><td>#i = POW[#i]</td><td>平方</td></tr>
<tr><td>#i = LOG[#i]</td><td>对数</td></tr>
<tr><td>#i = PTM[#i]</td><td>脉冲转mm</td></tr>
<tr><td>#i = PTD[#i]</td><td>脉冲转度</td></tr>
</table>

二、基础理论

1. 宏程序语句

宏程序语句的类型有如下几类。

(1) 条件判断语句

系统支持两种条件判断语句:

类型1　IF [条件表达式];

……

　　ENDIF

类型2　IF [条件表达式];

……

　　　ELSE

……

　　　ENDIF

对于IF语句中的条件表达式，可以用简单条件表达式，也可以使用复合条件表达式。如下例所示:

当#1和#2相等时，将0赋值给#3。

IF [#1 EQ #2]

#3=0

ENDIF

当#1和#2相等，并且#3和#4相等时，将0赋值给#3。

IF [#1 EQ #2] AND [#3 EQ #4]

#3=0

ENDIF

当#1和#2相等，或#3和#4相等时，将0赋值给#3，否则将1赋值给#3。

```
IF［#1 EQ #2］OR［#3 EQ #4］
#3=0
ELSE
#3=1
ENDIF
```

（2）循环语句

在WHILE后指定条件表达式，当指定的条件表达式满足时，执行从WHILE到ENDW之间的程序。当指定条件表达式不满足时，推出WHILE循环，执行ENDW之后的程序行。

调用格式如下：

```
WHILE［条件表达式］
……
ENDW
```

（3）无限循环

当把WHILE中的条件表达式永远写成真即可实现无限循环，如：

```
WHILE［TRUE］；或者WHILE［1］
……
ENDW
```

（4）跳转语句

使用GOTO可以跳转到指定标号处。

GOTO后跟数字，例如GOTO4将跳转到N4程序段（该程序段头必须写N4）。

（5）嵌套

对于IF语句或者WHILE语句而言，系统允许嵌套语句，但有一定的限制规则，具体如下：

IF语句最多支持8层嵌套调用，大于8层系统将报错；

WHILE语句最多支持8层嵌套调用，大于8层系统将报错；

系统支持IF语句与WHILE语句混合使用，但是必须满足IF-ENDIF与WHILE-ENDW的匹配关系。如下面这种调用方式，系统将报错。

```
［条件表达式1］　IF
［条件表达式2］　WHILE
ENDIF
ENDW
```

2. 宏程序的使用

在实际数控编程中，宏程序可以作为子程序被调用，也可以直接写入到精加工刀路当中，从而被复合循环指令调用，也可以作为单独的程序独立使用。

（1）G80使用宏程序

```
……
#10=0
WHILE#10LE8
#11=#10*#10/5
```

```
G80X［2*［#10］+0.5］Z［-#11+0.5］F80；预留精加工余量
#10=#10+1
ENDW
……
```

（2）G71使用宏程序

```
N10……
#10=0
WHILE#10LE8
#11=#10*#10/5
G01X［#10］Z［-#11］F80
#10=#10+0.08
ENDW
……
N20
```

（3）单独实现粗、精加工

① 粗加工　粗切外圆，*X*值由大到小变化。

```
……
#10=8
WHILE#10GE0
#11=-#10*#10/5
G00X［2*［#10］+0.5］ F100
G01Z［#11+0.5］F100
G01U20F100
G00Z5
#10=#10-0.5
ENDW
……
```

② 精加工　精切外圆，*X*值由小到大变化。

```
……
#10=0
WHILE#10LE8
#11=#10*#10/5
G01X［#10］Z［-#11］F80
#10=#10+0.08
ENDW
……
```

3. 编程指令与宏程序结合

结合图8-1所示的抛物线零件，编辑抛物线的加工程序。

```
%3401
T0101
```

```
M03S500
G00X0Z0
#10=0
WHILE#10LE8
#11=#10*#10/5
G90G01X [#10] Z [-#11] F80
#10=#10+0.08
ENDW
G00 X100Z100
M05
M30
```

$z=-0.2x^2$ x 8 0 z 12.8

图 8-1 抛物线图

三、任务训练

1. 任务要求

针对如图 8-2 所示的抛物线轴件，进行工艺制订、编制数控加工程序、进行数控加工等技能训练。

任务目标如下：

① 零件图样分析；
② 能制订零件的加工工艺路线；
③ 会合理选择加工过程中的切削用量；
④ 能应用循环指令编写抛物线轴件类零件的加工程序；
⑤ 能操作机床完成零件切削加工；
⑥ 零件加工质量评测。

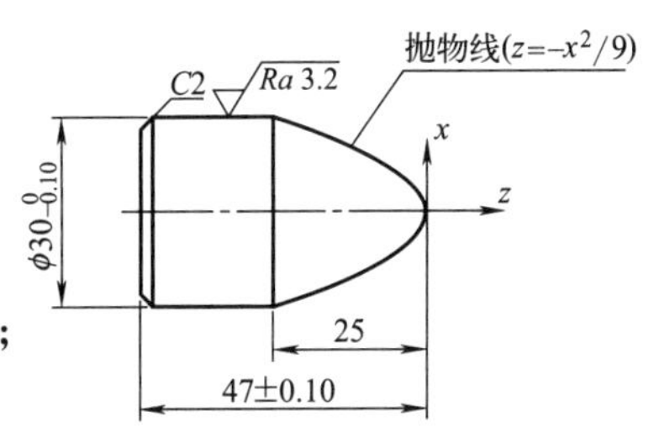

图 8-2 抛物线轴件

2. 工序卡填写（见表 8-2）

表 8-2 数控加工工序卡

单位	数控加工工序卡	产品名称或代号	零件名称	零件图号
			抛物线轴件	003

	车间	使用设备
抛物线 ($z=-x^2/9$) C2 Ra 3.2 x O z $\phi30_{-0.10}^{\ 0}$ 25 47±0.10		CK3675V
	工艺序号	程序编号
	004-1	004-1
	夹具名称	夹具编号
	三爪卡盘	

工步号	工步作业内容	加工面	刀具号	刀补量	主轴转速/(r/min)	进给速度/(mm/min)	切削深度/mm	备注
1	粗加工右端面和曲面外圆	端面、外圆	T0101		500	100	1	
2	精加工外圆及右端曲面	外圆、端面	T0101		800	80	0.5	
3	切 $\phi26$ 退刀槽、倒角	槽	T0101		500	100	1	
4	切断	左端面	T0202		400	50		
编制		审核		批准		年 月 日	共 页	第 页

3. 编写加工程序

此零件加工程序编写中，使用宏程序并配合G71指令进行粗加工，使用基本指令进行精加工、倒角加工，使用基本指令进行切断编程。精确控制尺寸可采用磨损补偿修正。为简化数控编程，采用一把刀进行粗、精加工。见表8-3。

表8-3 加工程序

序号	程序段	说明
1	O0801	程序名称
2	%1234	程序段名
3	G21 G94	初始化程序环境,公制单位mm,分进给
4	T0101	调1号刀,调1号刀补
5	M03 S500	主轴正转,转速500r/min
6	G00 X100 Z100	到换刀点
7	G00 X45 Z5	快速进刀到循环起点
8	G71 U1 R0.5 P10 Q20 X0.2 Z0.2 F100	G71指令粗加工循环指令
9	N10 G00 X0	快速移动*X*0
10	#1=0	变量赋初值
11	WHILE #1 LE 15	条件语句
12	#2=[-1/9]*[#1]*[#1]	求解#2
13	G01 X[2*[#1]] Z[#2] F60	直线插补
14	#1=#1+0.05	变量递增
15	ENDW	结束循环语句
16	G01 Z-50	直线插补
17	N20 G01 X40 F60	平端面退刀
18	G00 X100 Z100	回换刀点
19	M05	主轴停止
20	M30	程序结束

4. 零件切削加工

（1）加工操作（见表8-4）

表8-4 抛物线轴件加工操作过程

序号	操作模块	操作步骤
1	安装工件	①选取ϕ40棒料 ②安装到三爪卡盘上
2	安装刀具	将刀架置为1号位,然后将90°偏刀安装到1号位上
3	对刀	对90°粗、精偏刀进行对刀
4	程序输入 程序核验	①创建程序,输入程序 ②检查程序正确性 ③使用机床程序检验功能
5	试切加工	①将机床功能设置为单段模式 ②降低进给倍率 ③关上仓门,执行“循环启动”键 ④手扶“急停按钮”,如发生意外情况,迅速拍下“急停按钮”
6	尺寸检验	使用精度为0.02mm的游标卡尺,对加工完成的零件表面进行尺寸检测

（2）零件质量检验、考核（见表8-5）

表 8-5　零件质量检验、考核表

<table>
<tr><td>零件名称</td><td colspan="4">抛物线轴件</td><td colspan="2">允许读数误差</td><td colspan="2">±0.007mm</td><td rowspan="3">教师评价
（填写T/F）</td></tr>
<tr><td rowspan="2">序号</td><td rowspan="2">项目</td><td rowspan="2">尺寸要求/mm</td><td rowspan="2">使用的
量具</td><td colspan="4">测量结果</td><td rowspan="2">项目
判定</td></tr>
<tr><td>No.1</td><td>No.1</td><td>No.1</td><td>平均值</td></tr>
<tr><td>1</td><td>长度</td><td>25</td><td></td><td></td><td></td><td></td><td></td><td>合 否</td><td></td></tr>
<tr><td>2</td><td>外径</td><td>$\phi30_{-0.10}^{\ 0}$</td><td></td><td></td><td></td><td></td><td></td><td>合 否</td><td></td></tr>
<tr><td>3</td><td>长度</td><td>47±0.10</td><td></td><td></td><td></td><td></td><td></td><td>合 否</td><td></td></tr>
<tr><td colspan="2">结论(对上述三个测量尺寸进行评价)</td><td colspan="7">合格品　　　　次品　　　　废品</td><td></td></tr>
<tr><td colspan="2">处理意见</td><td colspan="7"></td><td></td></tr>
</table>

四、知识巩固

① 使用宏程序编程如何实现与加工指令结合？

② 工件坐标系如何确定？

③ 宏程序中的条件语句都可以用哪些？

五、技能要点

宏程序三种使用方法，加工时根据零件图和毛坯尺寸合理选择。

① 能嵌套G71实现粗加工。

② 能嵌套G80固定循环。

③ 可以单独实现粗、精加工。

任务二　椭圆类零件加工

一、预备知识

1. 常见曲线的参数方程

一般地，在平面直角坐标系中，如果曲线上任意一点的坐标x、y都是某个变数t的函数，并且对于t的每一个允许的取值，由方程组确定的点（x，y）都在这条曲线上，那么这个方程就叫作曲线的参数方程，联系变数x、y的变数t叫作参变数，简称参数。

（1）圆的参数方程

$$\begin{cases} x = a + r\cos\theta \\ y = b + r\sin\theta \end{cases} (\theta \in [0,\ 2\pi))$$

式中，（a，b）为圆心坐标；r为圆半径；θ为参数；（x，y）为经过点的坐标。

（2）椭圆参数方程

$$\begin{cases} x = a\cos\theta \\ y = b\sin\theta \end{cases} (\theta \in [0,\ 2\pi))$$

式中，a为长半轴长；b为短半轴长；θ为参数。

（3）双曲线的参数方程

$$\begin{cases} x = a\sec\theta \\ y = b\tan\theta \end{cases} (\theta \in [0,\ 2\pi))$$

式中，a为实半轴长；b为虚半轴长；θ为参数；$(x,\ y)$为经过点的坐标。

（4）抛物线的参数方程

$$\begin{cases} x = 2pt^2 \\ y = 2pt \end{cases}$$

式中，p表示焦点到准线的距离；t为参数；$(x,\ y)$为经过点的坐标。

（5）直线的参数方程

$$\begin{cases} x = x' + t\cos\alpha \\ y = y' + t\sin\alpha \end{cases}$$

式中，x'、y'和α表示直线经过$(x',\ y')$，且倾斜角为α；t为参数；$(x,\ y)$为经过点的坐标。

（6）圆的渐开线参数方程

$$\begin{cases} x = r(\cos\varphi + \varphi\sin\varphi) \\ y = r(\sin\varphi - \varphi\cos\varphi) \end{cases} \quad (\varphi \in [0,\ 2\pi))$$

2. 直角坐标方程（普通方程）

（1）圆的方程

$$(x - x_1)^2 + (y - y_1)^2 = r^2$$

式中，$(x_1,\ y_1)$为圆心坐标；r为半径；$(x,\ y)$为经过点的坐标。

（2）椭圆方程

$$\frac{(x - x_1)^2}{a^2} + \frac{(y - y_1)^2}{b^2} = 1$$

式中，$(x_1,\ y_1)$为圆心坐标；a为长半轴；b为短半轴；$(x,\ y)$为经过点的坐标。

（3）双曲线方程

$$\frac{(x - x_1)^2}{a^2} - \frac{(y - y_1)^2}{b^2} = 1$$

式中，$(x_1,\ y_1)$为对称中心坐标；a为长半轴；b为短半轴；$(x,\ y)$为经过点的坐标。

（4）抛物线方程

$$y^2 = 2px\,(p > 0)$$

二、基础理论

1. 宏程序在椭圆加工中的应用

椭圆类零件，在加工时可以用宏程序完成零件的粗精加工。具体应用过程如下。

（1）先写出椭圆的曲线方程

$$\begin{cases} x = a\cos\alpha \\ y = b\sin\alpha \end{cases}$$

或$\dfrac{(x - x_1)^2}{a^2} + \dfrac{(y - y_1)^2}{b^2} = 1$

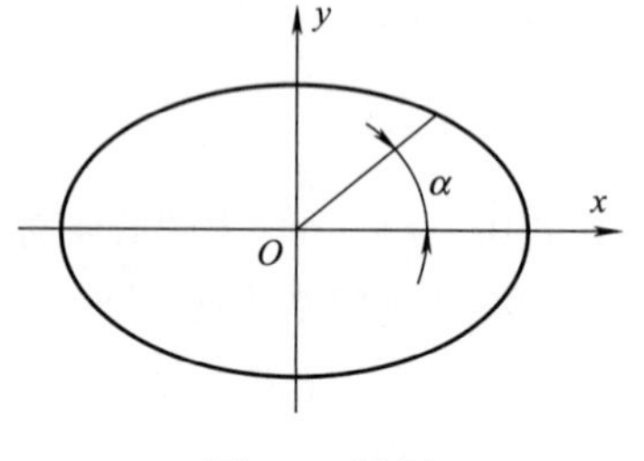

图8-3　椭圆

（2）建立工件坐标系

建立的工件坐标系如图8-3所示。在数控车床上，x轴应为z轴，y轴应为x轴，则转换为数控车床的坐标系，而工件的加工也应为右半椭球或左半椭球。本任务以右半椭球为例进行宏程序编写。

(3) 编写加工程序（本例仅为数控车削精加工椭圆表面的宏程序）

```
%1234
G21 G94
M03 S500
T0101
G00 X0 Z25
#1=20; 定义a值
#2=12; 定义b值
#3=0; 定义步距角α的初值，单位：度
WHILE #3 LE 90
#4= [#1]*cos [#3*PI/180]; #4为X坐标，华中8型数控系统角度单位是弧度PI
#5= [#1]*sin [#3*PI/180]; #5为Z坐标
G42 G01 X[2*[#5]] Z[#4]  F50
#3=#3+5
ENDW
G01 X30
G40 G00 X100 Z100
M05
M30
```

2. 不支持刀尖半径补偿的宏程序

目前，新的数控系统多半支持宏程序下使用刀尖半径补偿指令，但也有部分数控系统不支持宏程序下的刀尖半径补偿，变通方法是采用轮廓放大的方法进行宏程序编制。同时，在对刀时要以刀具圆弧中心对刀的方式来进行。如图8-4所示零件，可编写宏程序如下：

```
%1234
G21 G94
M03 S500
T0101
G00 X0 Z25
#0=0.8; 定义刀尖半径值
#1=20; 定义a值
#2=12; 定义b值
#3=0; 定义步距角α的初值，单位：度
WHILE #3 LE 90
#4=[#1+#0]*cos [#3*PI/180];  #4为X坐标，华中8型数控系统角度单位是弧度PI
#5=[#1+#0]*sin [#3*PI/180];  #5为Z坐标
G01 X[2*[#5]]  Z [#4] F50
#3=#3+5
ENDW
```

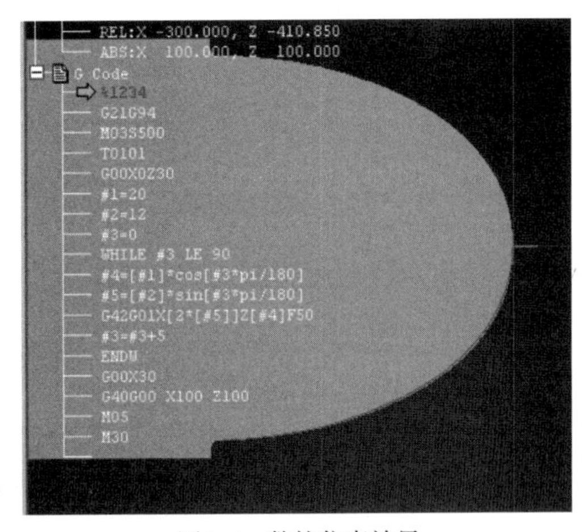

图8-4　数控仿真效果

```
G01 X30
G00 X100 Z100
M05
M30
```

三、任务训练

1. 任务要求

针对如图8-5所示的手柄件，进行工艺制订、编制数控加工程序、进行数控加工等技能训练。

任务目标如下：

① 零件图样分析；

② 能制订零件的加工工艺路线；

③ 会合理选择加工过程中的切削用量；

④ 能应用循环指令编写手柄零件的加工程序；

⑤ 能操作机床完成零件切削加工；

⑥ 零件加工质量评测。

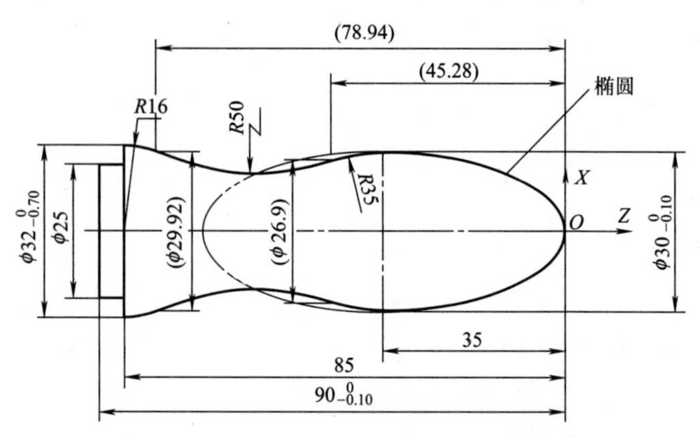

图8-5 手柄

2. 工序卡填写（见表8-6）

表8-6 数控加工工序卡

单位	数控加工工序卡	产品名称或代号				零件名称		零件图号
						手柄		003
椭圆 $\frac{X^2}{15^2}+\frac{(Z-35)^2}{35^2}=1$		车间				使用设备		
						CK3675V		
		工艺序号				程序编号		
		004-1				004-1		
		夹具名称				夹具编号		
		三爪卡盘						
工步号	工步作业内容	加工面	刀具号	刀补量	主轴转速/(r/min)	进给速度/(mm/min)	切削深度/mm	备注
1	粗加工右侧手柄面	端面	T0101		500	100	1	
2	精加工右侧手柄面	外圆	T0101		500	100	1	
3	切$\phi25$圆柱	槽	T0101		500	100	1	
4	切断	左端面	T0202		400	50		
编制	审核	批准			年 月 日	共 页		第 页

3. 编写加工程序

此零件加工程序（见表8-7）编写中，使用G71指令进行粗加工，使用基本指令进行精加工，宏程序插入精加工刀路之中，使用槽刀，采用G81指令加工$\phi25$段圆柱。

宏程序编写时，可采用普通方程，即$\frac{(x-x_1)^2}{a^2}+\frac{(y-y_1)^2}{b^2}=1$；代入已知参数，得到最

终方程：$\dfrac{(z-35)^2}{35^2}+\dfrac{x^2}{15^2}=1$，也可以改成参数方程：$\begin{cases} z=35\cos\alpha-35 \\ x=15\sin\alpha \end{cases}$。

表8-7　手柄加工程序

序号	程　序　段	说　明
1	O0806	程序名称
2	%1234	程序段名
3	G21 G94	初始化程序环境,公制单位mm,分进给
4	T0101	调1号刀,调1号刀补
5	M03 S400	主轴正转,转速500r/min
6	G00 X45 Z10	快速逼近工件
7	G71 U1 R0.5 P10 Q20 E0.5 F100	粗加工切削复合循环G71
8	N10 G00 X0	快速到*X*轴
9	#1=35	长半轴
10	#2=15	短半轴
11	#3=0	转角赋初值
12	WHILE #3 LE 90	条件语句
13	#4=[#1]*[cos[#3]-35]	*Z*坐标变量
14	#5=[#2]8*sin[#3]	*X*坐标变量
15	G42 G01 X[2*[#5]] Z[#4] F60	直线插补,加刀尖半径补偿
16	#3=#3+5	转角递变
17	ENDW	结束循环语句
18	G03 X26.9 Z-45.28 R35 F60	加工圆弧
19	G02 X29.92 Z-78.94 R50	加工圆弧
20	G03 X32 Z-85 R16	加工圆弧
21	G01 Z-94	加工圆柱
22	N20 G40 G01 X40	平轴肩退刀,取消半径补偿
23	G00 X100 Z100	快速移动到换刀点
24	T0202 S400	调3号槽刀,3号刀补,刀宽4mm,400r/min
25	G00 X45 Z-89	确定第一刀位置
26	G75 X25 Z-94 R2 Q3I3 F50	切直径25mm圆柱
27	G00 Z-94	定位
28	G75 X0 Z-94 R2 Q3 F50	切断
29	G00 X100 Z100	快速退刀到换刀点
30	M05	主轴停止
31	M30	程序结束

4. 零件切削加工

（1）加工操作（见表8-8）

表8-8　手柄件加工操作过程

序号	操作模块	操 作 步 骤
1	安装工件	选取毛坯料安装到主轴上,方法同前
2	安装刀具	将90°刀安装到1号位,将槽刀安装到2号刀位
3	对刀	以工件右端面中心为工件坐标系,方法同前

续表

序号	操作模块	操作步骤
4	程序输入 程序核验	①创建程序，输入程序 ②检查程序正确性 ③使用机床程序检验功能
5	试切加工	①将机床功能设置为单段模式 ②降低进给倍率 ③关上仓门，执行“循环启动”键 ④手扶“急停按钮”，如发生意外情况，迅速拍下“急停按钮”
6	尺寸检验	使用精度为0.02mm的游标卡尺，对加工完成的零件表面进行尺寸检测

（2）零件质量检验、考核（见表8-9）

表8-9 零件质量检验、考核表

<table>
<tr><td>零件名称</td><td colspan="4">手 柄 件</td><td colspan="2">允许读数误差</td><td colspan="2">±0.007mm</td><td rowspan="3">教师评价
（填写T/F）</td></tr>
<tr><td rowspan="2">序号</td><td rowspan="2">项目</td><td rowspan="2">尺寸要求/mm</td><td rowspan="2">使用的
量具</td><td colspan="4">测量结果</td><td rowspan="2">项目判定</td></tr>
<tr><td>No.1</td><td>No.1</td><td>No.1</td><td>平均值</td></tr>
<tr><td>1</td><td>外径</td><td>$\phi30_{-0.10}^{0}$</td><td></td><td></td><td></td><td></td><td></td><td>合 否</td><td></td></tr>
<tr><td>2</td><td>外径</td><td>$\phi32_{-0.10}^{0}$</td><td></td><td></td><td></td><td></td><td></td><td>合 否</td><td></td></tr>
<tr><td colspan="3">结论(对上述三个测量尺寸进行评价)</td><td colspan="6">合格品 次品 废品</td><td></td></tr>
<tr><td colspan="3">处理意见</td><td colspan="6"></td><td></td></tr>
</table>

四、知识巩固

① 加工中如何使用刀补？

② 椭圆加工中使用哪个条件语句更合适？

③ 自变量是如何选取的？

五、技能要点

宏程序加工正确与否与下列因素有关。

① 能正确建立工件曲线方程；

② 根据粗精加工合理选择增量坐标；

③ 条件语句设定合理；

④ 自变量的取值范围。

项目九

自动编程与加工

任务一　自位垫具编程与加工

一、预备知识

1. 刀具角度对加工的影响

（1）前角对加工的影响　前角增大使切削刃变锋利，切屑流出阻力小，摩擦力小，切削变形小，因此切削力和切削功率小，切削温度低，刀具磨损小，加工表面质量高。但过大前角使刀具的刚性和强度降低，热量不易扩散，刀具磨损和破损严重，刀具寿命降低。在确定刀具前角时，应根据加工条件进行选择。加工脆性材料和硬材料、粗加工和断续切削时应该选择小前角；加工塑性材料和软材料、精加工时选择大前角。

（2）后角的影响　后角在加工中的主要作用是减少刀具后刀面与加工表面的摩擦。当前角固定时，后角的增大能增强刀刃的锋利程度，使切削力与摩擦减小，故加工表面质量高；但是过大的后角使切削刃强度降低，散热条件变差，磨损量增大，因此刀具寿命降低。后角选择原则是：在摩擦不严重的情况下，选择较小的后角。粗加工时为了提高刀尖强度可选择小后角，精加工时为了减小摩擦可选择大后角。

（3）刃倾角的影响　刃倾角的正负决定了切屑的排出方向，还影响刀尖强度和抗冲击性能。如图9-1所示，当刃倾角为负时，即刀尖相对于车刀的底平面处于最低点，切屑流向工件已加工表面。

（4）主偏角的影响　减小主偏角可以使刀具强度提高，散热条件变好，加工表面粗糙度减小。同时主偏角减小能提高刀具的寿命。通常，在车细长轴和阶梯轴时，选90°主偏角；在车外圆和端面时选45°主偏角。如图9-2所示。

（5）副偏角的影响　副偏角是影响表面粗糙度的主要角度，它的大小也影响刀具强度。过小的负偏角，会增加副后面与已加工表面间摩擦，引起振动。副偏角的选择原则是在粗加工或者不影响摩擦和产生振动的条件下，应选取较小的副偏角，在精加工时可选择较大的副偏角。如图9-2所示。

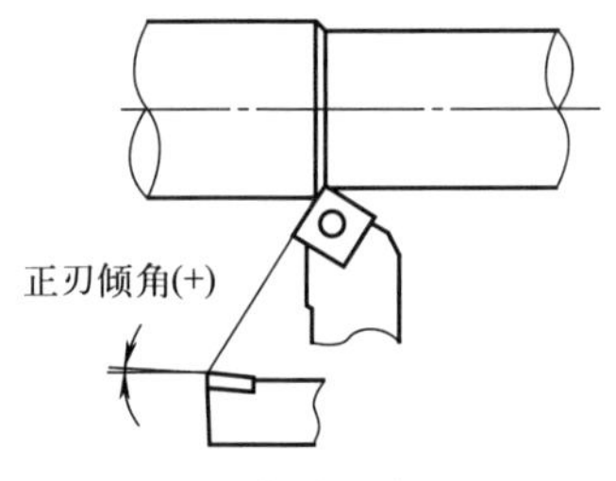

图9-1　刃倾角对加工影响

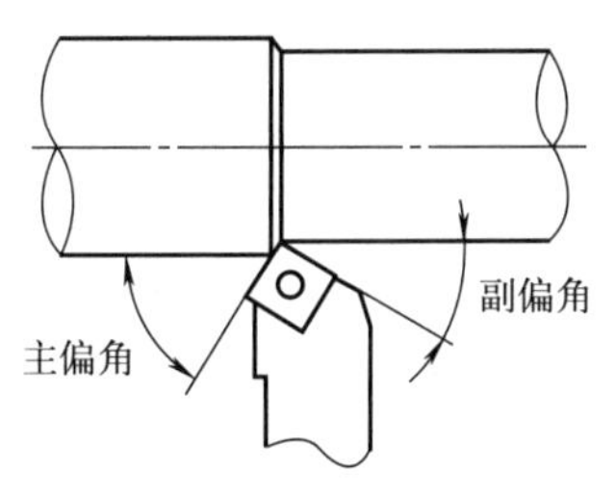

图9-2　主、副偏角对加工影响

在数控编程与加工技术中，都要根据加工对象的不同，而选择适合加工对象的各种角度的刀具，以保证顺利完成加工零件的要求。

2. 自动编程软件

本教材自动编程部分主要选择CAXA数控车为应用软件，其安装步骤讲解如下。

（1）软件安装　登录CAXA数码大方官网http：//www.caxa.com/，可找到“产品”—“CAM数控车”—“软件下载”—“CAM”页面，然后下载CAXA CAM 数控车 2020SP0（X64）下载包，下载后执行该安装文件，出现如图9-3所示的安装界面。

出现如图9-4所示界面时，可设置CAXA数控车的安装路径。然后继续“下一步”，直到安装完成。

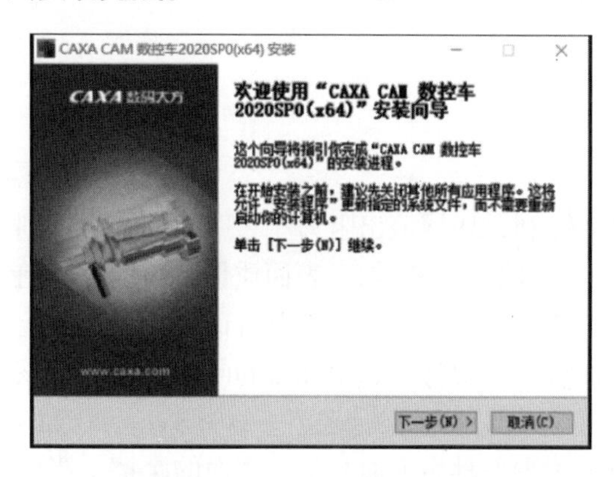

图9-3　CAXA数控车安装界面

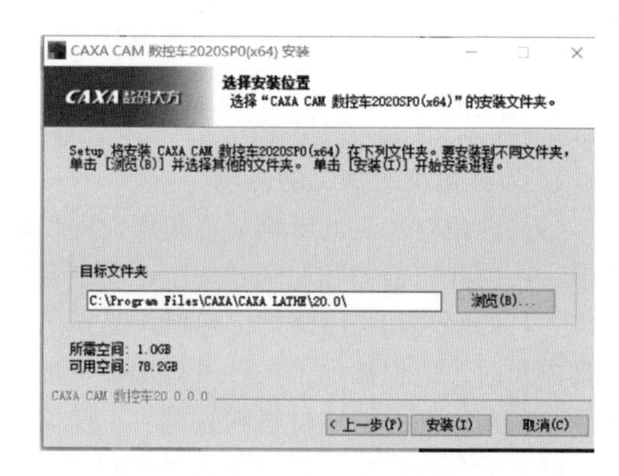

图9-4　CAXA数控车安装路径设置界面

（2）软件的启动　双击桌面的“CAXA CAM数控车2020（X64）”图标，则可启动CAXA数控车软件，启动后，得到如图9-5所示的软件界面。

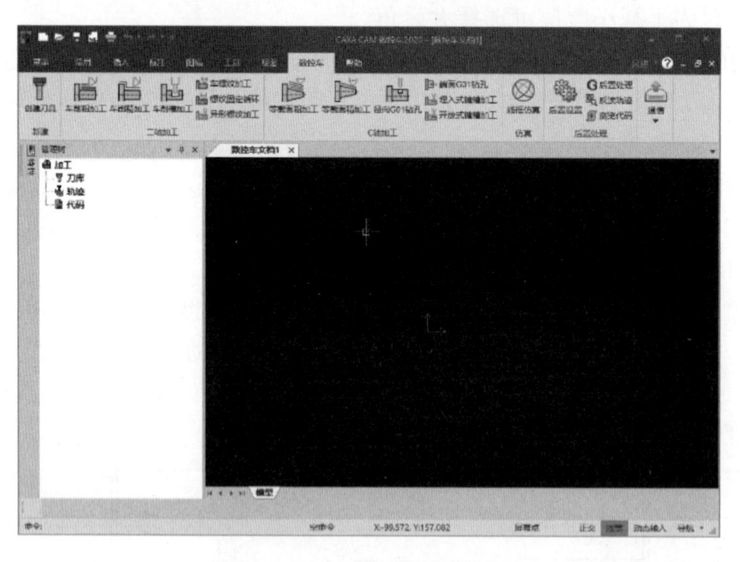

图9-5　CAXA数控车操作界面

CAXA数控车的操作界面包括CAXA电子图板的绘图部分与数控车削加工的操作部分。如图9-6所示为数控车削加工操作界面。

此工具栏主要包括数控车削加工的各种加工方法，如粗车、精车、切槽、切螺纹等内容。还包括后置处理、机床设置、通信设置等内容。下面结合实际应用来学习CAXA数控车的具体应用技术。

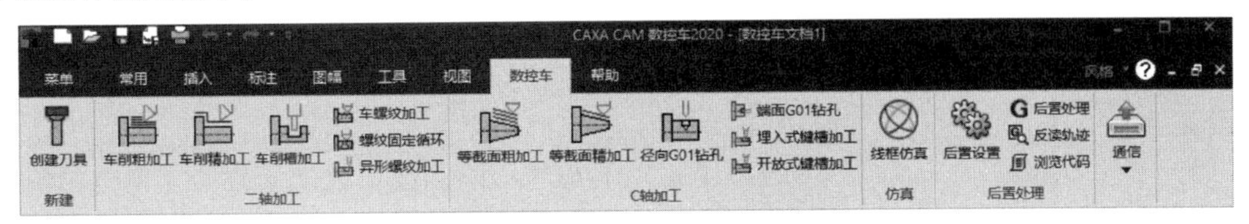

图9-6　数控车削自动编程操作工具栏

二、基础理论

1. 加工零件图形的获取

加工零件图形获取，可通过二维图形导入，如*.dwg或*.dxf文件导入；也可在CAXA数控车中使用常用工具绘制图形。如图9-7所示为导入的手柄dxf文件，然后修改零件轮廓，保留零件精加工轮廓，加画毛坯轮廓线，使得零件轮廓与毛坯轮廓首尾相连，形成一个封闭图形。

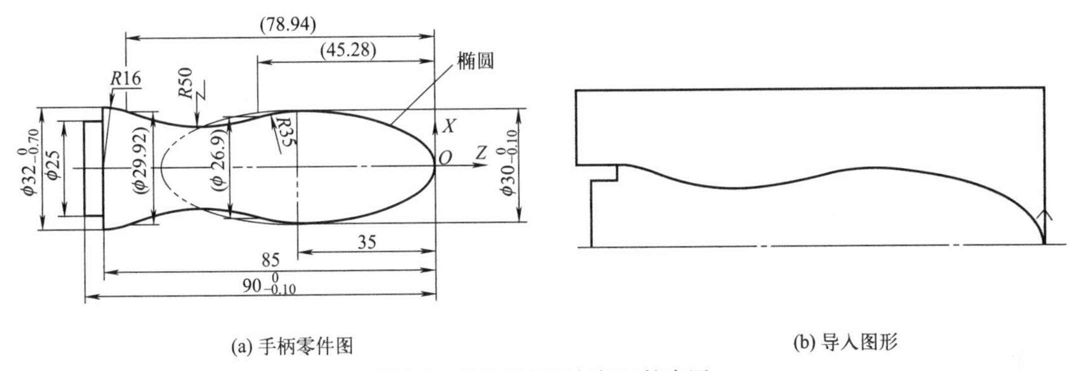

(a) 手柄零件图　　(b) 导入图形

图9-7　手柄零件图与加工轮廓图

2. 数控粗加工

（1）设置刀具几何参数　在数控车工具栏中单击“创建刀具”按钮，在弹出的如图9-8（a）所示的窗口设置刀具几何参数与刀具号、半径补偿号、长度补偿号；单击图中的切削用

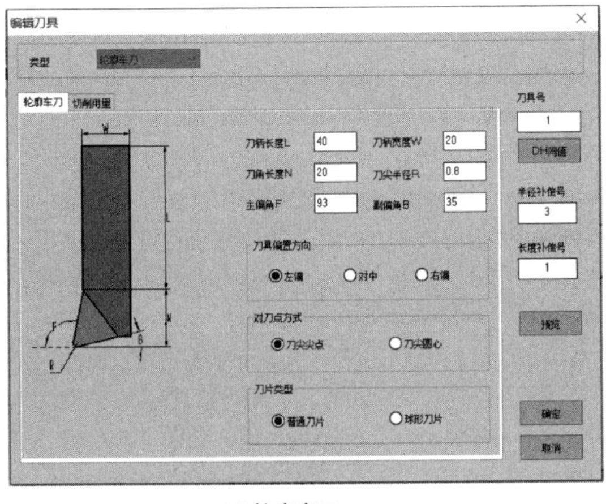

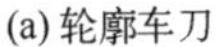
(a) 轮廓车刀

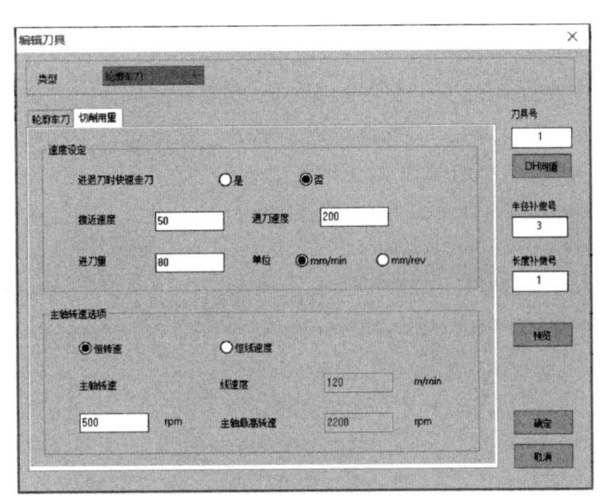

(b) 切削用量

图9-8　创建刀具对话框

量选项卡，则得到如图9-8（b）所示的切削用量选项卡，在其中输入进给速度与主轴转速。

（2）车削粗加工　单击CAXA数控车工具栏的“车削粗加工”按钮，弹出如图9-9所示的车削粗加工（创建）对话框，设置加工参数，切削行距设为1，径向余量设为0.1，轴向余量设为0.1，干涉角中的副偏角干涉角度设为25。进退刀方式、刀具参数、几何选项卡暂缺省设置。

① 零件轮廓选取。将CAXA数控车的左下角的“限制链拾取”修改为“单个拾取”，然后，在工作区选择零件轮廓的最右侧表面曲线，在弹出的双向箭头选项中选择向左的箭头，然后，依次选择适合本次粗加工的零件轮廓曲线，再按下鼠标右键结束操作。

② 毛坯轮廓选取。继续在工作区选择毛坯轮廓线，也是从最右端面选择，之后在弹出的双向箭头选项中选择向上的方向，然后，依次选择适合本次粗加工的毛坯轮廓曲线，确保与零件轮廓封闭。再按下鼠标右键结束操作。

③ 下一步是确定加工的刀具起点，可在屏幕上根据实际需要点击适当位置，也可以通过输入点的坐标的方式确定程序起点。则此段零件轮廓的粗加工刀路轨迹已经产生。如图9-10所示。

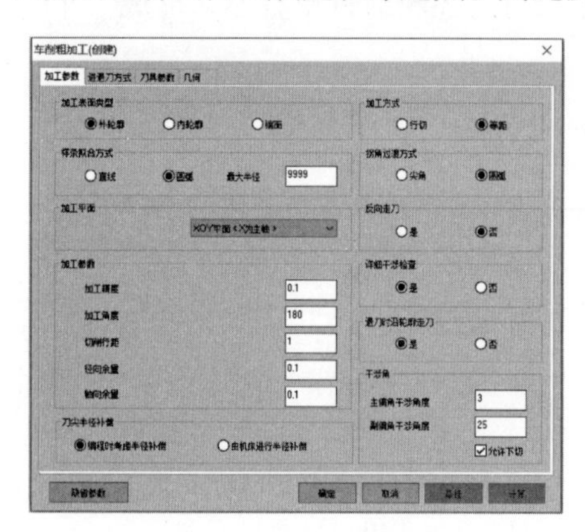

图9-9　车削粗加工对话框

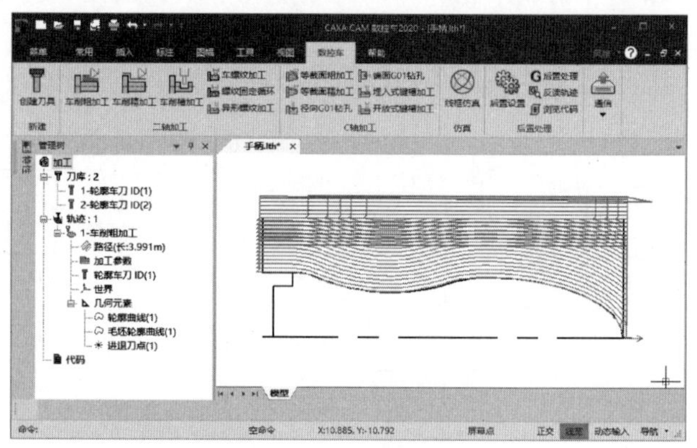

图9-10　车削粗加工设置

3. 后置处理

单击CAXA数控车工具栏的“后置处理”按钮，如图9-11所示，弹出后置处理对话框。在

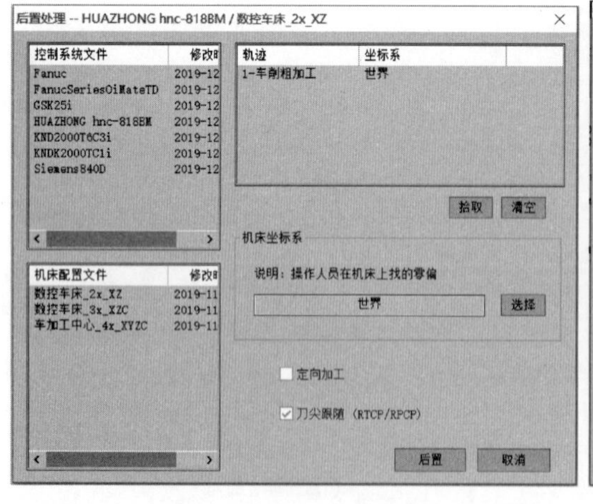

图9-11　后置处理对话框

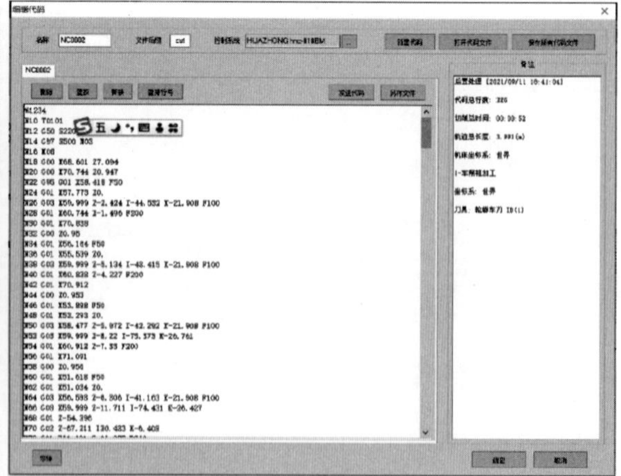

图9-12　编辑代码对话框

控制系统文件选框中选择“HUAZHONG hnc-818bm”，在机床配置文件选框中选择“数控车床_2X_XZ”，然后，点选轨迹选框下方的“拾取”按钮，然后在工作区选择先前生成的刀路曲线。最后，单击后置处理对话框下方的“后置”按钮，则弹出如图9-12所示的编辑代码对话框，可查看与编辑生成的数控程序。

三、任务训练

1. 任务要求

针对如图9-13所示的自位垫具，进行工艺制订、编制数控加工程序、进行数控加工等技能训练。

任务目标如下：

① 能够读懂零件图；

② 会制订零件的加工工艺；

③ 能选择合适的工具、夹具及量具；

④ 能够小组合作编写零件加工程序；

⑤ 能够熟练操作机床；

⑥ 能够进行零件的修配加工。

2. 零件图分析

如图9-13所示，自位垫具零件为构成球面副的两个轴套件，无配作要求，可分别加工，两件加工难度b件相对大些，因此，仅以b件加工为例进行自动编程与加工操作，a件由读者参照b件来进行相关的编程与加工操作。

b件外表面主体为曲面，圆柱部分长度仅有5mm，难以定位夹紧，因此，实际加工可考虑以内孔来进行定位与夹紧，从而确保加工要求。

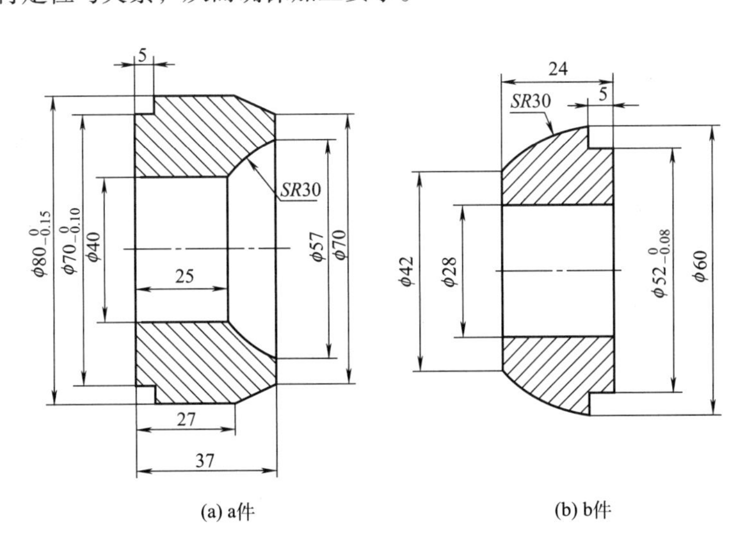

(a) a件　　(b) b件

图9-13 自位垫具

3. 工序卡填写（见表9-1、表9-2）

表 9-1 数控加工工序卡（b件）

单位	数控加工工序卡	产品名称或代号				零件名称		零件图号
						自位垫具b件		003
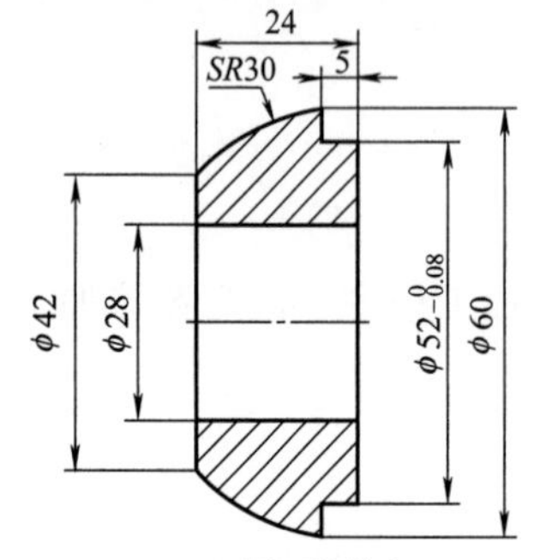 两端圆柱装夹		车间				使用设备		
						CK3675V		
		工艺序号				程序编号		
		004-1				004-1		
		夹具名称				夹具编号		
		三爪卡盘						
工步号	工步作业内容	加工面	刀具号	刀补量	主轴转速/(r/min)	进给速度/(mm/min)	切削深度/mm	备注
1	粗车左端面、部分ϕ60外径	端面、外圆	T0101		500	100	1	
2	粗、精加工右端面，24mm尺寸	端面	T0101		500	100	1	
3	粗车ϕ52、ϕ60外圆表面	外圆	T0101		500	100	1	
4	钻、镗ϕ28内孔	内圆柱	T0303		500	100	1	
5	精加工外圆	右全部	T0101		750	60	0.5	
6	车削左段外圆曲面	外圆柱	T0101		500	100	1	
编制	审核	批准		年 月 日		共 页		第 页

表 9-2 数控加工工序卡（a件）

单位	数控加工工序卡	产品名称或代号				零件名称		零件图号
						自位垫具a件		003
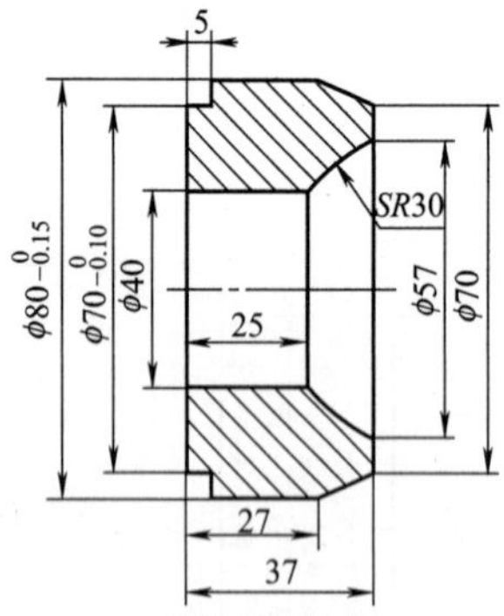 两端圆柱装夹		车间				使用设备		
						CK3675V		
		工艺序号				程序编号		
		004-1				004-1		
		夹具名称				夹具编号		
		三爪卡盘						
工步号	工步作业内容	加工面	刀具号	刀补量	主轴转速/(r/min)	进给速度/(mm/min)	切削深度/mm	备注
1	粗精加工左端面及ϕ40、ϕ70、ϕ70	端面、外圆	T0101		500	100	1	
2	右粗精车内圆表面及锥、端面、外圆柱	外圆	T0101		500	100	1	
编制	审核	批准		年 月 日		共 页		第 页

4. 编写加工程序

使用CAXA数控车2020版软件进行加工编程，具体步骤如下：

① 创建两把90°偏刀，用于粗车的刀具刀尖半径0.8mm，刀具号1，半径补偿号1，接近速度50mm/min，退刀速度200mm/min，进刀速度100mm/min，主轴转速500r/min，用于精车的刀具刀尖半径0.4mm，刀具号2，半径补偿号2，接近速度50mm/min，退刀速度100mm/min，进刀速度50mm/min，主轴转速750r/min。

② 依据零件图形，在工作区绘制零件的截面轮廓线、毛坯轮廓线，注意绘制图形时要将坐标系放置到右端面中心上。先选择工具栏中的车削粗加工，在弹出的车削粗加工对话框中，设置切削参数中的切削行距0.5mm，刀尖半径补偿方式选择由机床进行半径补偿，刀具可通过刀库选择。则可生成图9-14（a）所示的加工刀路轨迹；然后选择工具栏中的车削精加工，在弹出的车削粗加工对话框中，设置刀尖半径补偿方式为由机床进行半径补偿，刀具选择可通过刀库选择。则可生成图9-14（b）所示的加工刀路轨迹。同理，可生成内孔的粗、精加工刀路轨迹。单击后置处理按钮，启动后置处理对话框，选择适用的控制系统，然后拾取粗、精加工刀路轨迹，可分别生成机床的数控程序代码。

③ 掉头加工，首先应将零件图形镜像，移动至右端面中心到坐标系上。然后，同前述内容一样，可完成圆弧表面的粗、精加工刀路轨迹的生成。使用后置处理可生成所需要的粗、精加工的数控代码。

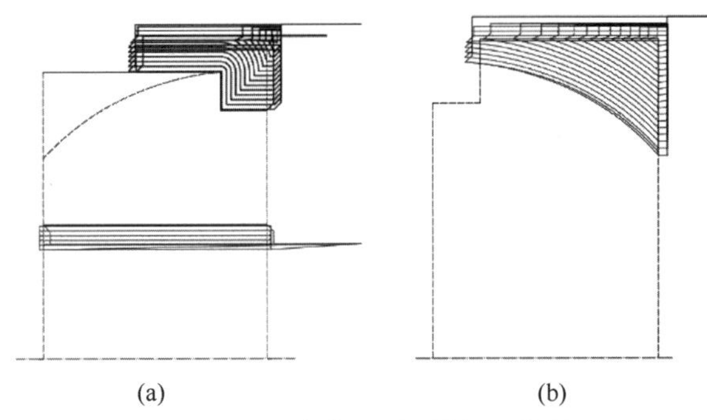

(a)　(b)

图9-14　自位垫具b件加工编程

5. 零件切削加工

（1）加工操作（见表9-3）

表9-3　加工操作过程

序号	操作模块	操作步骤
1	安装工件	①选取毛坯工件 ②用三爪卡盘安装工件，确保伸出卡爪外的部分满足自动编程的加工长度要求
2	安装刀具	方法同前
3	对刀	①参照前述操作技术，以零件左端面中心为工件坐标系，进行90°粗、精偏刀的对刀 ②将直径24~26mm的钻头准备好
4	程序输入 程序核验	将生成的程序代码复制到U盘中，然后将U盘插入数控车床的USB插座上，在通过选择程序找到USB设备，先复制程序到本盘磁盘然后再打开它
5	试切加工	①将机床功能设置为单段模式 ②降低进给倍率 ③关上仓门，执行“循环启动”键 ④手扶“急停按钮”，如发生意外情况，迅速拍下“急停按钮”
6	尺寸检验	使用精度为0.02mm的游标卡尺，对加工完成的零件表面进行尺寸检测

（2）零件质量检验、考核（见表9-4）

表9-4　零件质量检验、考核表

零件名称	自位垫具b件			允许读数误差		±0.007mm			教师评价（填写T/F）
序号	项目	尺寸要求/mm	使用的量具	测量结果				项目判定	
				No.1	No.1	No.1	平均值		
1	外径	$\phi52_{-0.08}^{0}$						合　否	

续表

零件名称		自位垫具b件		允许读数误差		±0.007mm			教师评价（填写T/F）
序号	项目	尺寸要求/mm	使用的量具	测量结果				项目判定	
				No.1	No.1	No.1	平均值		
2	内径	$\phi 42$						合 否	
3	螺纹	24						合 否	
结论(对上述三个测量尺寸进行评价)		合格品		次品		废品			
处理意见									

四、知识巩固

① 零件加工中如何实现定位?

② 零件修配加工内容都有哪些?

③ 怎样能够提高自位垫具的配合精度?

五、技能要点

加工时要使用刀补保证工件的形状，根据零件的加工状况，调整主轴转速和进给量旋钮，保证表面质量。

任务二　组合压头编程与加工

一、预备知识

1. 后置设置

后置设置是机床参数的定义，编程指令、换刀指令的建立，以及宏指令的应用等。

（1）新建控制系统　在CAXA数控车的工具栏中单击“后置设置”按钮，弹出如图9-15所示的后置设置对话框。

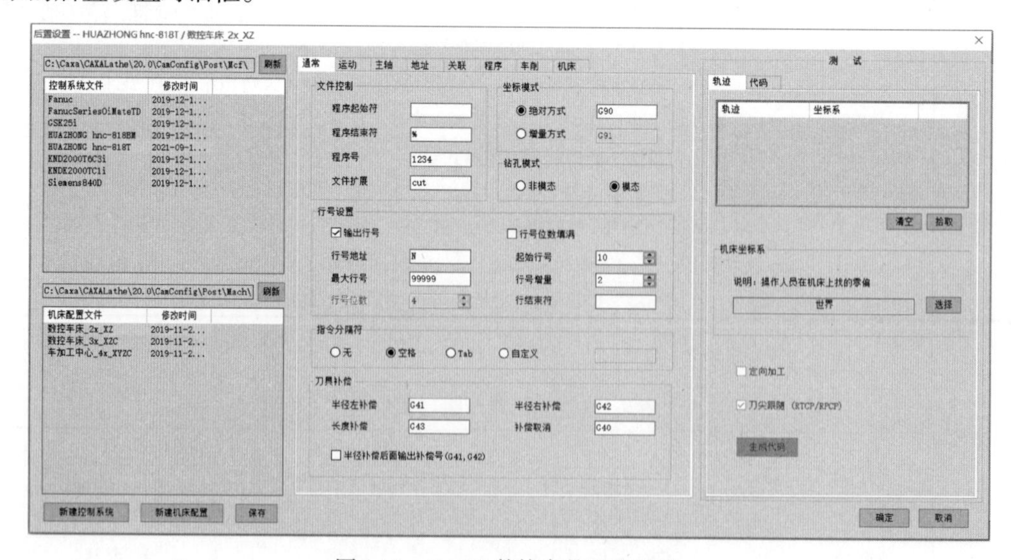

图9-15　CAXA数控车的后置设置

在创建新控制系统前，应先在左上的控制系统文件选框中选择参考系统，然后，在左下角单击“新建控制系统”，输入新建控制系统的名称。

然后就可以通过中上部的“通常”“运动”“主轴”“地址”“关联”“程序”“车削”“机床”选项卡进行相关内容的设置。

① 通常选项卡中可进行文件控制、行号、分隔符、刀具补偿的相关设置；

② 运动选项卡中设置与所要使用机床相匹配的G指令；

③ 主轴选项卡进行主轴旋转指令设置；

④ 地址选项卡可对常规指令的地址位数、缺省值等进行设置；

⑤ 关联选项卡可对系统变量进行相关设置；

⑥ 程序选项卡可对后置处理输出项目信息、先后等进行设置；

⑦ 车削选项卡可对速度、螺纹、铣削等进行设置；

⑧ 机床选项卡可对目标机床的工作范围、初始值等进行设置。

（2）测试后置处理　在图9-15所示的测试选项卡中，单击轨迹选框下的拾取按钮，然后在CAXA数控车工作区中选择粗加工刀路轨迹，然后，单击测试选项卡下方的“生成代码”按钮，则在上方的代码窗口中得到所选择轨迹的数控加工代码。可通过显示代码发现问题，并在前方的各个选项卡中进行相关的修改与调整，使得最终得到我们想要获取的后处理程序。

以下是生成的部分程序代码：

```
%1234
N10 T0101
N12 G50 S2200
N14 G97 S500 M03
N16 M08
N18 G00 X68.601 Z7.094
N20 G00 X70.744 Z0.947
N22 G95 G01 X58.418 F50
N24 G01 X57.773 Z0.
……
M09
M05
M30
```

在上边的测试代码中，我们想去除G50 S2200、G97、M08、M09，且在程序开头添加G21 G94 G40信息，可通过程序选项卡来设置，具体方法如下。

① 单击函数名称列表中的“start”，在其右侧的函数体问题中进行设置可将其中显示的“#"G40 G17 G49 G54 G80"，@”，改为“$seq，"G21 G94 G40"，@”。其中，#的作用是关闭显示功能。

② 单击函数名称列表中的“lathe_middle_start”，在其右侧的函数体问题中进行设置可将其中显示的“$seq，$speedtype，$speed，$spn_cw，$eob，@”，改为“$seq，$speed，$spn_cw，$eob，@”，后置代码中去除了G97指令。“$seq，$cool_on，$eob，@”改为“#$seq，$cool_on，$eob，@”，后置代码中去除了M08辅助指令。“$seq，$max_sd，$speedlimit，$eob，@”改为“#$seq，$max_sd，$speedlimit，$eob，@”，程

序代码中则去除了“G50 S2200”。

③ 单击函数名称列表中的“latheLine”，在其右侧的函数体问题中进行设置可将其中显示的“$seq，$speedunit，$sgcode，$cy，$cx，$feed，$eob，@”改为“$seq，$sgcode，$cy，$cx，$feed，$eob，@”。

④ 单击函数名称列表中的“end”，在其右侧的函数体问题中进行设置可将其中显示的“$seq，$cool_off，$eob，@”改为“#$seq，$cool_off，$eob，@”，则程序代码中去除了M09辅助指令。

⑤ 设置换刀点指令。程序执行过程中要换刀，必须回换刀点；零件结束加工要回换刀点，便于装卸工件。因此，需手工设置换刀点。单击函数名称列表中的“end”，在其右侧的函数体问题中进行设置可将其中显示的“#$seq，$cool_off，$eob，@”前添加“$seq，"G00 X100 Z100"，$eob，@”；单击函数名称列表中的“lathe_middle_end”，在其右侧的函数体问题中进行设置可将其中显示的“#$seq，$cool_off，$eob，@”前添加“$seq，"G00 X100 Z100"，$eob，@”；之后保存，确定。

通过以上设置，得到完全符合目前华中818数控系统的程序代码，如下所示：

```
%1234
N10 G21 G94 G40
N12 T0101
N14 S500 M03
N16 G00 X68.601 Z7.094
N18 G00 X70.744 Z0.947
N20 G01 X58.418 F50
……
G00 X100 Z100
M05
M30
```

2. CAXA数控车图形绘制

（1）确定工艺过程　因为零件的加工工艺因零件技术要求的不同而异，因此，CAXA数控车的图形绘制并非加工零件的全部零件图。具体绘制图形时必须结合加工零件的工序内容及毛坯情况来绘制。因此，必须先确定下零件的加工工艺过程，确立零件的加工表面、余量要求、毛坯状态，从而绘制准确实用的数控车削零件、毛坯图。

如图9-16所示的零件，因其加工分为两件各自加工一部分，然后组合到一起，再加工部分外部表面。因而，确定各自具体加工工艺过程如下。

a件：粗、精车右端，切退刀槽，切螺纹，然后配合b件后加工。

b件：粗、精车左端面及内孔，加工退刀槽、切内螺纹，外表面加工留余量，掉头，粗、精加工完成右端表面，然后配合a件后加工左端曲面。

（2）绘制工序零件轮廓图　下面绘制a件的粗、精车右端，切退刀槽，切螺纹的数控车削图形。

在主菜单上选择常用，切换至绘图功能状态，然后单击“直线”按钮，然后从坐标系向上画端面线、倒角、外圆、再倒角、外圆、端面、倒角、外圆等，直到回到坐标系，然后再绘制退刀槽图形，则得到如图9-16（a）所示的零件轮廓图。注意，绘制退刀槽的4条直线是独立的4段线，与相邻的外圆与端面不是同一段直线，以免加工编程时选择线条发生冲突。

（3）绘制工序毛坯图　接下来绘制毛坯轮廓图，从零件图倒角前端起向上画直线，然后画外圆，最后是绘制左侧封闭直线，确保零件加工轮廓与毛坯轮廓首尾相连，构成封闭加工区域。如图9-16（b）所示。

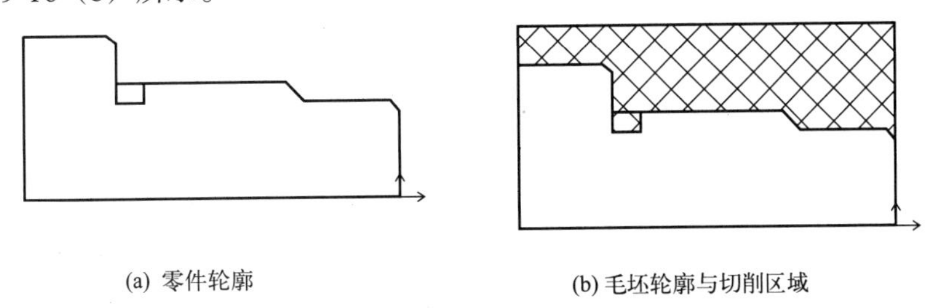

(a) 零件轮廓　　(b) 毛坯轮廓与切削区域

图9-16　CAXA数控车编程过程图形

二、基础理论

1. 车削粗加工

在工具栏上选择“车削粗加工”，在弹出的图9-17（a）所示的粗加工对话框中选择加工表面类型为外轮廓，加工参数为切削行距1，径向余量0.4，刀尖半径补偿为编程时考虑半径

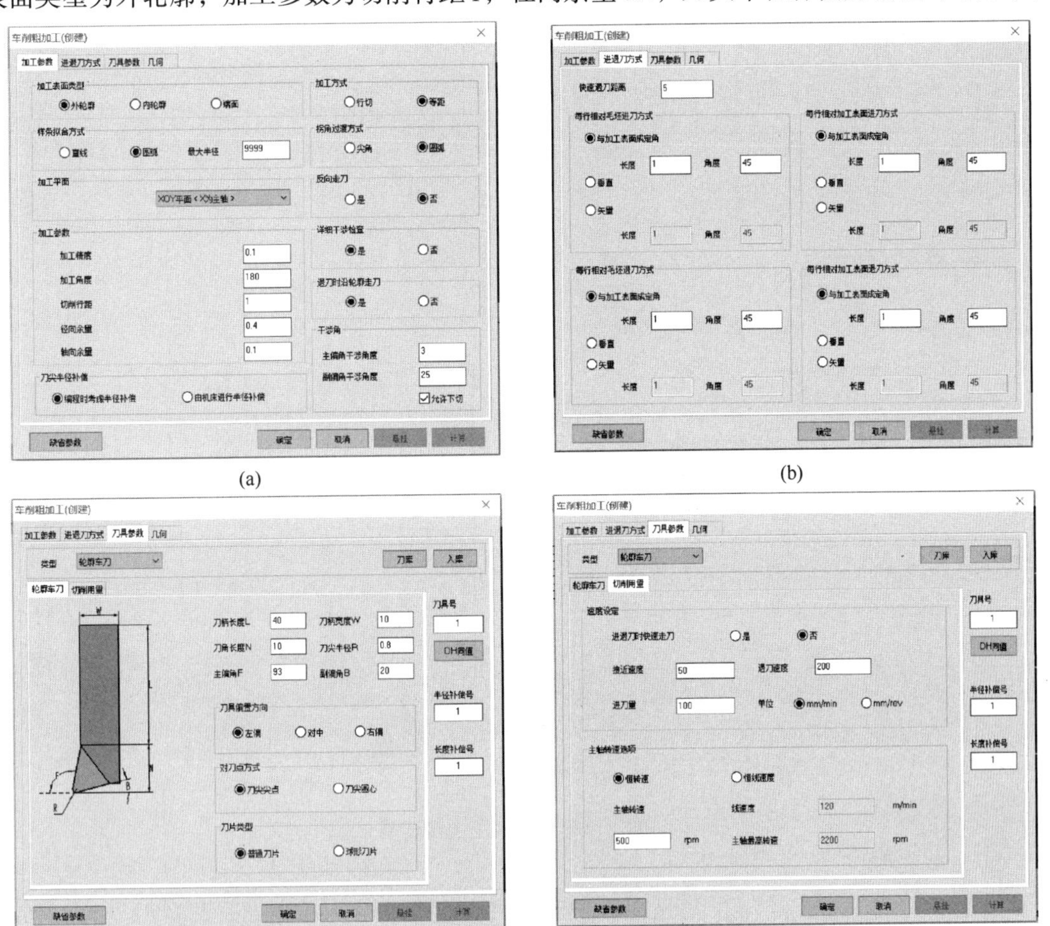

(a)　(b)　(c)　(d)

图9-17　刀具设置相关对话框

补偿。单击“进退刀方式”选项卡，在弹出的图9-17（b）所示的对话框中，设置快速退刀距离为5，其他默认。单击“刀具参数”选项卡，在弹出的图9-17（c）所示的对话框中，单击“刀库”按钮，在弹出的刀具库对话框中，选择1号刀；然后继续选择“切削用量”选项卡，在弹出的图9-17（d）所示对话框中设置对应的切削速度，主轴转速。单击确定按钮，完成对话框设置。

① 选择零件轮廓。在CAXA数控车的立即菜单中“限制链拾取”为“单个拾取”，然后选择零件轮廓最右端的倒角线段，如图9-18（a）所示该线段上出现双向箭头，选择左向箭头，然后依次选择零件轮廓。如图9-18（b）所示单击鼠标右键，则完成零件轮廓拾取。

② 选择毛坯轮廓。接下来选择毛坯的轮廓，单击最右边竖线，在弹出的双向箭头上，选择向上方向，然后依次选择毛坯轮廓，完成毛坯轮廓拾取。

③ 根据立即菜单提示，在屏幕上拾取进退刀点或输入坐标来确定，如输入“10，22.5”为进退刀点。如图9-18（c）所示，得到车削粗加工刀路轨迹。

④ 单击数控车工具栏的“后置处理”按钮，弹出如图9-18（d）所示的对话框，选择控制系统文件“HUAZHONG hnc-818T”，选择机床配置文件 “数控车床_2x_XZ”，在右侧的轨迹窗口下，单击“拾取”按钮，然后选择前边生成的粗加工刀路轨迹。再单击“后置”按钮，则生成所对应数控机床的车削粗加工数控代码程序。

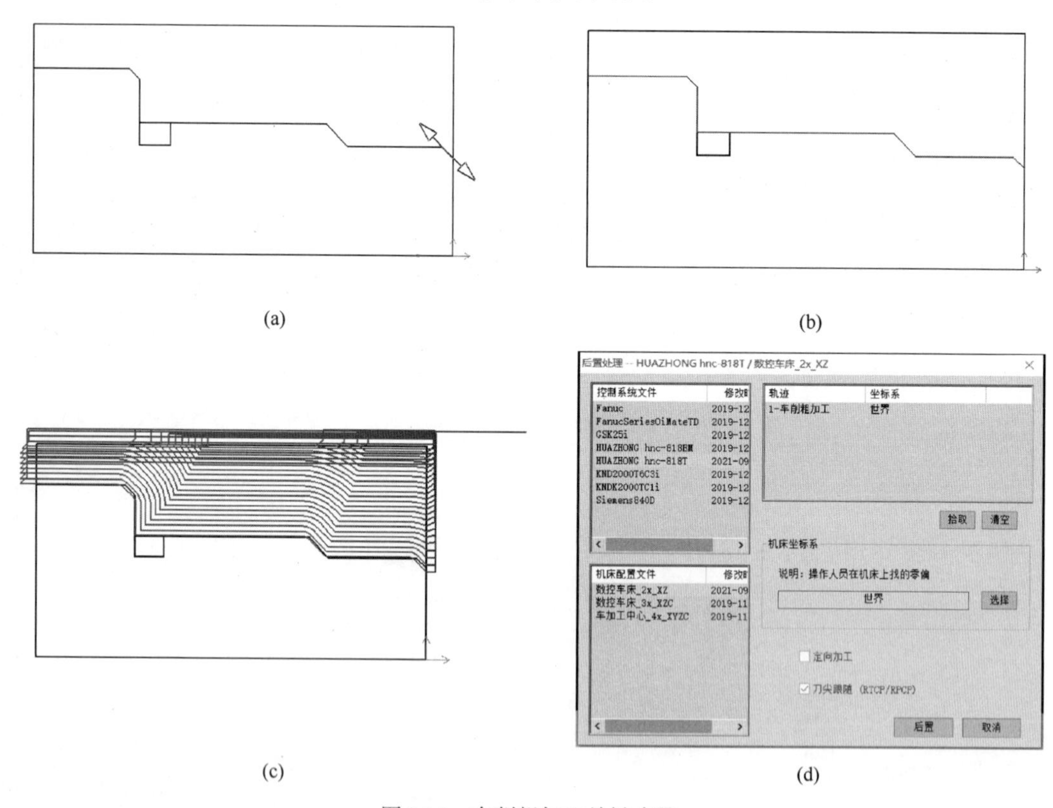

图9-18 车削粗加工关键步骤

2. 车削精加工

与车削粗加工方式类似，只是在设置时刀具刀尖半径R为0.4mm，选择刀具为2号刀，单击“DH同值”按钮，使得半径补偿号、长度补偿号都是2。切削用量设置进刀量60mm/min，主轴恒转速700r/min，确定完成精车刀设置。

单击“车削精加工”按钮，在弹出的车削精加工对话框上单击确定按钮，然后在工作区选择精加工零件轮廓的最右侧倒角边，注意立即菜单的选项为“限制链拾取”，然后选择链拾取方向为向左侧，再单击精加工轮廓最左边的线条，则完成精加工轮廓选取，最后，点击确定输入进退刀点，或坐标输入进退刀点，本例输入：“10，22.5”。则如图9-19所示，生成车削精加工刀路轨迹。

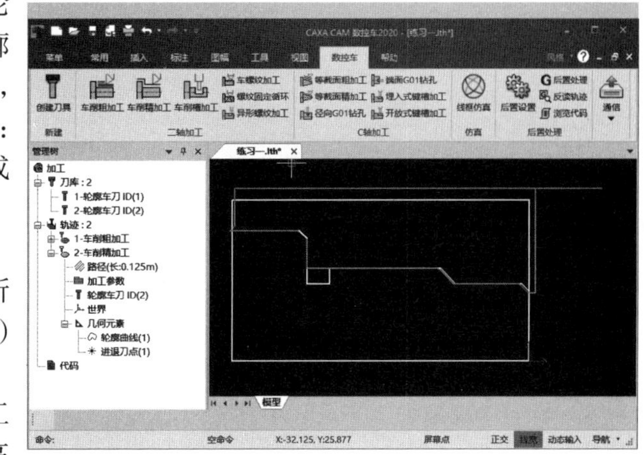

图9-19 车削精加工刀路轨迹

3. 车削槽加工

① 创建槽刀。如图9-20（a）所示，创建3mm宽槽刀，如图9-20（b）所示，设置槽刀的切削用量。

② 槽刀刀路轨迹构建。修整加工槽的轮廓线，将槽的两侧设置相同的高度。如图9-20（c）所示。然后，选择工具栏上的“车削槽加工”，设置如图9-20（d）所示的加工参数，如图9-20（e）所示的刀具参数。确定，然后在工作区从左至右，依次选择槽的轮廓线，右键完成选取，然后根据提示，确定进退刀点。本例输入坐标：“10，22.5”。得到如图9-20（f）所示的槽加工刀路轨迹。

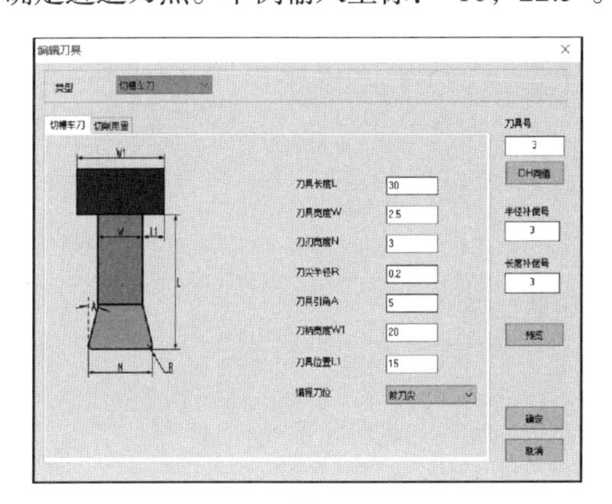

(a)

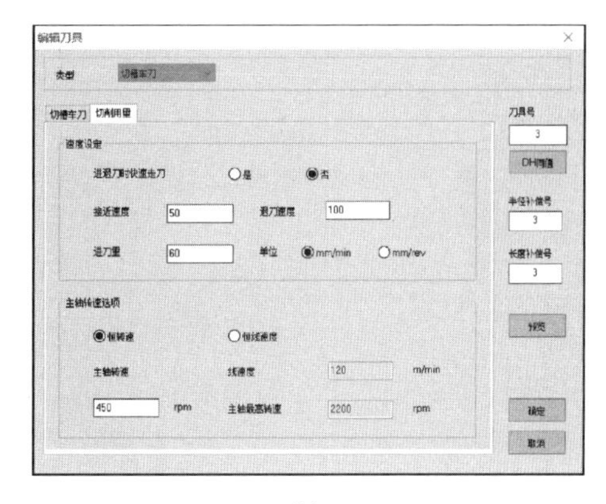

(b)

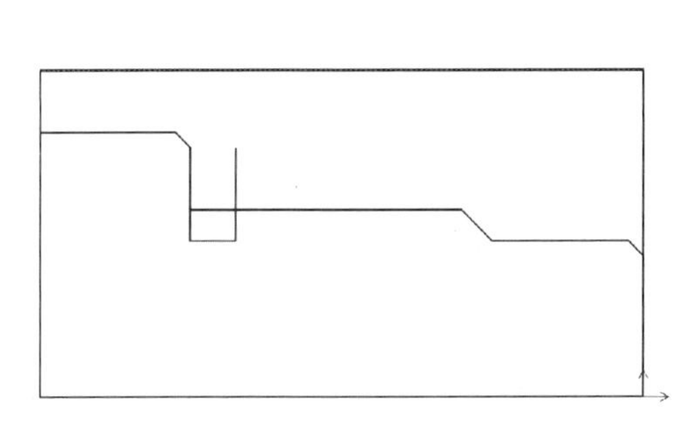
(c)

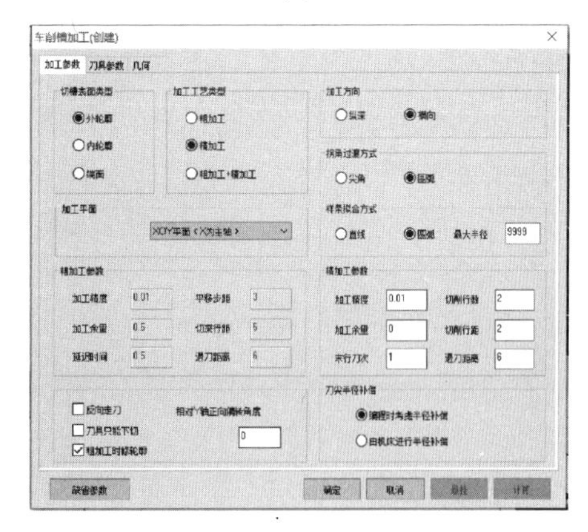

(d)

图9-20

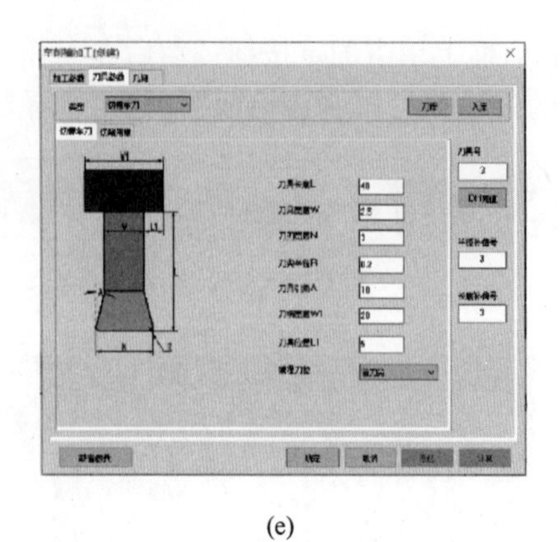

(e)

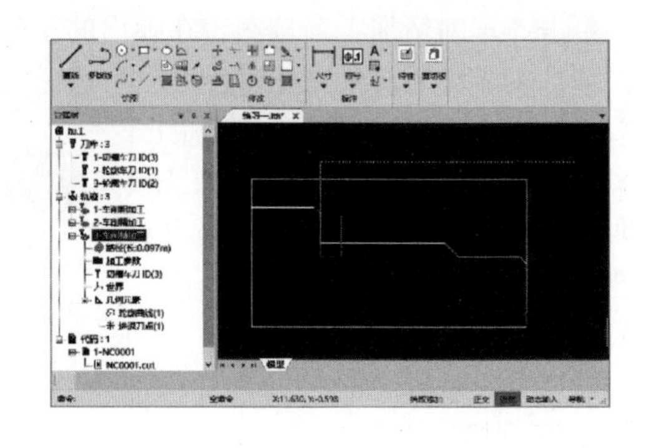

(f)

图9-20 车削槽加工

4. 车削螺纹加工

① 创建螺纹车刀。如图9-21（a）所示，设置螺纹刀参数、刀号、补偿号；如图9-21（b）所示，设置切削用量。

② 在工具栏单击“车螺纹加工”按钮，然后在如图9-21（c）所示的对话框中设置起点、终点、进退刀点、导程等参数。然后单击确定，完成如图9-21（d）所示的车螺纹加工刀路轨迹。

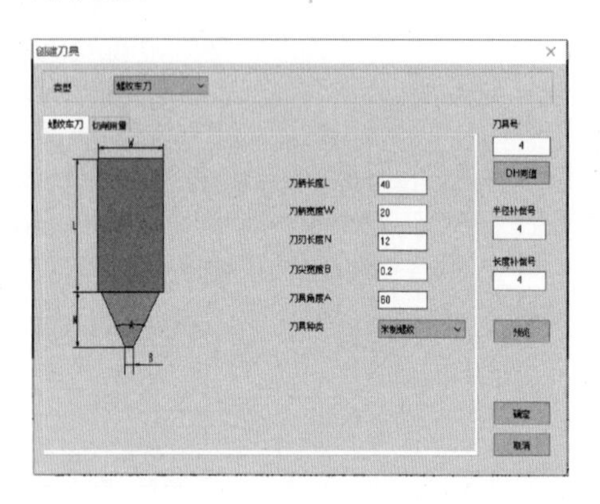

(a)

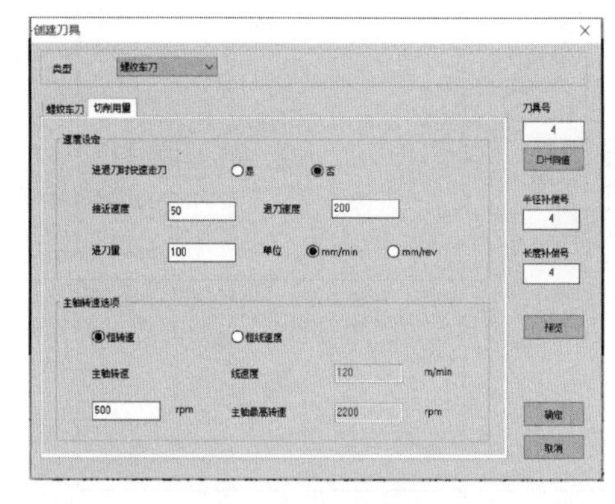

(b)

(c)

(d)

图9-21 车削螺纹加工

5. 后置处理

在CAXA数控车的数控车加工工具栏上单击“后置处理”按钮，在弹出的如图9-22（a）所示的对话框中选择“HUAZHONG hnc-818T”控制系统文件，选择“数控车床_2x_XZ”机床配置文件。然后单击右侧的拾取按钮，在图9-22（b）所示的软件左侧管理树窗口，单击“1-车削粗加工”，然后将鼠标指针移到工作区（黑色区域），右击鼠标，则可看到“拾取”上方的窗口内增加了“1-车削粗加工”；以此类推，可分别拾取“2-车削精加工”“3-车削槽加工”“4-车螺纹加工”加入加工轨迹窗口。

单击图9-22（a）的后置按钮，则可得到包含四个加工刀路轨迹的完整数控车削加工程序代码。可再次进行相关的程序修改。

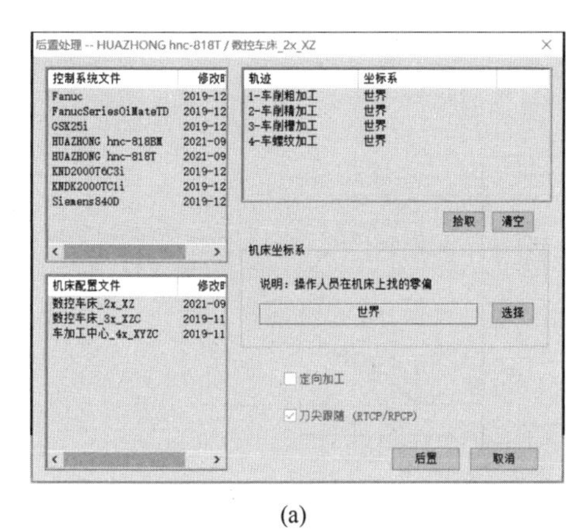

(a)

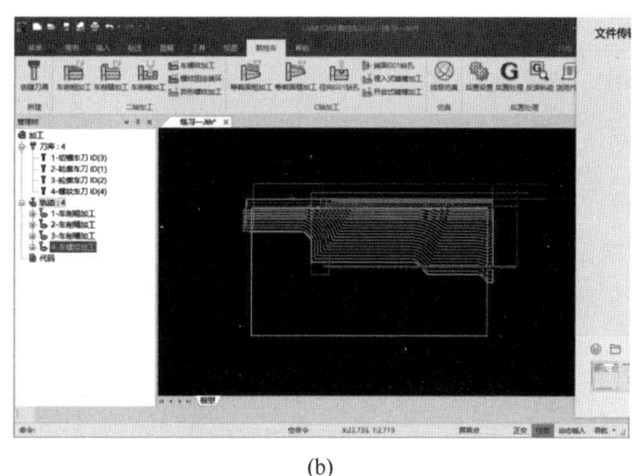

(b)

图9-22　后置处理

三、任务训练

1. 任务要求

针对如图9-23所示的组合压头零件，进行工艺制订、编制数控加工程序、进行数控加工等技能训练。

任务目标如下：

① 能够读懂零件图；

② 会制订零件的加工工艺；

③ 能选择合适的工具、夹具及量具；

④ 能够小组合作编写零件加工程序；

⑤ 能够熟练操作机床；

⑥ 能够进行零件的修配加工。

2. 零件图分析

如图9-23所示，组合压头零件为组合件，有配合要求，可先加工a件的右侧全部表面，b件的除左侧处表面外的全部表面，然后再组合一并加工a件的左侧表面、b件的左侧部分表面。

3. 工序卡填写（见表9-5、表9-6）

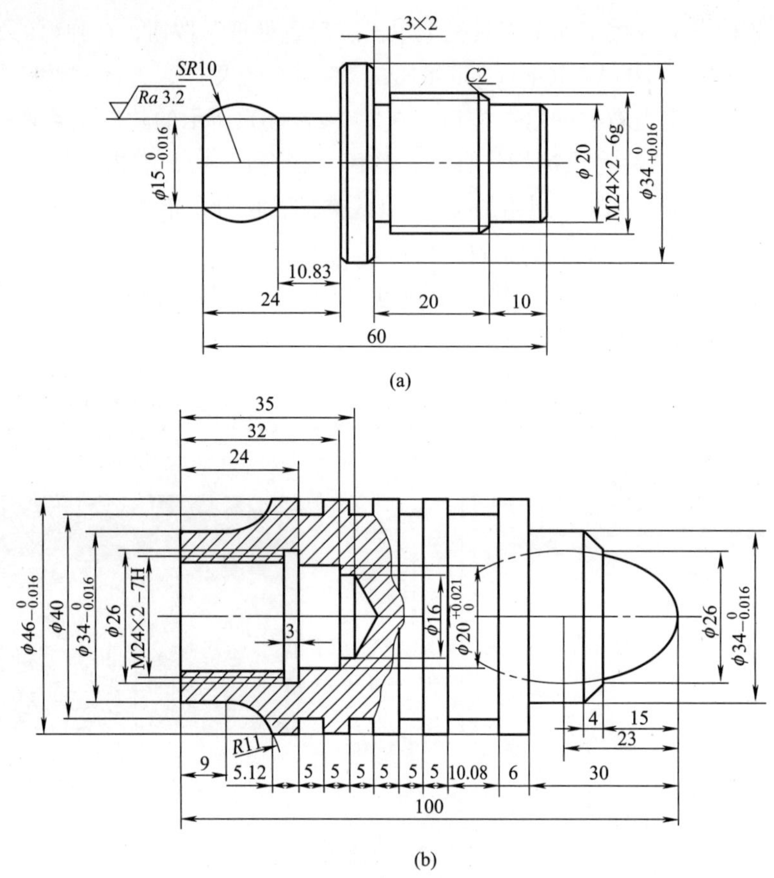

图9-23 组合压头零件

表9-5 数控加工工序卡（a件）

单位	数控加工工序卡	产品名称或代号				零件名称		零件图号
						组合压头零件a件		003
		车间				使用设备		
						CK3675V		
		工艺序号				程序编号		
		004-1				004-1		
		夹具名称				夹具编号		
		三爪卡盘						
工步号	工步作业内容	加工面	刀具号	刀补量	主轴转速/(r/min)	进给速度/(mm/min)	切削深度/mm	备注
1	粗车右侧表面	外圆	T0101		500	100	1	
2	精加工右侧表面	外圆	T0202		700	60	0.5	
3	切退刀槽	切槽	T0303		450	50	0.5	
4	切螺纹	螺纹	T0404		500	2	0.2~0.8	
5	左侧加工(配作)	外圆	T0202		500	60	0.5	
编制	审核	批准			年 月 日	共 页		第 页

表 9-6　数控加工工序卡（b件）

<table>
<tr><td rowspan="2">单位</td><td rowspan="2" colspan="2">数控加工工序卡</td><td colspan="4">产品名称或代号</td><td colspan="2">零件名称</td><td>零件图号</td></tr>
<tr><td colspan="4"></td><td colspan="2">组合压头零件b件</td><td>003</td></tr>
<tr><td rowspan="6" colspan="3"> 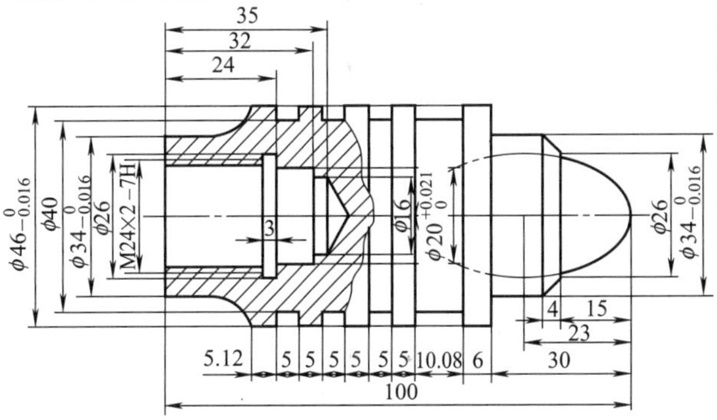</td><td colspan="4">车间</td><td colspan="3">使用设备</td></tr>
<tr><td colspan="4"></td><td colspan="3">CK3675V</td></tr>
<tr><td colspan="4">工艺序号</td><td colspan="3">程序编号</td></tr>
<tr><td colspan="4">004-1</td><td colspan="3">004-1</td></tr>
<tr><td colspan="4">夹具名称</td><td colspan="3">夹具编号</td></tr>
<tr><td colspan="4">三爪卡盘</td><td colspan="3"></td></tr>
<tr><td>工步号</td><td colspan="2">工步作业内容</td><td>加工面</td><td>刀具号</td><td>刀补量</td><td>主轴转速/(r/min)</td><td>进给速度/(mm/min)</td><td>切削深度/mm</td><td>备注</td></tr>
<tr><td>1</td><td colspan="2">粗外表面</td><td>端外</td><td>T0101</td><td></td><td>500</td><td>100</td><td>1</td><td></td></tr>
<tr><td>2</td><td colspan="2">精加工外表面</td><td>端外</td><td>T0202</td><td></td><td>700</td><td>60</td><td>0.4</td><td></td></tr>
<tr><td>3</td><td colspan="2">切槽</td><td>槽</td><td>T0303</td><td></td><td>450</td><td>50</td><td>0.5</td><td></td></tr>
<tr><td>4</td><td colspan="2">粗、精车左端面</td><td>外圆</td><td>T0101</td><td></td><td>500</td><td>100</td><td>0.5</td><td></td></tr>
<tr><td>5</td><td colspan="2">内孔加工</td><td>内孔</td><td>T0404</td><td></td><td>500</td><td>100</td><td>0.5</td><td></td></tr>
<tr><td>6</td><td colspan="2">粗精加工外表面(配作)</td><td></td><td></td><td></td><td></td><td></td><td></td><td></td></tr>
<tr><td>编制</td><td>审核</td><td>批准</td><td colspan="4">年　月　日</td><td colspan="2">共　页</td><td>第　页</td></tr>
</table>

4. 编写加工程序

使用CAXA数控车2020版软件进行加工编程，依据前述教学内容，具体步骤如下。

① 如图9-23（a）所示，先进行零件的螺纹侧的加工。

② 如图9-23（b）所示，先进行零件右侧及左侧端面及内孔表面的加工。

③ 组合两个工件进行配作。加工a件左侧表面，b件左侧部分表面的加工。

5. 零件切削加工

（1）加工操作（见表9-7）

表 9-7　加工操作过程

序号	操作模块	操作步骤
1	安装工件	①选取毛坯工件 ②用三爪卡盘安装工件，确保伸出卡爪外的部分满足自动编程的加工长度要求
2	安装刀具	方法同前，并准备内孔加工的车刀、槽刀与螺纹刀
3	对刀	①参照前述操作技术，以零件左端面中心为工件坐标系，进行90°粗、精偏刀的对刀 ②将直径12~16mm的钻头准备好 ③内孔刀的对刀方法与外圆刀相类似
4	程序输入 程序核验	将生成的程序代码复制到U盘中，然后将U盘插入数控车床的USB插座上，再通过选择程序找到USB设备，先复制程序到本盘磁盘然后再打开它 程序校验同前节

续表

序号	操作模块	操作步骤
5	试切加工	①将机床功能设置为单段模式 ②降低进给倍率 ③关上仓门，执行“循环启动”键 ④手扶“急停按钮”，如发生意外情况，迅速拍下“急停按钮”
6	尺寸检验	使用精度为0.02mm的游标卡尺，对加工完成的零件表面进行尺寸检测

（2）零件质量检验、考核（见表9-8）

表9-8 零件质量检验、考核表

零件名称	组合压头零件b件				允许读数误差		±0.007mm		教师评价（填写T/F）
序号	项目	尺寸要求/mm	使用的量具	测量结果				项目判定	
				No.1	No.1	No.1	平均值		
1	外径	$\phi34_{-0.016}^{0}$						合 否	
2	内(外)径	$\phi20$						合 否	
3	螺纹	M24×2-7g						合 否	
结论（对上述三个测量尺寸进行评价）		合格品 次品 废品							
处理意见									

四、知识巩固

① 外轮廓零件加工工艺方法都有哪些？

② 内轮廓加工工艺都有哪些？

③ 如何提高两个零件的配合精度？

五、技能要点

这对配合零件主要配合部分为螺纹配合，故在加工过程中可以考虑以下方法保证配合：先做出其中一个零件的螺纹部分，在保证加工尺寸的前提下，另一个零件的加工以已加工出的零件为基准，在保证能够完全旋合的基础上加工其他特征。

任务三 法兰盘加工

一、预备知识

1. 法兰零件

法兰，又叫法兰凸缘盘或突缘。法兰是管子与管子之间相互连接的零件，用于管端之间的连接；也有用在设备进出口上的法兰，用于两个设备之间的连接，如减速器法兰。法兰连接或法兰接头，是指由法兰、垫片及螺栓三者相互连接作为一组组合密封结构的可拆连接。管道法兰系指管道装置中配管用的法兰，用在设备上系指设备的进出口法兰。法兰上有孔眼，螺栓使两法兰紧连。法兰间用衬垫密封。法兰分螺纹连接（丝扣连接）法兰、焊接法兰和卡夹法兰。法兰都是成对使用的，低压管道可以使用螺纹连接法兰，两片法兰盘之间加上密封垫，然后用螺栓紧固。不同压力的法兰厚度不同，它们使用的螺栓也不同。水泵和阀门，在和管道连接时，这些器材设备的局部，也制成相对应的法兰形状，也称为法兰连接。凡是在两个平面周边使用螺栓连接同时封闭的连接零件，一般都称为“法兰”，如通风管道的连接，这一类零件可以称为“法兰类零件”。

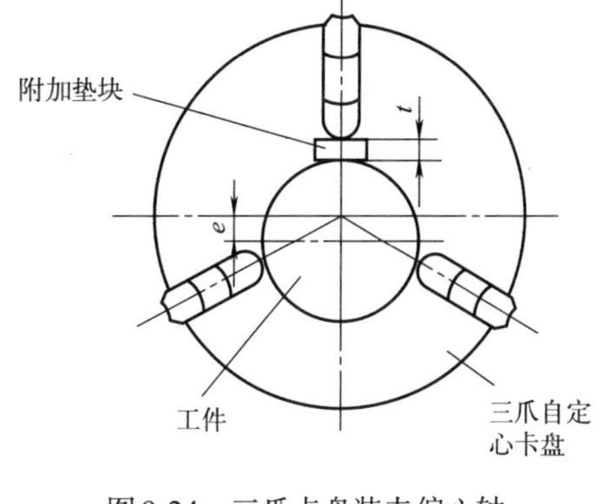

图9-24 三爪卡盘装夹偏心轴

2. 使用三爪卡盘装夹偏心轴方法

（1）附加垫片厚度的计算方法 如图9-24所示，是用三爪自定心卡盘装夹偏心轴类（偏心轴或偏心孔）工件的情况，为了保证偏心距e，需要在卡盘夹持处垫上附加垫块。

① 附加垫块的厚度t计算方法一。

公式如下：

$$t=\frac{1}{2}(3e+\sqrt{d^2-3e^2}-d)$$

式中 t——卡爪上附加垫块的厚度尺寸，mm；

d——三爪自定心卡盘夹住的工件部位直径，mm；

e——零件图上的偏心距，mm。

上述参数的单位精度均保持为0.001mm。

附加垫铁的尺寸极限偏差与工件的偏心距e相同。

② 附加垫铁的厚度t计算方法二。

公式如下：

$$t=1.5e\pm K$$
$$K\approx 1.5\Delta e$$

式中 t——卡爪上附加垫块的厚度尺寸，mm；

e——零件图上的偏心距，mm；

K——偏心距修正值；

Δe——试切后实测偏心距误差，即：Δe=实测偏心距—偏心距。

例：用三爪自定心卡盘加垫片方法车削偏心距e=4mm、三爪自定心卡盘夹住的工件部位直径ϕ50的偏心工件，试计算垫片厚度。

解：已知毛坯直径d=ϕ50，偏心距e=4mm，分别采用两种方法计算。

附加垫块的厚度t计算方法一：

$$t=\frac{1}{2}(3e+\sqrt{d^2-3e^2}-d)=\frac{1}{2}(3\times 4+\sqrt{50^2-3\times 4^2}-50)=5.759(\text{mm})$$

则偏心距垫片厚度应为5.759mm。

附加垫块的厚度t计算方法二：

初步计算垫片厚度：t=1.5e=1.5×4=6（mm）。

垫入6mm厚的垫片进行试切削，然后检测其实际偏心距为4.160mm。那么其偏心距应为：Δe=4.160−4=0.160（mm）

$$K\approx 1.5\Delta e=1.5\times 0.160=0.240\ (\text{mm})$$

由于实测偏心距比工件要求的大，则垫片厚度的正确值为：

$$T=1.5e\pm K=1.5\times 4-0.240=5.760\ (\text{mm})$$

则实际偏心距应为5.760mm厚。

方法一和方法二相差很小，但是方法二计算数值准确的关键前提是测量要准确。

(2) 使用三爪卡盘车削偏心轴注意事项

① 应选用硬度比较高的材料做垫块，以防止在装夹时发生挤压变形。

② 垫块与卡爪接触的一面应做成与卡爪相同的圆弧面，否则，接触面将会产生间隙，造成偏心距误差。

③ 装夹时，工件轴线不能歪斜，否则，会影响加工精度。

④ 对精度要求较高的工件，必须在首件加工时进行试车削检验，将垫块调整合适后才可以正式车削。

二、基础理论

主要以市场上占比最大的NX为载体，介绍基于NX12的数控车削加工建模与编程技术。

1. NX12数控车削建模

① 启动NX12后，选择文件—新建，在弹出的如图9-25（a）所示的新建对话框内选择单位为毫米，模型，命名文件名称及存储路径，然后确定。

② 在工作区单击坐标系，然后再单击工具栏上的草图按钮，之后，再绘制如图9-25（b）所示的零件截面草图。

③ 使用旋转命令，在弹出的如图9-25（c）所示的旋转对话框中，选择截面轮廓、旋转轴，生成如图9-25（d）所示的实体零件。

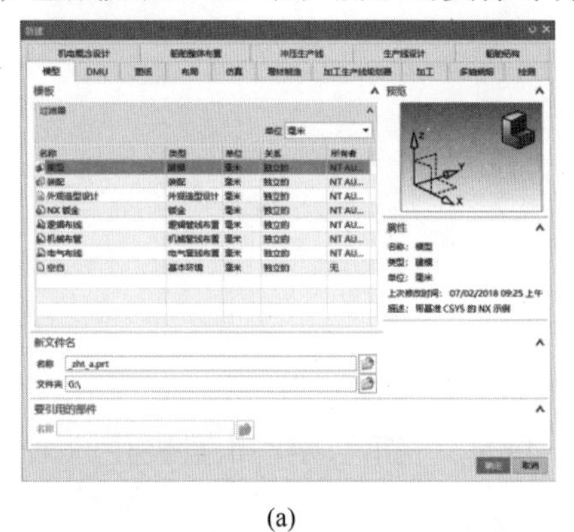

(a)

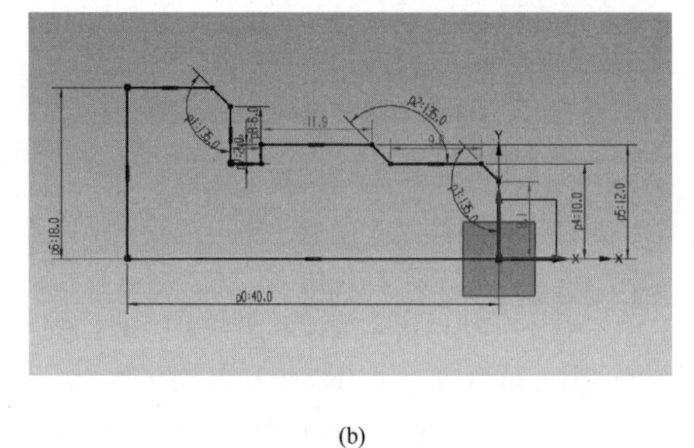

(b)

(c)

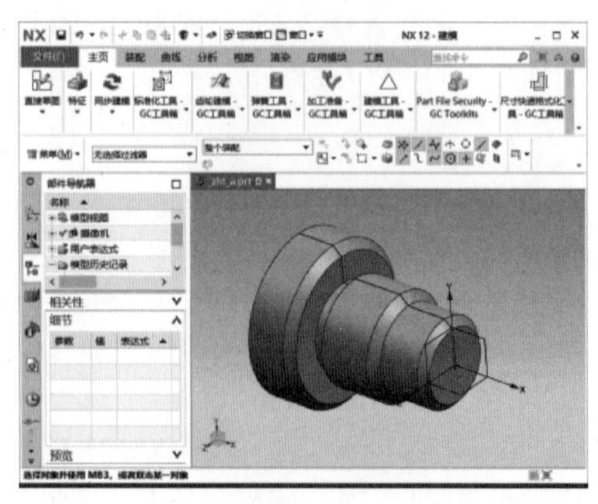

(d)

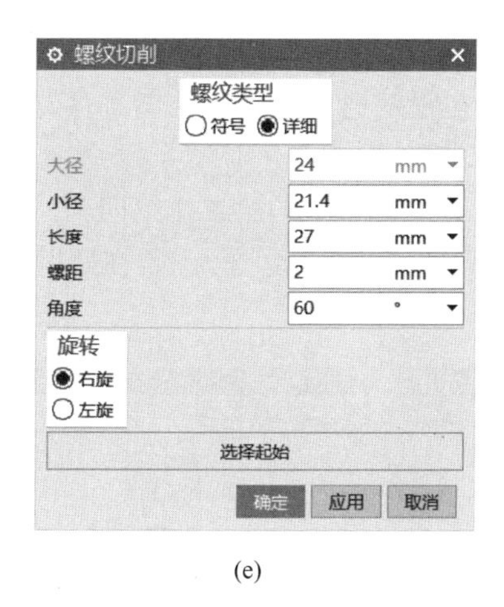

(e)

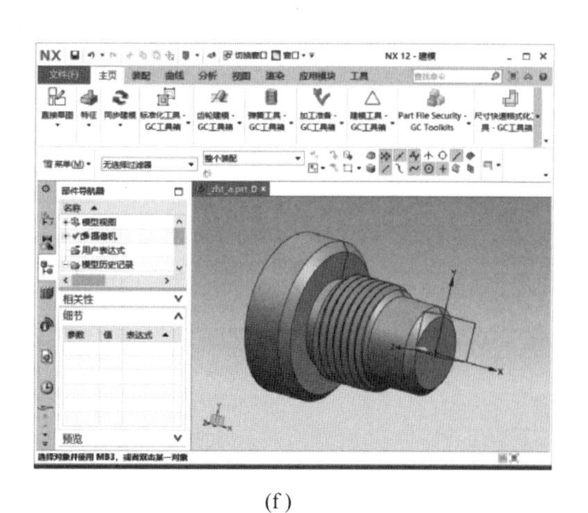

(f)

图9-25　NX12组合件建模

④ 在实体特征设计中单击螺纹刀，在弹出的如图9-25（e）所示的对话框中选择详细，在工作区选择螺纹外圆表面，并输入小径、长度、螺距值，单击选择起始按钮，在工作区单击实体零件的左端面。然后确定，得到如图9-25（f）所示的实体零件模型。

2. NX12数控车编程

（1）进入加工模式　首先打开前述创建的组合件模型，然后在主菜单中选择“应用模块”，在弹出的如图9-26（a）所示的对话框内，选择“turning（旋转）”，确定后进入如图9-26（b）所示的车削加工环境。

(a)

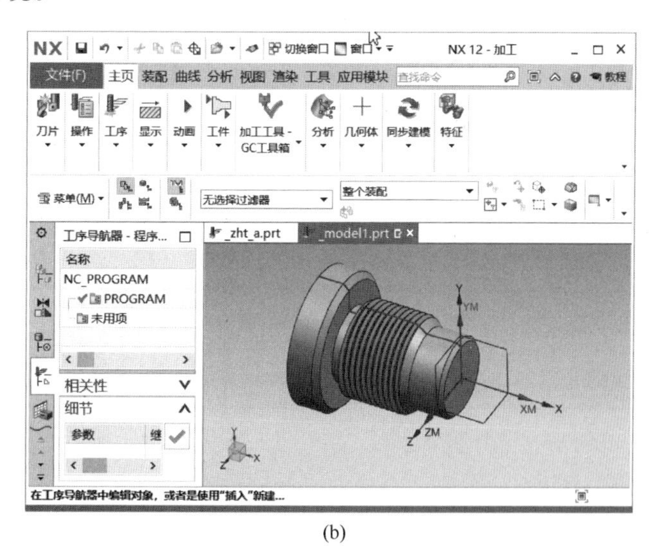

(b)

图9-26　进入NX加工环境

（2）创建刀具　结合零件结构与加工工艺可知，需要粗车刀、精车刀、槽刀与螺纹刀。下面分别设置。

① 粗车刀。在如图9-27（a）所示的对话框中，选择刀具子类型中的第一排第三个左偏刀。在如图9-27（b）所示的对话框中，刀尖半径设置为0.8mm，刀具号设置为1，在跟踪选项卡中将补偿寄存器、刀具补偿寄存器均设置为1。

② 精车刀。在如图9-27（a）所示的对话框中，也选择左偏刀。在如图9-27（c）所示的对话框中，刀尖半径设置为0.4mm，刀具号设置为2，在跟踪选项卡中将补偿寄存器、刀具补偿寄存器均设置为2。

③ 槽刀。在如图9-27（a）所示的对话框中，选择刀具子类型中的第二排第四个。在如图9-28（a）所示的对话框中，刀片宽度3mm，半径0.2mm，刀具号设置为3，在跟踪选项卡中将补偿寄存器、刀具补偿寄存器均设置为3。

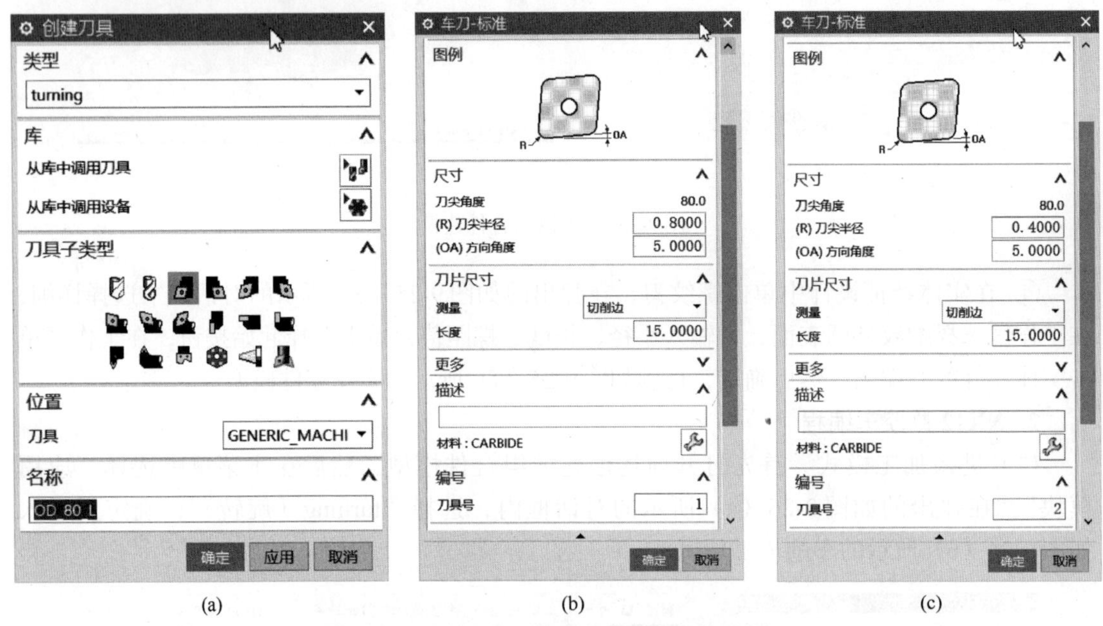

图9-27 创建刀具与粗精车刀参数设置对话框

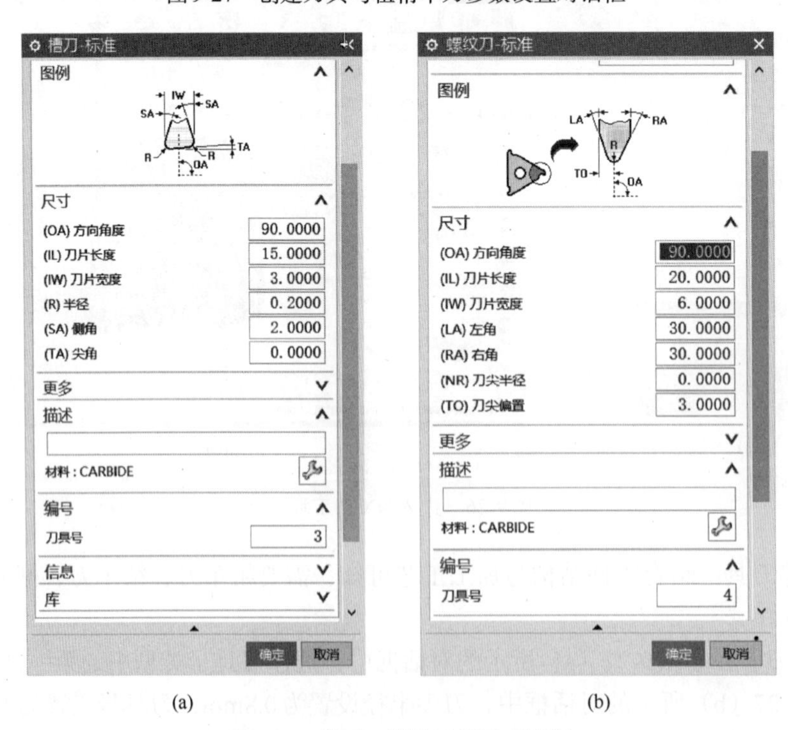

图9-28 槽刀、螺纹刀设置对话框

④ 螺纹刀。在如图9-27（a）所示的对话框中，选择刀具子类型中的第三排第一个。在如图9-28（b）所示的对话框中，刀片宽度6mm，刀尖偏置3mm，其他选项默认，刀具号设置为4，在跟踪选项卡中将补偿寄存器、刀具补偿寄存器均设置为4。

（3）粗车加工　单击工具栏的“创建工序”按钮，然后在弹出的创建工序对话框中的类型列表中选择“turning”，则得到创建车削加工工序对话框。在如图9-29（a）所示的对话框中选择“外径粗车”子类型，在位置列表中选OD_80_L_CC（粗车刀）、几何体为TURNING_WORKPIECE（车削毛坯）、方法为LATHE_ROUGH（车削粗加工），然后单击确定。得到如图9-29（c）所示的对话框。设置切削策略为“单向线性切削”，步进的最大值为1mm（背吃刀量），然后，单击菜单下方的“生成”按钮，可生成加工刀路轨迹。可通过“切削参数”“非切削移动”“进给率和速度”设置相关加工切削参数等数据，如图9-29（d）。如图9-29（b）所示为粗车刀路轨迹。

(a)

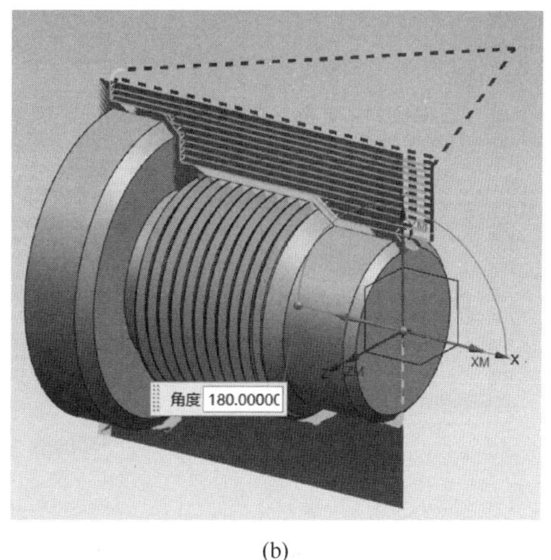

(b)

(c)

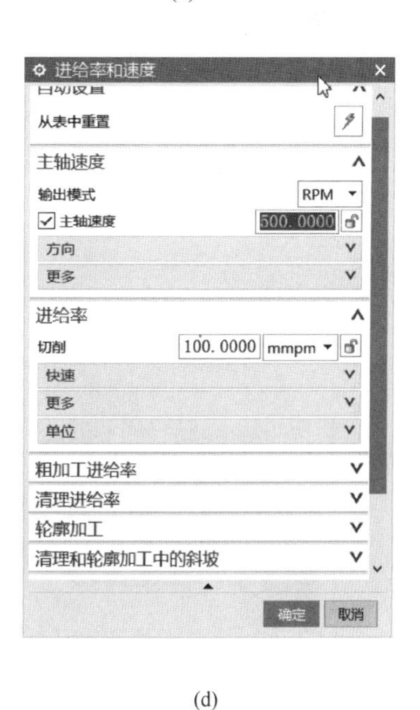

(d)

图9-29　粗车加工相关对话框

（4）精车加工　单击工具栏的“创建工序”按钮，然后在弹出的创建工序对话框中的类型列表中选择“turning”，则得到创建车削加工工序对话框。在如图9-30（a）所示的对话框中选择“外径精车”子类型，在位置列表中选OD_80_L_JC（精车刀）、几何体为TURNING_WORKPIECE（车削毛坯）、方法为LATHE_FINISH（车削精加工），然后单击确定。得到如图9-30（b）所示的对话框。设置切削区域—轴向修剪平面1—指定点—点对话框，在弹出的如图9-30（d）所示的点对话框内输入“X−38，Y26”，然后，得到轴向修剪边界。选择刀轨设置下的“省略变换区”前的复选框—将使得待切槽区的刀路直接跨过。单击菜单

(a)　　(b)

(c)

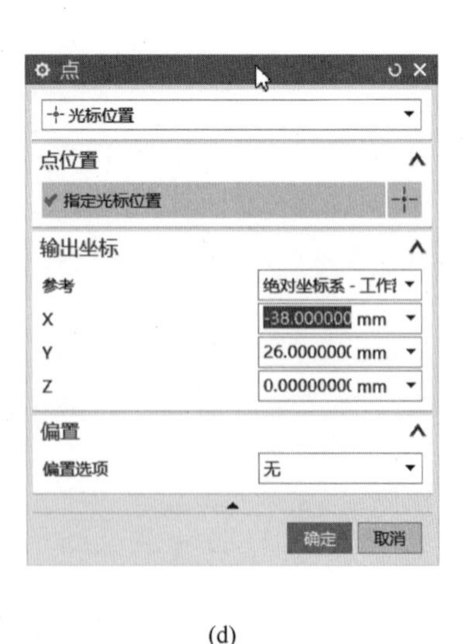

(d)

图9-30　精车加工相关对话框

下方的“生成”按钮，可生成加工刀路轨迹。可通过“切削参数”“非切削移动”“进给率和速度”设置相关加工切削参数等数据。如图9-30（c）所示为精车刀路轨迹。

（5）切槽加工　单击工具栏的“创建工序”按钮，然后在弹出的创建工序对话框中的类型列表中选择“turning”，则得到创建车削加工工序对话框。在如图9-31（a）所示的对话框中选择“外径开槽”子类型，在位置列表中选OD_GROOVE_L（槽刀）、几何体为TURNING_WORKPIECE（车削毛坯）、方法为LATHE_GROOVE（车槽加工），然后单击确定。得到如图9-31（b）所示的对话框。

设置切削区域—轴向修剪平面1—指定点—点对话框，在弹出的点对话框内输入“X-30，Y10”，然后，轴向修剪平面2—指定点—点对话框，在弹出的点对话框内输入“X-27，Y10”，得到轴向修剪边界。使得槽刀仅加工退刀槽内部空间。在非切削移动对话框中设置逼近点坐标为“X20，Y25”，并将“运动到回零点”运动类型设置为“轴向→径向”，离开点“运动到回零点”设置为“径向→轴向”，指定点坐标为“X20，Y25”。单击菜单下方的“生成”按钮，可生成加工刀路轨迹。还可通过“切削参数”“非切削移动”“进给率和速度”设置相关加工切削参数等数据。如图9-31（c）所示为精车刀路轨迹。

(a)

(b)

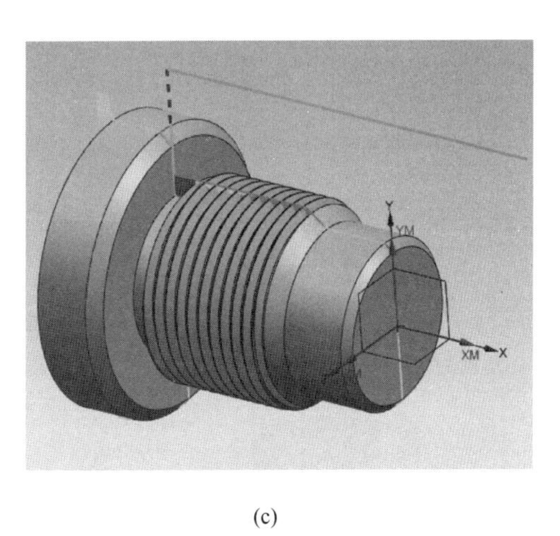

(c)

图9-31　切槽加工相关对话框

（6）螺纹加工　为了使螺纹加工选择准确对象，先绘制螺纹的顶线、根线与终止线。单击NX12主菜单中的曲线菜单，在其工具栏内选择“在任务环境中绘制草图”按钮。在弹出的如图9-32（a）所示的创建草图对话框内按提示选择草图平面*XY*、草图方向*X*轴向、草图原点为端面中心点，在得到的草图平面上绘制约束尺寸，得到如图9-32（b）所示的螺纹顶线、根线、终止线草图。绘制螺纹顶线应与零件模型的牙顶对齐，右侧延长，总长度设置为35mm，根线应保证到顶线的距离为$0.65P=0.975$mm，终止线距右侧螺纹最近距离为1mm，单击工具栏的完成按钮，结束草图绘制。

单击主菜单中的“主页”，然后单击工具栏的“创建工序”按钮，然后在弹出的创建工序对话框中的类型列表中选择“turning”，则得到创建车削加工工序对话框。在如图9-33（a）所示的对话框中选择“外径螺纹铣”子类型，在位置列表中选OD_THREAD_L（螺纹刀）、几何体为TURNING_WORKPIECE（车削毛坯）、方法为LATHE_THREAD（车螺纹），然后单击确定，得到如图9-33（b）所示的对话框。

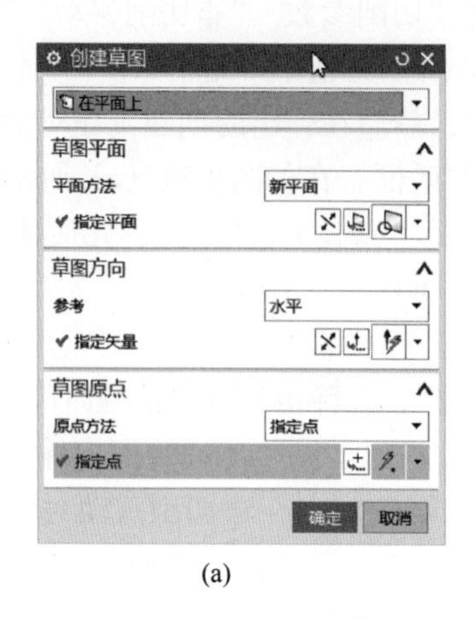

(a)

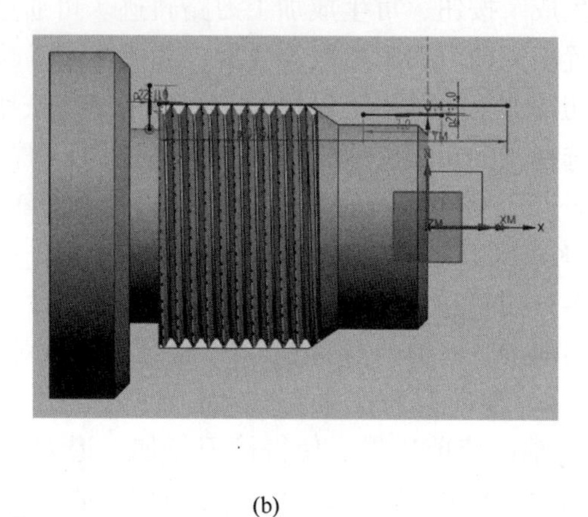

(b)

图9-32 螺纹加工草图边界绘制

(a)

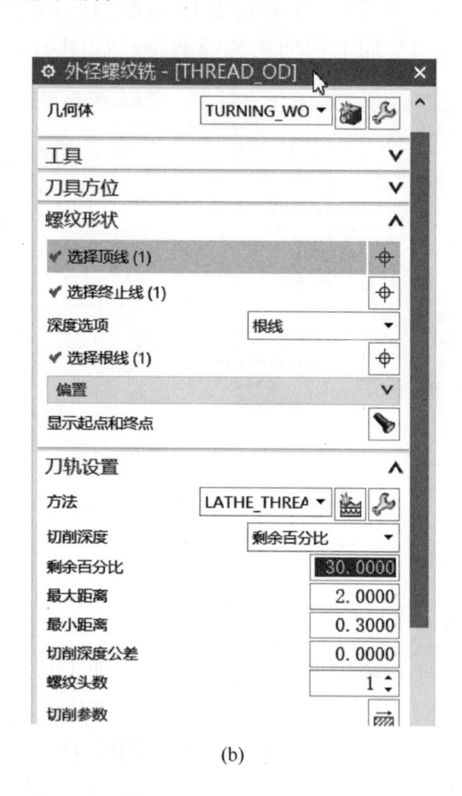

(b)

图9-33 创建螺纹工序与外径螺纹铣对话框

依据提示，分别选择从工作区选择螺纹顶线、根线、终止线，并在切削参数中输入螺距2。并设置非切削移动，然后按下生成，确定，则完成螺纹刀路轨迹，如图9-34所示。

（7）后置处理 如图9-35（a）所示，在工序导航器内选择将后置处理为数控机床所使用的程序代码的程序文件，也可以多选。以螺纹加工为例，选择“THERAD_OD”，然后在工具栏中单击“后处理”按钮，在弹出的如图9-35（b）所示的后处理对话框内，选择所需要的后处理文件“new_post”，将文件扩展名修改为“NC”，设置输出单位为“公制/部件”，然后单击“确定”，则得到如图9-35（c）所示的螺纹加工程序代码。

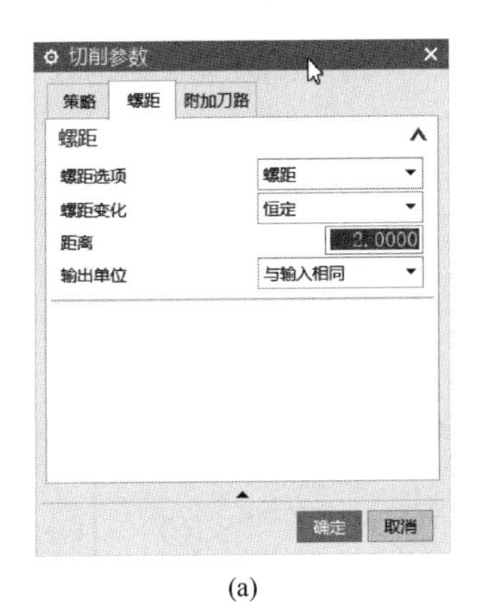

(a)

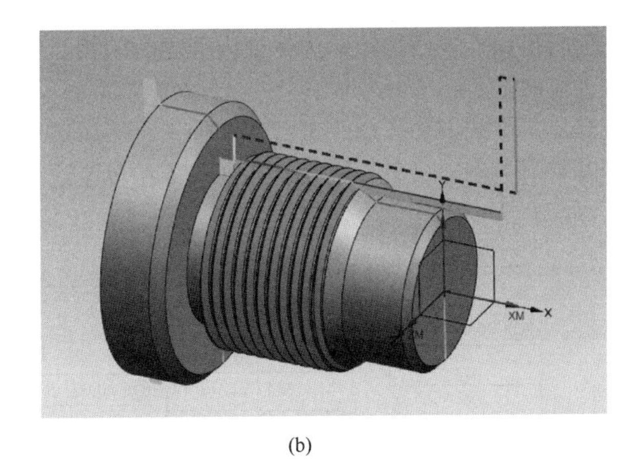

(b)

图9-34　螺距与螺纹刀路轨迹图

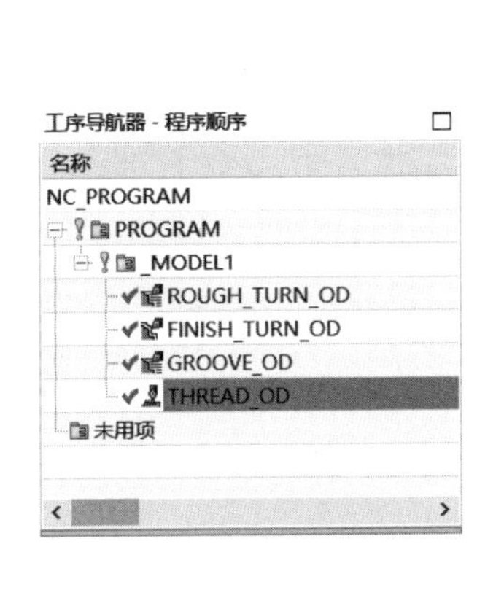

(a)

(b)

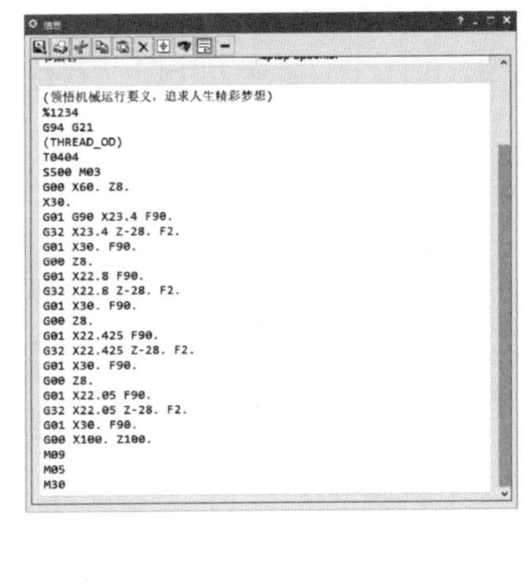

(c)

图9-35　后置处理相关对话框

三、任务训练

1. 任务要求

针对如图9-36所示的法兰盘零件图，进行工艺制订、编制数控加工程序、进行数控加工等技能训练。

任务目标如下：

① 能够读懂零件图；

② 会制订零件的加工工艺；

③ 能选择合适的工具、夹具及量具；

④ 能够小组合作编写零件加工程序；

⑤ 能够熟练操作机床；

⑥ 能够进行零件的修配加工。

2. 零件图分析

如图9-36所示，法兰盘零件为盘套类零件，内外精度要求较高，毛坯为实体圆柱料，需要进行内孔和外表面加工，为保证内外表面的相互位置与尺寸精度，需要在加工过程中互为基准进行加工。

机械加工工艺方面，应先进行车削加工，然后进行铣削加工，钻削加工。在本教学过程中主要以车削为研究对象，铣削、钻削有待在数控铣削加工实训中来完成。

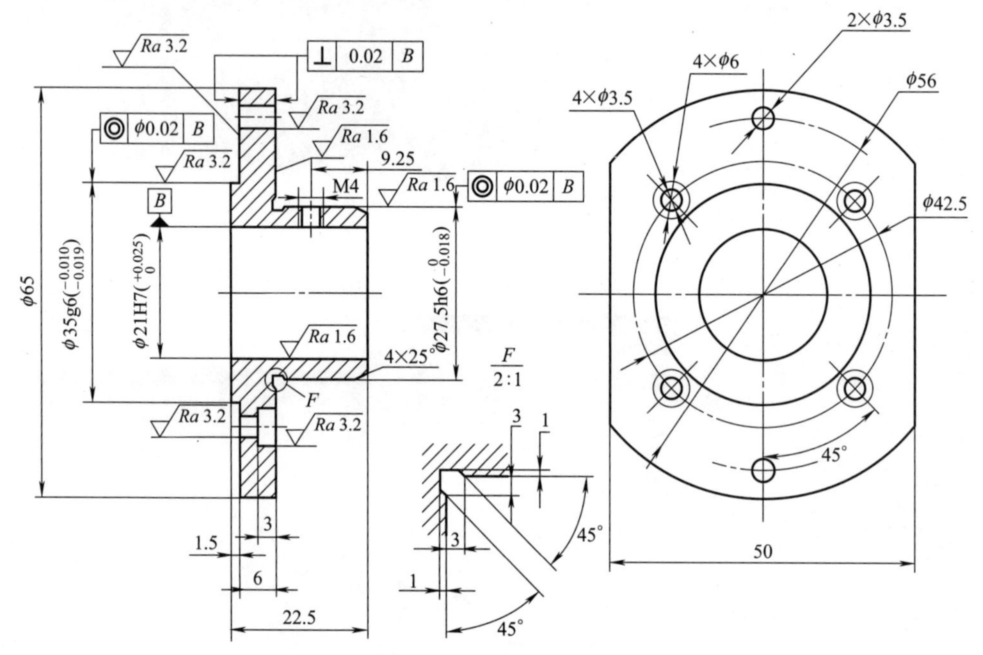

图9-36 法兰盘零件图

3. 工序卡填写（见表9-9）

表9-9 数控加工工序卡

<table>
<tr><td rowspan="2">单位</td><td rowspan="2">数控加工工序卡</td><td colspan="4">产品名称或代号</td><td colspan="2">零件名称</td><td>零件图号</td></tr>
<tr><td colspan="4"></td><td colspan="2">法兰盘</td><td>003</td></tr>
<tr><td colspan="2" rowspan="6">两端圆柱装夹</td><td colspan="4">车间</td><td colspan="3">使用设备</td></tr>
<tr><td colspan="4"></td><td colspan="3">CK3675V</td></tr>
<tr><td colspan="4">工艺序号</td><td colspan="3">程序编号</td></tr>
<tr><td colspan="4">004-1</td><td colspan="3">004-1</td></tr>
<tr><td colspan="4">夹具名称</td><td colspan="3">夹具编号</td></tr>
<tr><td colspan="4">三爪卡盘</td><td colspan="3"></td></tr>
<tr><td>工步号</td><td>工步作业内容</td><td>加工面</td><td>刀具号</td><td>刀补量</td><td>主轴转速/(r/min)</td><td>进给速度/(mm/min)</td><td>切削深度/mm</td><td>备注</td></tr>
<tr><td>1</td><td>粗车左端面、外径、钻孔</td><td>左侧</td><td>T0101</td><td></td><td>500</td><td>100</td><td>1</td><td></td></tr>
<tr><td>2</td><td>粗、精加工右端面,精车孔,保总长尺寸</td><td>右侧</td><td>T0101</td><td></td><td>500</td><td>100</td><td>1</td><td></td></tr>
<tr><td>3</td><td>铣削</td><td>两肩</td><td></td><td></td><td></td><td></td><td></td><td></td></tr>
<tr><td>4</td><td>钻孔与攻螺纹</td><td>小孔</td><td></td><td></td><td></td><td></td><td></td><td></td></tr>
<tr><td>编制</td><td>审核</td><td>批准</td><td colspan="3">年 月 日</td><td colspan="2">共 页</td><td>第 页</td></tr>
</table>

4. 编写加工程序

使用NX12，结合前述基本理论知识教学进行刀具创建、粗精车、切槽与内孔加工自动编程（略）。需要注意的是：内孔加工要注意刀具、加工方法、进退刀点的设置等问题。

5. 零件切削加工

（1）加工操作（见表9-10）

表9-10　加工操作过程

序号	操作模块	操 作 步 骤
1	安装工件	①选取毛坯工件 ②用三爪卡盘安装工件，确保伸出卡爪外的部分满足自动编程的加工长度要求
2	安装刀具	方法同前
3	对刀	①参照前述操作技术，以零件左端面中心为工件坐标系，进行90°粗、精偏刀的对刀 ②将直径24~26mm的钻头准备好 ③内孔车刀的对刀方法参考外圆车刀
4	程序输入 程序核验	将生成的程序代码复制到U盘中，然后将U盘插入数控车床的USB插座上，再通过选择程序找到USB设备，先复制程序到本盘磁盘然后再打开它 程序校验同前节
5	试切加工	①将机床功能设置为单段模式 ②降低进给倍率 ③关上仓门，执行“循环启动”键 ④手扶“急停按钮”，如发生意外情况，迅速拍下“急停按钮”
6	尺寸检验	使用精度为0.02mm的游标卡尺，对加工完成的零件表面进行尺寸检测

（2）零件质量检验、考核（见表9-11）

表9-11　零件质量检验、考核表

<table>
<tr><td>零件名称</td><td colspan="4">法兰盘</td><td colspan="2">允许读数误差</td><td colspan="2">±0.007mm</td><td rowspan="3">教师评价（填写T/F）</td></tr>
<tr><td rowspan="2">序号</td><td rowspan="2">项目</td><td rowspan="2">尺寸要求/mm</td><td rowspan="2">使用的量具</td><td colspan="4">测量结果</td><td rowspan="2">项目判定</td></tr>
<tr><td>No.1</td><td>No.1</td><td>No.1</td><td>平均值</td></tr>
<tr><td>1</td><td>外径</td><td>$\phi27.5_{-0.018}^{\ 0}$</td><td></td><td></td><td></td><td></td><td></td><td>合　否</td><td></td></tr>
<tr><td>2</td><td>内径</td><td>$\phi21_{\ 0}^{+0.025}$</td><td></td><td></td><td></td><td></td><td></td><td>合　否</td><td></td></tr>
<tr><td colspan="2">结论（对上述三个测量尺寸进行评价）</td><td colspan="7">合格品　　　　次品　　　　废品</td><td></td></tr>
<tr><td colspan="2">处理意见</td><td colspan="7"></td><td></td></tr>
</table>

四、知识巩固

① 盘类零件加工和套类零件加工从走刀路线上有什么不同吗？

② 法兰盘加工中各个工序在选择切削用量上有什么区别？

③ 内外表面的同轴度如何保证？

五、技能要点

同轴度是零件的一项检测标准，可以考虑如下方法：

① 对外圆表面加工后以加工表面为基准装夹工件，用百分表检查同轴度误差，在保证公差要求的前提下，夹紧工件，用中心钻打孔，加工内轮廓部分。

② 使用辅助夹具夹持工件，可保证相互位置精度，提高生产效率。

参考文献

[1] 黄志辉. 数控加工编程与操作. 北京：电子工业出版社，2009.
[2] 陈家芳. 车工操作技术. 上海：上海科学技术文献出版社，2008.
[3] 薛源顺. 机床夹具设计. 2版. 北京：机械工业出版社，2020.
[4] 王新国. 数控车加工与项目实践. 杭州：浙江大学出版社，2013.
[5] 赵军华. 数控车削加工技术. 北京：机械工业出版社，2020.
[6] 陈爱华. 机床夹具设计（含习题册）. 北京：机械工业出版社，2020.
[7] 朱焕池. 机械制造工艺学. 2版. 北京：机械工业出版社，2020.
[8] 任海东. 机械制造基础. 北京：化学工业出版社，2020.
[9] 邵永录. 数控机床编程与操作. 北京：化学工业出版社，2020.
[10] 华中8型数控系统操作说明书. 武汉：武汉华中数控股份有限公司，2018.